発酵・醸造食品の最前線

The Frontier of Fermented Foods

監修：北本勝ひこ
Supervisor：Katsuhiko Kitamoto

シーエムシー出版

はじめに

　「和食」がユネスコの無形文化遺産に登録された2013年12月，NHKスペシャルで「和食 千年の味のミステリー」が放映された。和食の味を決めるのは，味噌，醤油，清酒などであり，これらの発酵食品の製造には，麹菌＜アスペルギルス・オリゼ＞が中心的な働きをしているという，微生物が主役ともいえる科学ドキュメンタリーであった。その後，この作品を制作された柴田昌平監督は，数ヶ月間フランスに滞在し日仏合作ドキュメンタリー映画「千年の一滴　だし しょうゆ」を完成させた。本作品はフランス，ドイツで放映されて大きな反響があったという。麹菌という小さな微生物を千年も前から飼いならして美味しい和食を完成させたことにフランス人は感銘を受けたと思われる。しかし，これは，逆に日本人が麹菌のもつ大切さに気がついていなかったことを示しているようにも思われる。

　金子みすゞの詩「星とたんぽぽ」に「昼のお星はめにみえぬ。見えぬけれどもあるんだよ，見えぬものでもあるんだよ」という一節がある。フランスの作家サン・テグジュペリの童話「星の王子さま」にも「大切なことは目に見えない」と書かれている。

　我々にとって味噌，醤油などの発酵食品は，あまりにも身近なものであり，研究対象としてもあまり大切ではないとの認識が一時期あった。しかし，ゲノム情報の利用などによりその大切さを科学的に理解することが可能となり，最近，「発酵と醸造」の分野での研究は急速に発展している。

　本書は，2011年に出版された『発酵・醸造食品の最新技術と機能性 II』の続編とも言えるものであり，近年，めざましい進展が見られる「発酵と醸造」の分野で先導的な成果をあげている研究者にお願いして「発酵・醸造の基礎研究」，「醸造微生物の最新技術」，「醸造食品の機能性と新技術」の3分野にわけて最新の成果をまとめたものである。これらは，発酵・醸造食品の製造に大いに参考になるものであるが，機能性食品などの製造，さらにバイオエタノール生産や有用物質生産などの環境・エネルギー問題の解決にもつながる基礎技術も含まれている。従って，伝統的な発酵・醸造食品製造に関わる技術者はもちろんのこと，一般の食品・飲料，さらに健康食品の製造に関わる技術者や研究者，さらに，環境問題，エネルギー問題に関わる研究者などにも有益なものであると確信している。

2015年2月
東京大学大学院　農学生命科学研究科
北本勝ひこ

―― 執筆者一覧（執筆順）――

北本 勝ひこ	東京大学大学院　農学生命科学研究科　応用生命工学専攻　微生物学研究室　教授
大矢 禎一	東京大学大学院　新領域創成科学研究科　先端生命科学専攻　教授
渡辺 大輔	奈良先端科学技術大学院大学　バイオサイエンス研究科　統合システム生物学領域　ストレス微生物科学研究室　助教
岡田 啓希	東京大学大学院　新領域創成科学研究科　先端生命科学専攻　研究員
井沢 真吾	京都工芸繊維大学大学院　工芸科学研究科　応用生物学部門　准教授
磯谷 敦子	㈱酒類総合研究所　品質・安全性研究部門　主任研究員
藤井 力	㈱酒類総合研究所　品質・安全性研究部門　部門長
丸山 潤一	東京大学大学院　農学生命科学研究科　応用生命工学専攻　微生物学研究室　助教
岩下 和裕	㈱酒類総合研究所　醸造技術基盤研究部門　副部門長
松永 陽香	佐賀大学　農学部
浜島 弘史	佐賀大学　農学部
北垣 浩志	佐賀大学　農学部　准教授；鹿児島大学大学院　連合農学研究科
藤井 勲	岩手医科大学　薬学部　天然物化学講座　教授
菊間 隆志	東京大学大学院　農学生命科学研究科　応用生命工学専攻　微生物学研究室　特任助教
五味 勝也	東北大学大学院　農学研究科　教授
有岡 学	東京大学大学院　農学生命科学研究科　応用生命工学専攻　微生物学研究室　准教授
高木 博史	奈良先端科学技術大学院大学　バイオサイエンス研究科　統合システム生物学領域　ストレス微生物科学研究室　教授
下飯 仁	岩手大学　農学部　応用生物化学課程
佐藤 友哉	佐賀大学　農学部
澤田 和敬	鹿児島大学大学院　連合農学研究科；佐賀県工業技術センター
赤尾 健	㈱酒類総合研究所　情報技術支援部門　副部門長
蓮田 寛和	㈶日本醸造協会　研究室　技術員
稲橋 正明	㈶日本醸造協会　研究室　上席技師　研究室長
渡部 潤	ヤマサ醤油㈱　製造本部　醸造部　醤油研究室　主任
伊藤 考太郎	キッコーマン㈱　研究開発本部　研究員
志水 元亨	名城大学　農学部　応用生物化学科　助教

小林 哲夫	名古屋大学大学院　生命農学研究科　生物機構・機能科学専攻　教授		
加藤 雅士	名城大学　農学部　応用生物化学科　教授		
山田 修	㈳酒類総合研究所　醸造技術応用研究部門　部門長		
後藤 正利	九州大学大学院　農学研究院　生命機能科学部門　未来創成微生物学寄附講座　准教授		
梶原 康博	三和酒類㈱　三和研究所　副所長		
高下 秀春	三和酒類㈱　三和研究所　所長		
渡邉 泰祐	琉球大学　農学部　亜熱帯生物資源科学科　発酵・生命科学分野　助教		
塚原 正俊	㈱バイオジェット　代表取締役		
外山 博英	琉球大学　農学部　亜熱帯生物資源科学科　発酵・生命科学分野　教授		
古川 壮一	日本大学　生物資源科学部　食品生命学科　食品微生物学研究室　准教授		
平山 悟	日本大学　生物資源科学部　食品生命学科　食品微生物学研究室；日本学術振興会特別研究員DC2		
森永 康	日本大学　生物資源科学部　食品生命学科　食品微生物学研究室　教授		
裏出 良博	筑波大学　国際統合睡眠医科学研究機構（WPI-IIIS）　教授		
内山 章	ライオン㈱　研究開発本部　機能性食品研究所　所長		
秦 洋二	月桂冠㈱　総合研究所　所長；取締役		
尾関 健二	金沢工業大学　バイオ・化学部　応用バイオ学科　教授；ゲノム生物工学研究所　研究員		
坊垣 隆之	大関㈱　総合研究所　所長		
坪井 宏和	大関㈱　総合研究所　化成品開発グループ　課長		
岩井 和也	UCC上島珈琲㈱　イノベーションセンター　担当課長		
中桐 理	UCC上島珈琲㈱　イノベーションセンター　センター長		
土佐 典照	島根県産業技術センター　浜田技術センター　食品技術科　科長		
戸部 廣康	㈳国立高専機構・高知工業高等専門学校　物質工学科　名誉教授		
藤原 大介	キリン㈱　R&D本部　基盤技術研究所　主査		
舛田 晋	アサヒビール㈱　酒類技術研究所　香味成分解析部　部長		
小路 博志	アサヒビール㈱　酒類技術研究所　酒類技術第二部　部長		
小川 順	京都大学大学院　農学研究科　応用生命科学専攻　教授		
岸野 重信	京都大学大学院　農学研究科　応用生命科学専攻　助教		
小林 弘憲	メルシャン㈱　シャトー・メルシャン　製造部		
竹村 浩	㈱Mizkan　MD本部　主席研究員		

目次

【第Ⅰ編　発酵・醸造の基礎研究】

第1章　酵母の形態情報を発酵・醸造に生かす
大矢禎一，渡辺大輔，岡田啓希

1. はじめに …………………………… 1
2. 形態に注目した高次元表現型解析 …… 1
3. 発酵工学における CalMorph の活用 …………………………… 3
4. 高次元表現型解析を生かしたビール酵母のモニタリング …………… 3
5. CalMorph から得られたビール酵母の情報の活用方法 …………… 5
6. 形態的特徴から明らかになった清酒酵母らしさの原因 …………… 6
7. 特徴的な形態を示しているワイン酵母 …………………………… 7
8. アルコール発酵阻害物質の細胞内標的の同定 …………………… 8

第2章　醸造関連ストレス下での酵母の翻訳制御
井沢真吾

1. はじめに …………………………… 12
2. グルコース枯渇による翻訳抑制と細胞質 mRNP granule 形成の誘導 …… 12
3. エタノールストレスによる翻訳抑制と細胞質 mRNP granule 形成の誘導 …… 13
4. 混合ストレスと翻訳抑制 …………… 14
5. エタノールストレス条件下で優先的に翻訳される mRNA ………… 15
6. バニリンストレス下での翻訳抑制と優先的な翻訳 ………………… 16
7. おわりに …………………………… 17

第3章　清酒の老香生成機構と生成に関与する酵母遺伝子，酵母の死滅と DMTS 生成ポテンシャル
磯谷敦子，藤井　力

1. はじめに …………………………… 19
2. 老香の主要成分ジメチルトリスルフィド（DMTS） ……………… 19
3. DMTS の前駆物質 ………………… 19
4. DMTS 前駆物質の生成に関わる酵母遺伝子 ………………………… 21
5. DMTS 生成と清酒製造工程 ………… 22
6. DMTS 生成と酵母の死滅 …………… 24
7. おわりに …………………………… 25

Ⅰ

第4章　麹菌における接合型遺伝子の存在と有性生殖の可能性
丸山潤一，北本勝ひこ

1　はじめに ……………………………… 27
2　麹菌 A. oryzae には MAT1-1 株と MAT1-2 株が存在する ……………… 27
3　種麹として使用されている麹菌 A. oryzae の接合型分布 ………………… 28
4　菌核形成を促進する転写因子 SclR およ び抑制する転写因子 EcdR ………… 29
5　麹菌の菌糸融合（吻合） …………… 31
6　麹菌における有性生殖の発見をめざして ………………………………………… 34
7　おわりに ……………………………… 35

第5章　糸状菌に特異な機能未知遺伝子を探る
岩下和裕

1　はじめに ……………………………… 37
2　糸状菌のゲノム解析と機能未知遺伝子 ………………………………………… 37
3　糸状菌類に保存された機能未知遺伝子 ………………………………………… 39
4　糸状菌類に高度に保存され高発現する遺伝子の破壊 ……………………… 39
5　遺伝子破壊株の一般的な表現型 …… 41
6　天然培地での生育とストレス耐性 … 43

第6章　麹菌におけるペルオキシソームの新機能の発見
丸山潤一

1　はじめに ……………………………… 46
2　様々な生物におけるペルオキシソームの機能 …………………………… 46
3　Woronin body ―ペルオキシソームから派生するオルガネラ― …………… 47
4　ビオチン生合成におけるペルオキシソームの関与の発見 ……………… 49
5　おわりに ……………………………… 54

第7章　麹菌の生産するスフィンゴ脂質の酵母の膜・発酵特性に対する影響
松永陽香，浜島弘史，北垣浩志

1　はじめに ……………………………… 56
2　スフィンゴ脂質の多様性 …………… 56
3　麹の脂質プロファイルの解析 ……… 59
4　麹のアルカリ耐性賦与脂質の同定 … 59
5　さまざまな生物種の glucosylceramide のアルカリ耐性賦与能 ……………… 60
6　Glucosylceramide が膜の物理化学的特性に及ぼす影響の解析 ……………… 61
7　おわりに ……………………………… 62

第8章　麹菌発現系を用いた糸状菌生合成遺伝子の機能解析　　藤井 勲

1　はじめに ………………………… 64
2　糸状菌の二次代謝産物と生合成 ……… 64
3　糸状菌の生合成遺伝子クラスターとポリケタイド合成酵素 ………………… 65
4　生合成遺伝子発現の宿主としての麹菌 …………………………………… 66
5　麹菌選択マーカーと発現プラスミド … 66
6　麹菌発現系による芳香族ポリケタイド化合物の生産 …………………………… 67
7　麹菌発現系による還元型ポリケタイド化合物の生産 …………………………… 68
8　ハイブリッド型 PKS-NRPS の発現 … 69
9　糸状菌タイプⅢ型 PKS の発現 ……… 69
10　多重遺伝子導入による機能解析 …… 70
11　おわりに ……………………………… 71

第9章　麹菌におけるオートファジーの生理的役割　　菊間隆志, 北本勝ひこ

1　オートファジーとは ……………… 73
2　糸状菌におけるオートファジー関連遺伝子 …………………………………… 74
3　麹菌 A. oryzae の形態形成とオートファジー …………………………… 74
4　麹菌 A. oryzae におけるオートファジーによるオルガネラの分解 …………… 77
5　麹菌オートファジーの有用物質生産への応用 …………………………………… 78
6　まとめ ……………………………… 80

第10章　麹菌におけるアミラーゼ生産の制御メカニズム　　五味勝也

1　はじめに ………………………… 81
2　アミラーゼ系酵素生産に必須な転写因子 AmyR ……………………………… 82
3　アミラーゼ系酵素生産に必須なマルトース資化クラスター内の転写因子 MalR …… 83
4　AmyR と MalR の転写誘導メカニズム …………………………………… 85
5　固体培養特異的に発現するグルコアミラーゼ B 遺伝子（glaB）の発現制御に関わる転写因子 ……………………… 88
6　おわりに ……………………………… 89

第11章　麹菌ホスホリパーゼ A_2 ―そのユニークな性質と機能―　　有岡 学

1　はじめに ………………………… 92
2　麹菌の持つ2つの sPLA$_2$：sPlaA と sPlaB ……………………………… 92
　2.1　sPlaA と sPlaB は異なる局在性を示す …………………………………… 94
　2.2　sPlaA と sPlaB の発現プロファイルと高発現株・遺伝子破壊株の性質 …………………………………… 95

2.3 sPlaB はホスホリパーゼ A_1 か？ … 95	3.1 AoPlaA の持つユニークな酵素活性と生理機能 …………………… 98
3 麹菌の持つ $cPLA_2$ 相同遺伝子：*AoplaA* ………………………………… 96	

【第Ⅱ編　醸造微生物の最新技術】

第12章　清酒酵母の高発酵性原因変異とその応用

渡辺大輔, 高木博史, 下飯　仁

1 はじめに ………………………… 101	3.1 グルコース同化経路 …………… 104
2 Greatwall プロテインキナーゼ Rim15p における清酒酵母特異的な機能欠失変異 ……………………………… 102	3.2 グルコース脱抑制経路 ………… 104
	4 清酒酵母以外の菌株における Rim15p 機能欠損 ………………………… 106
3 炭素源代謝に関与する遺伝子発現がアルコール発酵に及ぼす影響 ………… 104	5 おわりに ………………………… 107

第13章　アルコール発酵時の清酒酵母におけるミトコンドリアを介した代謝

佐藤友哉, 澤田和敬, 浜島弘史, 北垣浩志

1 はじめに ………………………… 109	3 栄養の不足したアルコール発酵条件下での酵母におけるミトファジーを介した炭素代謝 ……………………………… 113
2 アルコール発酵時のミトコンドリア活性が及ぼす有機酸代謝への影響 ……… 109	

第14章　清酒酵母の網羅的ゲノミクス—系統, 進化, 育種—

赤尾　健

1 清酒酵母の菌株 ………………… 117	……………………………… 124
2 自然突然変異による醸造特性の変化 ‥ 117	5.2 点突然変異の役割 ……………… 124
3 清酒酵母の系統と進化のゲノミクス ‥ 119	5.3 ヘテロ SNP の運命（消失と固定, 変異処理） ……………………… 125
4 清酒酵母の点突然変異と LOH の意義 ……………………………… 122	5.4 株分けストックの利用 ………… 125
5 ゲノミクスがもたらした育種の視点 ‥ 124	5.5 ヘテロ接合度と LOH の頻度 …… 125
5.1 LOH に利用した育種の可能性と限界	6 総括 ……………………………… 126

第15章 新しい清酒用酵母 きょうかい酵母®尿素非生産性1901号（KArg1901）の育種
蓮田寛和，稲橋正明

1 はじめに ……………………… 127
2 尿素非生産性酵母の育種 ……… 128
3 小仕込み試験による選抜 ……… 128
4 セルレニン耐性株の取得と優良株の選抜 …………………………… 129
5 総米2000kgの大吟醸酒の実地醸造 ‥ 130

第16章 醤油酵母 Zygosaccharomyces rouxii の産膜形成機構及び不快臭生成機構の解析
渡部 潤

1 はじめに ……………………… 135
2 Z. rouxii について …………… 136
3 Z. rouxii の産膜形成機構 …… 137
4 FLO11D のコピー数 ………… 138
5 産膜酵母の不快臭生成メカニズム … 139
6 産膜形成の防止 ……………… 141
7 おわりに ……………………… 141

第17章 しょうゆ醸造に寄与する黄麹菌グルタミナーゼ
伊藤考太郎

1 はじめに ……………………… 143
2 黄麹菌（Aspergillus oryzae, Aspergillus sojae）グルタミナーゼ研究の歴史 … 143
　2.1 酵素学的研究 ……………… 143
　2.2 遺伝子の研究 ……………… 145
　2.3 しょうゆ醸造へ効果のある黄麹菌グルタミナーゼ（遺伝子）の探索研究 ………………………………… 147

第18章 ゲノム情報を活用した麹菌の新たな分子育種の可能性
志水元亨，小林哲夫，加藤雅士

1 はじめに ……………………… 151
2 トランスクリプトーム解析とその成果のバイオマス分解への応用 ……… 152
3 複雑な転写制御ネットワークを利用した物質生産 ………………………… 153
4 ゲノム情報からの代謝系の予測—ロイシン酸高生産麹菌の開発— ……… 155

第19章 黒麹菌の学名の変遷と分子生物学的データに基づく再分類
山田 修

1 はじめに ……………………… 158
2 黒麹菌の学名の変遷 ………… 158
3 黒麹菌の分子生物学的データに基づく再分類 …………………………… 160

| 4 | 黒麹菌のOTA非生産性の遺伝子レベルでの確認……161 | 5 おわりに……162 |

第20章　ゲノム・ポストゲノム解析により焼酎麹菌らしさを探る
後藤正利, 梶原康博, 高下秀春

1 はじめに……164
2 白麹菌の研究用宿主の開発……164
3 白麹菌のゲノム解析……165
4 ゲノム解析によるクエン酸高生産要因遺伝子の探索……166
5 マイクロアレイ解析によるクエン酸高生産要因の探索……167
6 糖質加水分解酵素の多様性と機能同定……170
7 おわりに……170

第21章　泡盛醸造に関与する微生物の解析とその応用
渡邉泰祐, 塚原正俊, 外山博英

1 はじめに……172
2 黒麹菌……173
3 泡盛酵母……175
4 その他の微生物……180
5 沖縄県の伝統文化としての泡盛……182

第22章　酵母, 乳酸菌及び酢酸菌の複合バイオフィルム形成とその利用
古川壮一, 平山 悟, 森永 康

1 はじめに……184
2 福山壺酢の由来と特徴……184
3 福山壺酢由来の酵母菌, 乳酸菌及び酢酸菌の複合バイオフィルム形成とその役割……186
4 微生物による物質生産におけるバイオフィルム利用の可能性……189

【第Ⅲ編　醸造食品の機能性と新技術】

第23章　清酒酵母の機能性―睡眠の質向上作用―
裏出良博, 内山 章

1 はじめに……193
2 アデノシン受容体の活性化に着目した睡眠の質向上……193
3 アデノシン受容体の活性化を指標とした素材探索……194
4 清酒酵母の睡眠改善機能……195
5 清酒酵母中の機能性成分……196
6 ヒトにおける清酒酵母の睡眠改善機能の

	確認 ………………………… 197		7	おわりに ……………………… 199

第24章　清酒醸造技術を用いた機能性食品の開発—麹菌が産生する環状ペプチド「フェリクリシン」—　　秦　洋二

1	はじめに ……………………… 201	3	フェリクリシンの機能性 ……… 203
2	フェリクリシン ……………… 202	4	おわりに ……………………… 205

第25章　麹菌によるアクリルアミドフリーコーヒーの技術開発
尾関健二，坊垣隆之，坪井宏和，岩井和也，中桐　理

1	はじめに ……………………… 206	6	セルフクローニング麹菌の培養 …… 212
2	麹菌のアクリルアミド分解能 ……… 207	7	アクリルアミド低減処理 ……… 212
3	アミダーゼ高発現麹菌の育種 ……… 208	8	アクリルアミド含有量 ……… 212
4	飲料中のアクリルアミドの低減化試験 …………………… 210	9	抽出液中に含まれる成分の変化 …… 213
		10	官能評価 ……………………… 214
5	セルフクローニング麹菌を利用したコーヒー飲料への応用 ……………… 211	11	おわりに ……………………… 215

第26章　黄麹菌によるコエンザイムQの生産　　土佐典照

1	はじめに ……………………… 218	5	有機酸とアミノ酸の併用が麹のコエンザイムQ生産量に及ぼす効果 ……… 221
2	黄麹菌のコエンザイムQ ……… 219		
3	有機酸が麹のコエンザイムQ生産量に及ぼす影響 ……………… 219	6	アミノ酸が麹の抗酸化性に与える影響について ……………… 221
4	アミノ酸が麹のコエンザイムQ生産量に及ぼす影響 ……………… 220	7	おわりに ……………………… 224

第27章　ビールに含まれるホップの薬理作用について　　戸部廣康

1	はじめに ……………………… 226	2.3	HMと血管新生阻害活性 ……… 228
2	フムロン（HM），キサントフモール（XN）の薬理作用 ……… 226	2.4	HMと単芽球性白血病細胞U937 ……………………… 228
2.1	HMとXNの骨吸収阻害作用 …… 226	2.5	HM及びXNのアポトーシス誘導作用 ……………………… 228
2.2	HMとCOX-2遺伝子 ………… 227		

3　キサントフモール（XN）の他の薬理作用……………………………………228
　　3.1　XN の動脈硬化予防作用………228
　　3.2　XN の抗変異原活性……………229
　　3.3　XN の認知症治療への期待……229
4　イソフムロン（IHM）の多様な薬理作用……………………………………229
　　4.1　IHM のブタ及びウシ脳細胞への保護作用……………………………229
　　4.2　IHM のメタボ病への薬理作用…230
　　4.3　IHM と XN の白髪防止作用……230
5　他のホップ成分の薬理作用……………230
　　5.1　ガルシニエリプトン HC の γ セクレターゼ阻害作用………………230
　　5.2　8-プレニルナリンゲニンの筋肉萎縮への抑制作用……………………230
　　5.3　IXN の骨量維持活性……………230
　　5.4　ホップに含まれるフラボノールの花粉症症状を軽減する作用………231
　　5.5　ホップに含まれるアルコールの薬理作用………………………………231
6　ホップ成分の作用機序………………231
　　6.1　HM, XN と核転写因子 NF-κB…232
　　6.2　XN と核転写因子 Nrf2…………232
　　6.3　IHM と核転写因子 Nrf2 及び PPAR…………………………………232
　　　　6.3.1　IHM の脳細胞保護作用の機序—核転写因子 Nrf2 への作用—…………………………………232
　　　　6.3.2　IHM の核転写因子 PPAR への作用………………………………233
7　おわりに………………………………233

第 28 章　ウイルス感染防御機能を担うプラズマサイトイド樹状細胞を活性化する乳酸菌　　藤原大介

1　はじめに………………………………235
2　ウイルス感染防御の司令塔としての pDC…………………………………236
3　pDC 活性化乳酸菌の探索……………236
4　プラズマ乳酸菌の in vitro における pDC 活性化効果…………………………237
5　プラズマ乳酸菌の IFN-α 産生誘導メカニズムの解析………………………238
6　プラズマ乳酸菌の経口投与による in vivo pDC 活性化効果……………………239
7　プラズマ乳酸菌のヒトに対する効果…………………………………………240
8　動物を用いたパラインフルエンザウイルス感染実験……………………………241
9　プラズマ乳酸菌の商品への応用………242
10　おわりに………………………………242

第 29 章　液体麹による焼酎製造　　舛田　晋，小路博志

1　はじめに………………………………243
2　玄麦を用いた新規液体麹……………243
3　液体麹を用いた焼酎製造……………245
4　液体麹を用いた無蒸煮同時糖化エタノール発酵（無蒸煮発酵）…………………247
5　サツマイモを用いた液体麹…………247
6　おわりに………………………………249

第30章　乳酸菌代謝の機能性食品素材開発への応用
小川　順，岸野重信

1　はじめに……………………………250
2　乳酸菌脂肪酸代謝の解明と代謝産物の生理機能解析…………………………250
　2.1　乳酸菌における不飽和脂肪酸の飽和化代謝………………………………250
　2.2　乳酸菌脂肪酸代謝産物の生理機能……………………………………251
　　2.2.1　水酸化脂肪酸の腸管バリア機能増強効果…………………………251
　　2.2.2　水酸化脂肪酸の抗炎症作用……252
　　2.2.3　水酸化脂肪酸, オキソ脂肪酸の脂肪酸合成抑制効果…………252
　　2.2.4　オキソ脂肪酸による肥満に伴う代謝異常症の改善……………252
　2.3　不飽和脂肪酸飽和化代謝産物の生産…………………………………253
3　乳酸菌核酸代謝の高尿酸血症予防への応用…………………………………253
　3.1　プリン体分解乳酸菌の探索………253
　3.2　プリン体分解乳酸菌による血中尿酸制御…………………………………254
　3.3　プリン体分解乳酸菌における代謝解析……………………………………255
4　おわりに……………………………255

第31章　有用アミノ酸を高生産する泡盛酵母の育種と泡盛の高付加価値化への応用
高木博史，渡辺大輔，塚原正俊

1　はじめに……………………………257
2　香味性に関与するアミノ酸…………258
3　ストレス耐性に関与するアミノ酸…263
4　おわりに……………………………267

第32章　ブドウの持つ香りのポテンシャルを引き出すワイン醸造
—柑橘様香気成分を例として—
小林弘憲

1　はじめに……………………………270
2　ワインの香りに関する研究…………271
3　柑橘系アロマを例としたターゲットコンパウンドの特性把握……………272
4　柑橘系アロマに注目した甲州ブドウ栽培およびワイン醸造……………………272
5　ブドウが香り前駆体を合成する植物生理学的意味………………………………274
6　おわりに……………………………274

第33章　低臭納豆およびビタミンK_2（MK-7）高含有納豆の開発
竹村　浩

1　はじめに……………………………276
2　商品開発事例………………………277

 2.1 低臭納豆の開発 ……………277
  2.1.1 低臭納豆開発の方向性 ………277
  2.1.2 bcfa 非生産納豆菌の開発 ……277
  2.1.3 低臭納豆の商品化 ……………278
 2.2 ビタミン K_2 高含有納豆菌の開発
  ………………………………279

  2.2.1 納豆とビタミン K_2 …………279
  2.2.2 MK-7 高生産納豆菌の開発 ‥280
  2.2.3 MK-7 高含有納豆を用いたヒト投与試験 ……………………280
  2.2.4 ビタミン K_2 高含有納豆の商品化 ……………………………281

【第Ⅰ編　発酵・醸造の基礎研究】

第1章　酵母の形態情報を発酵・醸造に生かす

大矢禎一[*1]，渡辺大輔[*2]，岡田啓希[*3]

1　はじめに

　19世紀半ばフランス北部に新設されたリール大学理学部化学教室に，酒石酸の光学異性体を研究していた若い研究者が教授に着任した。新任教授は砂糖ダイコン（テンサイ）からエタノールを製造しているその地域の醸造業者からたまたま依頼を受けて，アルコール発酵の主役となる酵母とその働きを抑える乳酸菌という微生物を手製の顕微鏡を使ってはじめて見つけることになる。彼こそが後にナポレオン三世からもワインの腐敗についての相談を受け低温殺菌法を開発した，ルイ・パスツールその人である[1]。

　こうして酵母によるアルコール発酵の歴史は細胞を観察することから始まった。その後酵母の活性測定には顕微鏡だけでなく様々な方法が使われるようになったが，近年になってもう一度，顕微鏡を使った酵母細胞の詳細な観察が発酵工学に役立つことがわかってきた。酵母の顕微鏡画像には非常に多くの表現型に関する情報が詰められている。その表現型を数理形態学（マセマティカル・モルフォロジー）[2]の力を借りて定量化することで，さらに様々な統計学的手法を使ってその高次元の数値情報を解析することが可能となり，酵母の形態的特徴や性質が客観的，定量的に研究できるようになったからである[3]。そこで本稿では，細胞の形態情報という高次元表現型の解析がどのような醸造発酵の研究に利用されるようになったかについて解説する。

2　形態に注目した高次元表現型解析

　酵母細胞の形態は古くから多くの生物学者の興味の的だった。顕微鏡が高性能化し，蛍光顕微鏡が普及し，酵母を生きたままで観察できるようになると，細胞生物学や遺伝学の多くの研究で酵母細胞の観察が行われるようになってきた。しかしそのほとんどは定性的な記述にとどまり，たとえ定量的な解析を行う場合でも研究者が目で見て対象の識別と形態情報の抽出を行っていた。完全定量化のために強力な武器になるのが，画像解析システムである。筆者らが開発した出芽酵母に最適化されたCalMorph[4]という画像解析システムの最大の特徴は，細胞の認識度が優

[*1]　Yoshikazu Ohya　東京大学大学院　新領域創成科学研究科　先端生命科学専攻　教授
[*2]　Daisuke Watanabe　奈良先端科学技術大学院大学　バイオサイエンス研究科　統合システム生物学領域　ストレス微生物科学研究室　助教
[*3]　Hiroki Okada　東京大学大学院　新領域創成科学研究科　先端生命科学専攻　研究員

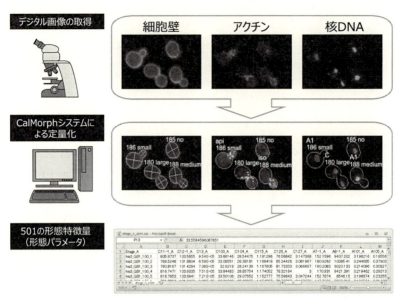

図1　出芽酵母の画像解析プログラム CalMorph による分析システムの概要
CalMorph システムを使用すると，3つの異なる形態情報（細胞壁，アクチン，核DNA）から501種類の形態特徴量（形態パラメータ）を取得できる

れているという点である（図1）。特に芽の形態を抽出する能力と細胞周期のステージに分けた形態記述する特性に優れていて，このようなシステムは他に類を見ない。

　スタンダードの CalMorph システムではまず，細胞を固定した後で蛍光性色素を使って細胞壁，アクチンパッチ，核DNAを染色する[5]。CCD カメラ付き蛍光顕微鏡によって画像を取得した後，酵母細胞の領域を抽出し，顕微鏡画像の画像解析と細胞形態の定量を自動的に行なう。画像解析の過程では細胞領域の自動認識と500を越える極めて多くの形態的特徴（形態パラメータ）の数値情報の取得を自動的に行なう[6]。

　増殖中の出芽酵母の約半数は分裂したばかりの未出芽の細胞であるが，細胞の成長に伴って突起状の芽として飛び出た娘細胞が出現する。芽（娘細胞）の成長に伴ってDNAの合成と核分裂が続けて起こり，細胞質が分裂することで細胞周期が完了する。細胞周期の進行とともに芽が大きくなるため，細胞全体の大きさは，未出芽の細胞では比較的小さく，出芽している細胞では比較的大きくなり，結果として二極化することになって分布としては二峰性（二つのピークを持つ分布）を示す。このように二峰性の分布を示すデータでは群間の比較などの統計解析を行うことが難しいが，原因となる娘細胞をあらかじめ分離しておいて母細胞と別々に大きさなどの形態的特徴を計測することでデータは単峰性となり，この問題を回避することができることになった[6]。筆者らはこの CalMorph システムを使い2005年から酵母のシステムバイオロジー，遺伝学，細胞生物学に関する数々の基礎研究を行なってきた（図2）[4,7〜10]。

第1章　酵母の形態情報を発酵・醸造に生かす

(1) 遺伝子機能と形態表現型の関連付け

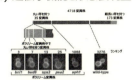

同じ機能を持つ遺伝子を破壊すると同じような表現型を示した

Ohya et al., PNAS 102:19015-20 (2005)

(2) 細胞壁合成酵素変異株の表現型に基づくグループ分け（クラスター分析）

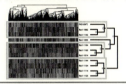

形態表現型に基づくクラスタリングはタンパク質の機能ドメインの解明に有効だった

Okada et al., Genetics 184:1013-24 (2010),
Okada et al., MBoC 25:222-33 (2014)

(3) 形態的特徴の類似性を基にした薬剤の標的予想

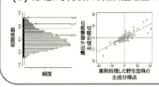

形態変化を伴う化合物に関しては標的予想が可能になった

Ohnuki et al., PLOS One 5:e10177 (2010)

図2　CalMorph システムを用いた基礎研究における応用例

3　発酵工学における CalMorph の活用

　酵母の高次元表現型解析は，発酵工学のさまざまな場面でも活用できることがわかってきた。ラガービール醸造の過程では酵母の活性のモニタリングが必要だが，出芽率やそれ以外の形態情報を酵母の活性に関係する特徴として利用することができる。そしてビール酵母の形態データベースを作り酵母の育種に利用することが可能になった[11,12]。一方，清酒酵母の形態的特徴から清酒酵母が持っている突然変異と醸造上の特性が明らかになった[13]。ビール酵母，清酒酵母だけでなく，さまざまな自然界に存在している酵母の形態を解析することによって，ワイン酵母が持つ共通の形態が明らかになった[14]。最後にアルコール発酵を阻害するバニリンの標的の同定が形態変化を指標にして行えるようになった[15]。以降，これらのトピックについて個別に説明をしていくことにする。

4　高次元表現型解析を生かしたビール酵母のモニタリング

　発酵タンクにおいてビール類を醸造する際には，麦芽，ホップ，水，添加物の原材料の品質を管理するだけでなく，酵母の増殖とアルコール発酵を温度管理などによって適切にコントロールすることが必要である。以前から，ラガービール醸造過程では下面発酵酵母（*Saccharomyces pastrianus*）の生理状態をモニターするために，幾つかの酵母の特徴量が用いられてきた[16]。最

も代表的なのは生存能力（viability）と活性（vitality）である。生きた細胞の活力を表す指標である活性については，細胞内pH（ICP），酸素の取り込み活性，酸性化出力試験，二酸化炭素の産生量，グリコーゲンやトレハロース染色，出芽率など様々なものが提案されてきたが，その中でも出芽率は多糖類の代謝，アルコール発酵速度，香味成分などの代謝産物の生産と密接に関係していることがわかっていた。出芽率を測定する方法には，顕微鏡下で出芽率を直接測定する方法に加えて，画像解析システムを用いて測定することが可能である[4]。

　出芽率に関係した特徴量として，CalMorphは「芽を持つ細胞の割合」以外に，「核分裂以前の細胞の割合」，「核分裂中の細胞の割合」など細胞周期のステージごとの割合を酵母の培養液の写真から瞬時に計算できる。嫌気的条件下で下面発酵酵母を96時間培養したところ，割合を示す特徴量以外にも大きさ，面積，二点間の距離，蛍光の輝度，分散など，様々な変化パターンの形態特徴量があることがわかった[11]。

　変化パターンが似ている特徴量を集めてくることができれば，どのような酵母の形態変化が醸造タンクの中でおきているかを把握することができるはずである。そのために，形態特徴量を変数（variables）として，時間点を観測値（observations）として主成分分析を行なった。主成分分析では新しい形態軸を設定することにより観測値をより広く分布させることができる。新しい形態軸は原理上変数よりもひとつ小さい数だけ設定できるが，あまり多くの形態軸を設定しても実験誤差のばらつきの部分ばかりを拾ってしまうため，全体の分布の広がりの60〜80％程度を調べることにした。その結果，PC1（第1主成分：24時間後にピークを持っている変化）とPC2（第2主成分：時間に依存して徐々に変わる変化）という2つの異なる変化パターンがあることがわかった（図3）。詳細は省略するが，さらに連続した主成分分析を行った結果，24時間後にピークを持つPC1は「出芽率」，「2つの核間の距離」，「芽の角度」などの3つの特徴から成り立っており，単調に変化するPC2は「アクチンパッチの数の減少」，「局在化したアクチ

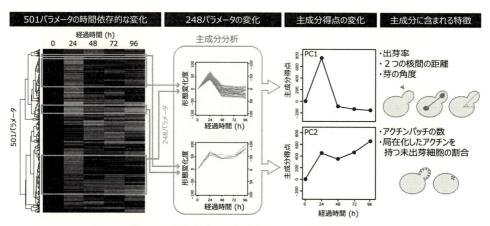

図3　下面発酵酵母の発酵過程における形態変化

発酵中の酵母を時間経過（0, 24, 48, 72, 96時間）に併せて取得し，その形態情報をCalMorphシステムで解析することで，時間依存的かつダイナミックに変化する形態変化を特定できた。

第1章　酵母の形態情報を発酵・醸造に生かす

ンを持つ未出芽の細胞の増加」という2つの特徴から成り立っていることが明らかになった[11]。

5　CalMorphから得られたビール酵母の情報の活用方法

　活性のひとつとして知られる「出芽率」を発酵過程の高次元表現型情報から自動的に取り出すことができたことから，連続した主成分分析を用いた統計手法が有効であることがわかる。それでは次に，このように抽出されたデータはどのように品質保証管理（Quality Assurance Management）に生かすことができるのであろうか（図4）。まず考えられることは，「出芽率」以外のPC1に相関する特徴量は活性を示す特徴量としてモニタリングに使えるということである。平行していくつもの特徴量を同時追跡することで，信頼性が増すことが期待される。2つ目は，異なる発酵条件で培養したときの特徴量の相関を調べることにより生理状態を推定できることである。もしも全ての特徴量が同じように変化しているならば，酵母の生理状態も同様に変化していると考えられる。3つ目の可能性としては，品質保証管理の大きな目的のひとつである発酵条件の最適化を図るためにこの情報を使えるかもしれない。ビッグデータから抽出された活性が高いのであればその条件を維持し，低くなったのであれば膨大なデータからその原因を追求して状況を改善するための努力をすることができる。最後に下面発酵酵母は雑種であるために遺伝的に不安定であり，ストレス環境下におかれると遺伝的バリアントが蓄積することが知られていることを考えると，あらかじめ育種中の酵母菌株の細胞形態ビッグデータを集めておくことで，下面発酵酵母が遺伝的に変化してしまったかどうかを後になって調べることも可能であろう[12]。

　形態情報の他にも，代謝産物の解析データ，遺伝子発現量のデータなどのデータを加えて，

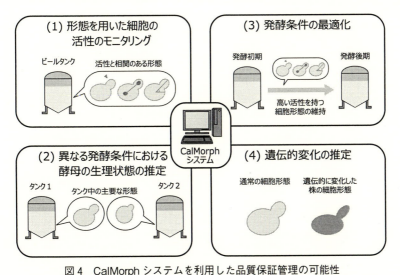

図4　CalMorphシステムを利用した品質保証管理の可能性
CalMorphシステムにより詳細な形態変化を分析することで，品質保証管理の様々な面で利用できる可能性がある。

ビッグデータをさらに充実することも可能である。それらのビッグデータを，下面発酵酵母の品種を用いて，様々な原材料存在下のもとで発酵条件を変えたり，保存状況を変えたりすることで，どのようなデータが得られるようになるかを調べることもできる。酵母の特性だけではなく，味や香りとの相関を研究することができるようになれば，下面発酵酵母の育種にも大きく貢献することになるだろう。

6　形態的特徴から明らかになった清酒酵母らしさの原因

　協会酵母に代表される清酒酵母は，実験室株とは異なる幾つかの共通の形態的特徴を持っている。CalMorph により得られた形態表現型情報を主成分分析の手法を使って調べた結果，協会6号，7号，9号，10号酵母は，実験室酵母としてよく使用されている X2180 と比較して，出芽している細胞の割合が高く，細胞の大きさが小さくなっていることが明らかになった（図5）[13]。実際に，マンホイットニーU検定を行って両者を比較してみると，「出芽している細胞の割合」や「細胞の大きさ」を示すパラメータで有意な差が認められた。

　この清酒酵母と同じように，出芽している細胞の割合が高く，細胞の大きさが小さいという特徴を持つ whi（あるいは WHI）と呼ばれる変異株が，出芽酵母の実験室株から既に7つ単離されていた。WHI1 が G1 期サイクリンの CLN3 であり，WHI3 や WHI4 が CLN3 の mRNA と結合するタンパク質をコードしており，WHI5 が G1 期の転写抑制因子であるなど，多くの WHI 遺伝子が G1 期の細胞周期制御に深く関与していることから，清酒酵母では CLN3 の制御機構が変化しているのではないかと考えられた[13]。

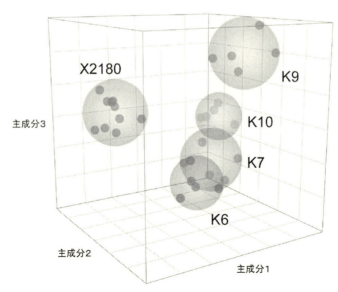

図5　清酒酵母と実験室酵母の違い
主成分分析を行って両者の違いを比較した。

第1章　酵母の形態情報を発酵・醸造に生かす

　実際に清酒酵母で *CLN3* の遺伝子発現を調べたところ，確かに発現量は高くなっており，実験室株で *CLN3* を高発現すると清酒酵母と同じようにアルコール発酵能が高くなることがわかった。逆に清酒酵母や実験室酵母で *CLN3* を遺伝子破壊すると発酵能が低下することもわかった。従って *CLN3* は細胞周期制御だけでなく，エタノール発酵能にも関与していることが示され，清酒酵母が持っている高いアルコール発酵能の要因のひとつが明らかになった。清酒酵母の *CLN3* 遺伝子発現を制御する領域には清酒酵母特異的に4つの突然変異が認められているので，この変異が *CLN3* 遺伝子高発現の原因になっているのかもしれない。

7　特徴的な形態を示しているワイン酵母

　俗にパン酵母と呼ばれる出芽酵母（*Saccharomyces cerevisiae*）の中には，パンを作る時に使われる酵母だけでなく，エールビールを作るビール酵母，清酒酵母，ワイン酵母，ウイスキー酵母などアルコール醸造に使われる数々の種類の酵母が知られている[17]。実験室だけでなく，動植物の体内，森林や田畑の土中，湖沼，河川や海などの水中など至るところの自然界でも「パン酵母」は生息している[17]。
　このように色々な用途として使われる出芽酵母や様々な生育環境で生息している出芽酵母を，地理的にも離れている場所から全部で37種集めて，実験室酵母で一般的に使われているSD培地で培養した後に酵母の形態をCalMorphで解析した[14]。まず明らかになったことは，野生型酵母の細胞形態は実に多様であるということである。例えば母細胞の長軸と短軸の比で表される「母細胞の細長さ」というパラメータで比較すると数値としては1.1から1.4までの表現型の多様性を持っていた。これは見るからに丸い酵母も細長い出芽酵母も自然界に存在しているということを意味している。形態的に特に変わった出芽酵母がごく少数存在しているのではなく，十人十色と言われるようにまさに酵母の種類によって様々な特徴的な形が見られることも同時に明らかになった[14]。
　次なる関心事は，遺伝的に近縁の出芽酵母は類似の形態をしているかどうかという点である。これについては，遺伝型と表現型を全体的に見ると関係性が見えてこなかったが（Spearman ρ = -0.08），形態の類似性を部分的に見ると関係性が見えてくる場合があった。クラスター解析の結果，形態的に類似していたひとつのグループは遺伝的にも近縁であった（図6）。ワイン酵母3種を含むこのグループの細胞では，S/G2期の細胞でアクチン領域が広がっており，M期の細胞で核が芽の付け根に隣接しやすいという特徴を持っていた[14]。注意しなければならないのは，これ以外の形態的特徴を持っているワイン酵母も確かに存在しているという点である。最近では自然派のワイン醸造として畑に自生する酵母をそのまま利用してワインを作ることも多く行われているが，一体どのような酵母が棲み着いているのかは大きな関心事になってきている。その際にはこのように形態を基にして簡便にワイン酵母を分類することもひとつの方法であろう。

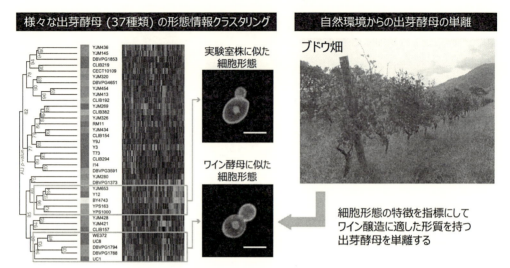

図6 ワイン酵母を含む様々な出芽酵母の形態的特徴

由来の異なる様々な出芽酵母のうち，一部のワイン酵母は互いに類似した形態を示す。この形態的特徴を指標にすることで，ブドウ畑に自生する酵母を利用してワインを作る際に，優れた醸造特性をもつ出芽酵母が選択できる可能性がある。

8 アルコール発酵阻害物質の細胞内標的の同定

酵母の高次元表現型解析は発酵中のモニタリングや酵母の育種だけではなく，アルコール発酵阻害物質として知られるバニリンの標的同定にも使われた。

近年，化石燃料の代替エネルギーとしてバイオエタノールが注目されている。特に廃材や農業残渣などの木質系バイオマスから糖化，発酵を経てエタノールを産生する技術は，未利用資源の有効活用という観点から大きな期待を集めている。しかしながら木質系バイオマスを糖化した際に副産物として生じるアルコール発酵阻害物質が大きな問題となっており，酵母の生育や発酵を阻害するメカニズムの解明が強く求められていた。なかでもリグニンから生じるフェノール関連化合物であるバニリンがもっとも強い阻害効果を持つことが知られていたが，出芽酵母におけるバニリンの標的と作用機作については不明だった[18]。

化合物の細胞標的を調べる方法のひとつに化合物を作用させたときの細胞の表現型を比較するという方法がある[9]。この方法は，細胞標的の阻害剤で処理した細胞の表現型は，標的の遺伝子を破壊した株の表現型と類似するはずであることを利用している。4718ある非必須遺伝子破壊株の形態的特徴については既に取得していた[19]ので，細胞標的を推定したい化合物については，野生型酵母に5段階の異なる濃度で5回ずつ処理して形態情報を取得し，形態変化の濃度依存性をJonckheere検定という統計手法を用いて求めた後に，形態プロファイルの類似度を相関係数で評価した[9]。

形態情報を使って細胞内標的を同定するには，まずその化合物が酵母の形態変化を起こす必要

第1章 酵母の形態情報を発酵・醸造に生かす

がある。1 mM のバニリンで処理して細胞の形態変化を追跡したところ、8時間までに501のパラメータ中、187パラメータで形態変化が検出できた。そこで、濃度依存的に変化する形態のプロファイリングを調べ、4718の非必須遺伝子破壊株の形態と比較したところ、有意に類似している変異株が18見つかった。5000近くの変異株の中からたった18というのは割合でいうと0.4%、かなり低い頻度である。ただし、これはかなり似ているものだけに絞ったのではなく、似ている変異株があまりなかったためであった。

この有意に形態的に似ていた18の変異株の中に、どのような遺伝子機能のカテゴリーの変異株が含まれているかを調べてみると、そのうち rpl8aΔ, rpp1bΔ, rpl16aΔ の3つがリボソーム大サブユニットの欠損株であることがわかった[15]。リボソームの機能といえば、まずはタンパク質合成である。そこで、バニリンを処理した後にタンパク質合成が低下しているかどうかを調べたところ、比較的低濃度のバニリンにより、酵母のタンパク質合成が抑えられることが明らかになった。出芽酵母では、タンパク質合成が阻害されると、非翻訳状態の mRNA が細胞質中で上昇し、P-ボディやストレスグラニュール（SG）とよばれる RNA とタンパク質からなる顆粒が細胞内に蓄積することがある[20]。バニリンで処理した細胞についてもその顆粒の形成を検討したところ、バニリンによって P-ボディやストレスグラニュールの形成が細胞内で誘導されることが確認できた[15]。これらの結果から、バニリンが酵母のタンパク質合成を抑えていることが証明された（図7）。

バニリンの細胞内標的がリボソーム大サブユニットだったことを受けて、まず考えられるのは、リボソームのサブユニット遺伝子に絞った酵母の育種を行なうことである。サブユニットの

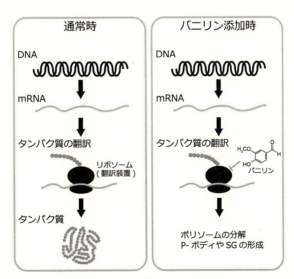

図7　バニリンによるリボソーム阻害のモデル
通常状態の酵母細胞内において、DNA から転写された mRNA はリボソームより翻訳されることで、タンパク質が合成される。バニリンは、その細胞内標的であるリボソームの作用を阻害することで、タンパク質合成を阻害し、結果的にポリソームの分解や P-ボディ・SG の形成を引き起こす。

遺伝子に集中的に変異を導入することや，サブユニットの遺伝子を高発現することで，バニリンに対して耐性を与えるような株の取得が考えられる。変異を導入する際には遺伝子破壊株ではなく，点突然変異を用いる方が良いだろう。過去には酒類の香気成分でもあるバニリンを高生産する株を育種するためにバニリン耐性株が単離され[21]，最近では連続的に変異を導入することによって，バニリンなどの複数の阻害剤に対して耐性を示す株が単離されている[22]。このような試みを今回得られたエビデンスに基づいて，リボソームに狙いを絞って行なうことで，有用なバニリン耐性株が取得出来ることが今後期待される。

謝辞

　本稿で紹介したCalMorphを使った数々の研究は，東京大学大学院新領域創成科学研究科　先端生命科学専攻生命応答分野の多くの学生と研究員および共同研究機関との共同で行なったものです。この場を借りて感謝いたします。

文　　献

1) 鈴木善次　発酵現象の解明を自然発生説の否定につなげたルイ・パスツール「随想：発見の科学史・発明の技術史から創造性を探る」ニューロクリアティブ研究会 http://www.neurocreative.org/jp/?page_id=976（2012）
2) Matheron, G., Serra, J. The birth of mathematical morphology. Proc. 6th international symposium on mathematical morphology pp1-16, CSISRO Publishing（2002）
3) 大矢禎一，木森義隆　出芽酵母で広がる細胞の画像解析研究　映像情報メディア学誌 67(9): 10-15（2013）
4) Ohya, Y., Sese, J., Yukawa, M., Sano, F., Nakatani, Y., Saito, TL., Saka. A., Fukuda, T., Ishihara, S., Oka, S., Suzuki, G., Watanabe, M., Hirata, A., Ohtani, M., Sawai, H., Fraysse, N., Latge, JP., Francois, JM., Aebi, M., Tanaka, S., Muramatsu, S., Araki, H., Sonoike, K., Nogami, S., Morishita, S. High-dimensional and large-scale phenotyping of yeast mutants. *Proc Natl Acad Sci U S A.* 27;**102**(**52**): 19015-20（2005）
5) Okada, H., Ohnuki, S., Ohya Quantification of cell, actin and nuclear DNA morphology with high-throughput microscopy and CalMorph Cold Spring Harb Protoc *in press*（2015）
6) Ohtani M, Saka A, Sano F, Ohya Y, Morishita S. Development of image processing program for yeast cell morphology. *J Bioinform Comput Biol* **1**(**4**): 695-709（2004）
7) Ohnuki, S., Kanai, H., Nogami, S., Nakatani, Y., Morishita, S., Hirata, D., Ohya Y. Multiple Ca2+ regulatory pathways revealed by morphological phenotyping of calcium-sensitive mutants. *Eukaryotic Cell* **6**: 817-30（2007）
8) Okada H, Abe M, Asakawa-Minemura M, Hirata A, Qadota H, Morishita K, Ohnuki S,

Nogami S, Ohya Y Multiple Functional Domains of the Yeast 1,3-β-Glucan Synthase Subunit Fks1p Revealed by Quantitative Phenotypic Analysis of Temperature-Sensitive Mutants Genetics **184**: 1013-24（2010）

9) Ohnuki S, Oka S, Nogami S and Ohya Y High-content, image-based screening for drug targets in yeast. *PLoS ONE* **5**: e10177（2010）

10) Okada H, Ohnuki S, Roncero C, Konopka JB, Ohya Y. Distinct roles of cell wall biogenesis in yeast morphogenesis as revealed by multivariate analysis of high-dimensional morphometric data. *Mol Biol Cell.* **25**: 222-33（2014）

11) Ohnuki S, Enomoto K, Yoshimoto H, Ohya Y Dynamic changes in brewing yeast cells in culture revealed by statistical analyses of yeast morphological data. *J Biosci Bioeng.* **117**: 278-84（2014）

12) 大矢禎一　ビール醸造の発酵過程におけるビッグデータの活用　バイオサイエンスとインダストリー **72**(5), 380-384（2014）

13) Watanabe D, Nogami S, Ohya Y, Kanno Y, Zhou Y, Akao T, Shimoi H, Ethanol fermentation driven by elevated expression of the G1 cyclin gene CLN3 in sake yeast. *Journal of Bioscience and Bioengineering*, **112**(6): 577-82（2011）

14) Yvert G, Ohnuki S, Nogami S, Imanaga Y, Fehrmann S, Schacherer J and Ohya Y, Single-cell phenomics reveals intra-species variation of phenotypic noise in yeast. *BMC Systems Biology*, **7**(1): 54（2013）

15) Iwaki A, Ohnuki S, Suga Y, Izawa S and Ohya Y, Vanillin Inhibits Translation and Induces Messenger Ribonucleoprotein (mRNP) Granule Formation in Saccharomyces cerevisiae: Application and Validation of High-Content, Image-Based Profiling. *PLoS ONE*, **8**(4): e61748（2013）

16) Lodolo, E. J., Kock, J. L., Axcell, B. C., and Brooks, M.: The yeast Saccharomyces cerevisiae e the main character in beer brewing, *FEMS Yeast Res.*, **8**, 1018e1036（2008）

17) Schacherer J, Shapiro JA, Ruderfer DM, Kruglyak L: Comprehensive polymorphism survey elucidates population structure of Saccharomyces cerevisiae. *Nature* **458**: 342-345（2009）

18) Parawira W, Tekere M Biotechnological strategies to overcome inhibitors in lignocellulose hydrolysates for ethanol production: *review. Crit Rev Biotechnol* **31**: 20-31（2011）

19) Saito TL, Ohtani M, Sawai H, Sano F, Saka A, Watanabe D, Yukawa M, Ohya Y, Morishita S. SCMD: Saccharomyces cerevisiae Morphological Database. *Nucleic Acids Res.* **32**: D319-22（2004）

20) Buchan JR, Muhlrad D, Parker R P bodies promote stress granule assembly in Saccharomyces cerevisiae. *J Cell Biol* **183**: 441-455（2008）

21) 黒田 真司, 小谷 恭弘, 佐藤 充克　バニリン高生産性酵母　特開平 9 - 224653（1997）

22) Kumari R, Pramanik K. Improvement of multiple stress tolerance in yeast strain by sequential mutagenesis for enhanced bioethanol production. *J Biosci Bioeng.* **114**(6): 622-9（2012）

第2章　醸造関連ストレス下での酵母の翻訳制御

井沢真吾*

1　はじめに

　酵母や麹菌などの真核微生物では転写の場（核）と翻訳の場（細胞質）が核膜によって隔てられているため，乳酸菌や大腸菌などの原核微生物と比べて複雑な遺伝子発現制御機構をそなえている。出芽酵母 *Saccharomyces cerevisiae* の場合，核内で合成された mRNA は Cap 構造やポリA鎖の付加，スプライシング，核外輸送因子との複合体形成といった核内のプロセシングを経てようやく核外へと輸送される。ヒートショックストレス応答時には大部分の mRNA の核外輸送が抑制され，HSP mRNA などの一部の mRNA のみを優先的に細胞質へと運ぶ選択的核外輸送が行われる。また細胞質側においても，一部のストレス条件下では翻訳抑制や選択的な翻訳が誘導される。さらに，mRNA の安定性や分解効率も遺伝子発現を左右する一因となっている。このように，真核微生物では転写以降の複数のステップで遺伝子発現が調節されうるため，ストレス条件下の遺伝子発現を正しく理解するためには転写段階の制御にだけ注目するのではなく，転写・mRNA の輸送・翻訳・分解の一連の流れ（mRNA flux）を俯瞰する視点が必要である。本稿では，醸造関連ストレス条件下の酵母細胞内で生じる翻訳段階のストレス応答について解説する。

2　グルコース枯渇による翻訳抑制と細胞質 mRNP granule 形成の誘導

　翻訳活性を反映するポリソームの形成状況はリボソームプロファイリングで解析することが可能である。リボソームプロファイリング解析によって，高浸透圧ショックに酵母がさらされると一時的に翻訳が抑制されることが報告されている[1]。栄養枯渇ストレスの一種であるグルコース枯渇下でも翻訳の抑制が引き起こされ，ポリソーム形成の減少と 80S モノソームの増加が観察される（図1）[2]。これは，40S 小サブユニットと 60S 大サブユニットが mRNA に結合して翻訳開始複合体である 80S モノソームが形成されるものの，翻訳伸長反応が進行していないことを示唆している。また，翻訳されている mRNA が減少して非翻訳状態の mRNA が増加したことも意味している。

　このようなグルコース枯渇による翻訳抑制時には，翻訳されなくなった多くの mRNA がリボソームから解離し，細胞質内で processing body（P-body）や stress granule（SG）と呼ばれ

---

*　Shingo Izawa　京都工芸繊維大学大学院　工芸科学研究科　応用生物学部門　准教授

第 2 章　醸造関連ストレス下での酵母の翻訳制御

る mRNP granule を形成する。非ストレス条件下で翻訳されていた mRNA が P-body や SG に隔離されることによって翻訳装置に空きができ，ストレス条件下で緊急性を要する mRNA の翻訳が優先的・効率的に行えるようになると考えられている。P-body や SG は非翻訳状態の mRNA と種々の mRNA 結合タンパク質で構成されている生体膜を持たない構造体である。P-body や SG を構成する mRNA 結合タンパク質は一部共通するものの，両者で大きく異なっている。SG には翻訳開始因子等が含まれるのに対し，P-body には exonuclease や decapping 酵素などの mRNA 分解に関わるタンパク質が多く含まれる。そのため，当初は P-body が mRNA 分解の場だと見られていたが，現在ではストレス条件下での mRNA の隔離や翻訳制御にも重要な役割を担っていると考えられている。

　動物細胞の場合には，非翻訳状態の mRNA がまず SG を形成するのに対し，グルコース枯渇下の酵母細胞の場合はまず P-body の形成が活発になり，そののち SG の形成が誘導される[3,4]。見解明な部分がまだ多いが，酵母の SG は先に作られた P-body を足場として形成され，非翻訳状態の mRNA が P-body を経て SG に移ると考えられている。このような形成順序の違いは，リボソームから解離した mRNA の運命を決定するトリアージの場が動物と酵母で異なることを意味している。ストレスによって翻訳されなくなった mRNA を P-body で分解してしまうのか，SG で保管するのか，それとも再度リボソームに戻して翻訳するのかといった mRNA の今後の行く末を決定するトリアージの場が，酵母の場合は SG ではなく P-body のようだ。興味深いことに，酵母の SG は酸化的ストレス等では形成が誘導されず，動物細胞に比べて形成を誘導する条件が限定されている[5]。この点も，動物と酵母で SG の機能や生理的意味合いが少し異なることを示唆している。

3　エタノールストレスによる翻訳抑制と細胞質 mRNP granule 形成の誘導

　酵母自身がアルコール発酵によって生成するエタノールは，日本酒やワインなどの醸造過程終盤で高い濃度に達するため，ストレス源となって様々な応答を酵母細胞内で引き起こす。実験室条件下では，5 ～ 6%（v/v）のエタノールストレスで翻訳活性が抑制され始め，10% エタノールストレス下では著しく翻訳活性が低下してしまう（図 1）[6,7]。また，P-body は 6% 以上のエタノールストレスによって形成が活発になり，濃度の上昇に伴って P-body のサイズや数が増加する傾向を示す[8]。一方，SG の形成はエタノール濃度が 10% 以上になってはじめて誘導されるようになる[9]。エタノールストレスの場合もグルコース枯渇時と同様に，P-body が形成されている場所のすぐ近くに SG が形成されていた。また，同じ濃度のエタノールストレスの場合，P-body よりも後に SG は形成された。そのため，SG の形成は P-body の場合よりも一層深刻な翻訳抑制を引き起こす高いエタノール濃度と長い誘導時間が必要であり，かつ P-body を足場にして形成される可能性が強く示唆された[9]。

　また，エタノールを取り除くことにより，P-body や SG は速やかに消失する。一方，ポリ

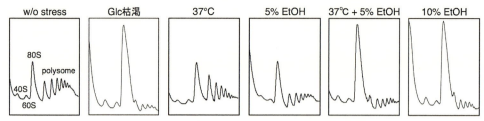

図1 リボソームプロファイリングによる翻訳活性の検討
非ストレス条件下ではポリソーム画分のピークが高いが，ストレスによってはポリソームの形成が抑制され80Sモノソームのピークが高くなる（文献6, 7より改変）。

ソームの形成は，非ストレス条件下レベルにまで回復するにはやや時間がかかり，P-body・SGの消失よりも30〜40分程度遅れる。ストレスが解除されると，P-bodyとSGに隔離されていたmRNAは再び翻訳装置へと送り返され，速やかな翻訳再開を実現すると考えられている。転写段階から再度合成し直すよりも隔離していたmRNAを利用した方が，経済的で速やかに翻訳を再開できるのであろう。そのため，エタノールストレス下でSGを形成できない pbp1Δ や tif4632Δ 株などでは，エタノール除去後の生育再開に大幅な遅延が生じてしまう[9]。ただし，mRNP granule から翻訳に再利用される mRNA はごく一部に限られているという報告もあり[10]，どのような mRNA がどこにどれだけ隔離され，どれだけ再利用されるのかはまだよくわかっていない。

4 混合ストレスと翻訳抑制

実験室条件とは異なり，実際の醸造過程では通常複数のストレスが混在している。そこで，複数のストレスが混在した場合に，翻訳活性やP-body・SG形成がどのような影響を受けるのかを検討した。37℃の比較的マイルドなヒートショックと5%エタノールストレスは，それぞれ単独ではSGの形成を誘導せず，翻訳活性の低下もわずかである（図1）。しかし，酵母細胞を両ストレスで同時に処理すると翻訳活性は著しく低下するとともに，SGの形成も誘導された。この結果は，単独では翻訳活性に影響を与えないような軽微なストレス種でも，他のストレスと共存すると深刻な翻訳抑制を引き起こすことがあり得ることを示している。様々なストレスが混在する実際の醸造過程では，容易に翻訳抑制が生じていて，SGの形成も誘導されやすいのかもしれない。

ヒートショックストレス応答では，いきなり高い温度にさらした場合と比べて，一度マイルドな温度にさらしてから高い温度にシフトすると死滅率が飛躍的に減少することが知られている。この現象は適応応答（adaptation）とよばれ，弱いストレスで前処理することによってストレス応答タンパク質の発現が誘導され，適応力が増して耐性が向上するわけである。そこで，37℃のヒートショックと5%エタノールの混合ストレスに細胞をさらす前に，37℃や5%エタ

第 2 章 醸造関連ストレス下での酵母の翻訳制御

ノール単独で前処理を行って adaptation の誘導を行った。Adaptation の誘導が翻訳活性や SG の形成に対してどのような影響を与えるか検討したところ，いずれの前処理によっても SG の形成は顕著に抑制されるようになった[7]。ところが，リボソームプロファイリングで翻訳活性を検討したところ，前処理の有無に関わらずポリソームのピークは減少したままであり，翻訳活性に対する adaptation 誘導の効果はほとんど認められなかった。この結果は，混合ストレス下では翻訳をほとんど停止してしまうことが最も適切なストレス応答だということを示唆しているのかもしれない。ただし，前処理をおこなった細胞では，ストレスを取り除いた後のポリソームピークの回復や SG の消失が速やかであり，翻訳装置を取り巻く環境に対する adaptation の影響を確認することができた[7]。また，これらの結果は，翻訳活性の低下が必ずしも SG の形成に反映されるわけではないことを示している。

5 エタノールストレス条件下で優先的に翻訳される mRNA

10％の高濃度エタノールストレス条件下でも，依然としてポリソームの形成はわずかに認められることから，一部の mRNA は選択的・優先的に翻訳されていると推測された。そこで，高濃度エタノールストレス下でもポリソームを形成する mRNA の同定を試みた。リボソームプロファイリングを行い，ポリソームのフラクションに含まれる mRNA を回収して解析したところ，非ストレス条件下のポリソームにはほとんど含まれないものの，高濃度エタノールストレス下のポリソーム中に占める割合が著しく上昇した mRNA が 27 種類同定された（*EXP1-27*）。これまでに *EXP1-7* について，その転写レベルおよび翻訳産物レベルについて qRT-PCR や Western blot 解析等で慎重に検討を行ったところ，いずれの遺伝子も 10％エタノールストレスに応答して転写が活性化され，mRNA レベルの顕著な上昇が確認された。しかし *EXP1-6* については高濃度エタノールストレスによるタンパク質レベルの明確な上昇は認められず，非ストレス条件下での発現レベルとの差はごく僅かであった。そのため，*EXP1-6* の mRNA は高濃度エタノールストレス下でポリソームを形成するものの，その翻訳効率は極めて低いと考えられた。

一方，*EXP7* の翻訳産物は非ストレス条件下ではほとんど検出されなかったが，8〜10％ エタノールでのストレス処理によって顕著な上昇が認められた。この結果は，大部分の mRNA の翻訳が抑制されてしまう高濃度エタノールストレス下でも，*EXP7* mRNA は例外的に翻訳されることを強く示唆している。現時点で Exp7 の機能はよくわかっておらず，エタノールストレスとの関連も全く不明であるが，高濃度エタノールストレス下でわざわざ翻訳されることから，エタノール耐性獲得の上で何か重要な役割を担っているのではないかと考えている。現在，その機能や役割の解明に取り組んでいる。

EXP7 mRNA の発見によって新たな疑問や研究課題も見えてきた。高濃度エタノールストレス存在下でも翻訳される *EXP7* mRNA とその他大勢の翻訳されない mRNA とを区別する分子機構の解明は，ストレス下における mRNA flux の制御について理解を深める上で非常に興味深

い研究課題である。近年，プロモーター領域の塩基配列がmRNAの分解効率やストレス下での翻訳効率を決定することが報告されている[11,12]。ひょっとしたら，塩基配列にはストレスにさらされた時にmRNAがとる対応策が情報として組込まれているのかもしれない。

応用面では，EXP7のmRNA fluxシステムを利用することによって発酵効率やエタノール耐性を飛躍的に改良することが可能になるかもしれない。筆者の研究室では，プロモーター配列を含めEXP7 mRNAを優先的に翻訳するmRNA fluxの経路を利用することで，任意のmRNAを高濃度エタノール存在下で翻訳することができる新しい遺伝子発現系の構築をおこなっている。高濃度エタノール存在下でも機能する遺伝子発現系を用いることによって，醸造工程の最終段階まで高い発酵能を維持することや酒質の改変等が実現できるのではないかと期待している。

6 バニリンストレス下での翻訳抑制と優先的な翻訳

バニリンはバニラの香りの主成分であり，食品香料としても用いられる。木質・草本系バイオマスをバイオエタノール製造の原料として用いる際にも，バイオマスの糖化前処理によって副産物として生成してくる。発酵液中のバニリンは酵母の生育や発酵能を阻害する物質でもあり，バイオエタノールの製造コスト改善や普及をはかる上で大きな障壁となっている。バニリンの酵母細胞に対する作用について検討したところ，活性酸素種の蓄積に伴うミトコンドリアの断片化や抗酸化系遺伝子の転写活性化を引き起こす一方で，翻訳活性の抑制とP-bodyやSGの形成を誘導することが明らかとなった[13,14]。また，東京大学の大矢禎一教授らが大規模画像解析システムCalMorphを用いておこなったプロファイリングによって，リボソームがバニリンの細胞内標的である可能性が報告された[15]。そこで，バニリン存在下での翻訳活性をリボソームプロファイリングで検討したところ，8 mM以上の濃度になると翻訳活性が低下し，P-bodyの形成が活発になることが確認された[14,15]。また，さらに高濃度のバニリン存在下ではSGも形成され，新規タンパク質合成能の低下がバニリンによる生育・発酵能阻害の一因となっていることが明らかとなった。

エタノールストレスの場合と同様に，筆者らはバニリンストレス下でもポリソームを形成するmRNAの同定をおこなった（VEP1-21）。これまでにVEP1-3について解析を行ったところ，各遺伝子がコードするタンパク質の細胞内レベルがバニリンによって顕著に上昇することを確認した。加えて，VEP1-3各遺伝子の破壊株はバニリンに対し感受性を示した。これらの結果から，翻訳が抑制されてしまうバニリンストレス下でもバニリン耐性の獲得において重要な役割を担うVEP1-3のmRNAは優先的に翻訳されていると考えられた。

VEP1のプロモーター領域（約1000bp）とターミネーター領域（約200bp）を用いてGFPなどの他の遺伝子の発現を試みたところ，バニリンストレスに応答して転写の活性化とタンパク質レベルの上昇が確認された。そのため，VEP1のプロモーター/ターミネーターを利用することで，バニリン存在下でも抑制されることなく任意の遺伝子を発現させることが可能だと考えら

第2章　醸造関連ストレス下での酵母の翻訳制御

れた。*VEP2/VEP3* についても同様の検討を行ったところ，*VEP1* のプロモーター/ターミネーター以上にバニリンストレス下で効率的な遺伝子発現を実現することが可能であった。バニリンストレスによっても阻害されないこれらの発現系を利用して，バニリンの解毒や発酵能に関与する遺伝子の発現強化を通じて，バイオエタノールの発酵効率を改善することができるのか検討している。

7　おわりに

　エタノールやバニリンなどのストレス下では，ごく一部の mRNA を除いて大部分の mRNA の翻訳が抑制され，P-body や SG などの細胞質 mRNP granule に隔離されることを本稿では紹介した。しかし，翻訳活性や mRNP granule 形成に及ぼす影響は醸造関連ストレスの種類によって大きく異なり，乳酸や酢酸，プロピオン酸などの有機酸ストレスでは翻訳抑制具合も比較的緩やかであった[16]。いずれの有機酸も SG の形成は誘導せず，乳酸のみが P-body の形成を誘導した。また，木質・草本系バイオマス由来の発酵阻害物質であるフルフラールとヒドロキシメチルフルフラール（HMF）はよく似た化学構造を持つものの，フルフラールが SG の形成を誘導するのに対し HMF は誘導することができなかった[6]。一方，過酸化水素などの酸化的ストレスでは，翻訳抑制や SG の形成誘導はほとんど認められなかった。これらの事実は，ストレスに応じて多様できめ細やかな応答が翻訳制御段階でも誘導されていることを示しており，複数のストレスが混在する実際の醸造過程では一層複雑な応答が誘導されることが想像される。翻訳段階のストレス応答機構については，基礎的な面だけでなく応用面での可能性についてもまだまだ情報が不足しているのが現状である。実際の醸造過程での解析を含めて，さらなる研究の進展を強く期待したい。

文　　献

1) Uesono Y. and Toh-e A., *J. Biol. Chem.*, **277**, 13848-13855（2002）
2) Lui J. *et al.*, *Biochem. Soc. Trans.*, **38**, 1131-1136（2010）
3) Buchan J.R. *et al.*, *J. Cell Biol.*, **183**, 441-455（2008）
4) Kedersha N. *et al.*, *J. Cell Biol.*, **169**, 871-884（2005）
5) Balagopal V. and Parker R., *Curr. Opin. Cell Biol.*, **21**, 403-408（2009）
6) Iwaki A. *et al.*, *Appl. Environ. Microbiol.*, **79**, 1661-1667（2013）
7) Yamamoto Y. and Izawa S., *Genes Cells*, **18**, 974-984（2013）
8) Izawa S. *et al.*, *Biosci. Biotechnol. Biochem.*, **71**, 2800-2807（2007）
9) Kato K. *et al.*, *Yeast*, **28**, 339-347（2011）

10) Arribere J.A. *et al.*, *Mol. Cell*, **44**, 745-758 (2011)
11) Bregman A. *et al.*, *Cell*, **147**, 1473-1483 (2011)
12) Zid B. M. and O'Shea E. K., *Nature*, **514**, 117-121 (2014)
13) Nguyen T. *et al.*, *J. Biosci. Bioeng.*, **117**, 33-38 (2014)
14) Nguyen T. *et al.*, *J. Biosci. Bioeng.*, **118**, 263-269 (2014)
15) Iwaki A. *et al.*, *PLoS ONE*, **8**, e61748 (2013)
16) Iwaki A. and Izawa S., *Biochem. J.*, **446**, 225-233 (2012)

第3章 清酒の老香生成機構と生成に関与する酵母遺伝子，酵母の死滅とDMTS生成ポテンシャル

磯谷敦子[*1]，藤井 力[*2]

1 はじめに

　清酒に消費期限や賞味期限はないが，火入れ（加熱殺菌）した清酒であれば通常出荷後1年以内が飲み頃といわれている。火入れした清酒でも化学反応によって香りや味が徐々に変化する。変化によって劣化したと感じられる香りを専門家は「老香（ひねか）」とよぶ。老香は高温や酸化条件で生成しやすいことが知られており，これらの制御による老香抑制方法が開発されている[1]。一方で，老香に寄与する成分やその生成機構，清酒製造条件との関連については未解明の部分が残されていた。

2 老香の主要成分ジメチルトリスルフィド（DMTS）

　老香にはどのような成分が寄与しているのか？これまでに，清酒の貯蔵によって増加する多数の香気成分が報告されている。このうち，焦げ臭を呈する物質として単離されたソトロンは，古酒（貯蔵した清酒）の濃度がにおいの閾値を大きく上回ることから，古酒の主要香気成分と考えられてきた[2]。一方筆者らは，GC-Olfactometryを利用して古酒のにおい成分のスクリーニングを行い，ソトロンのほかたくあん漬け様のにおいを呈するジメチルトリスルフィド（DMTS）などが閾値以上の濃度で含まれることを明らかにした[3]。

　清酒の一つのカテゴリーとして，数年〜数十年の間製造場で熟成させた長期熟成酒がある。長期熟成酒の場合，その香りは「熟成香」とよばれ，老香とは区別されることが多い。筆者らは，一般的な（長期熟成させていない）清酒と長期熟成酒の香気成分を分析し多変量解析を行った。その結果，ソトロンは長期熟成酒に多く含まれ，DMTSは一般的な清酒で老香の感じられるものに多い傾向が見られた。すなわち，ソトロンは長期熟成酒の特徴である熟成香に寄与し，DMTSは劣化臭としての老香に寄与していると考えられた[3]。

3 DMTSの前駆物質

　DMTSは貯蔵・流通過程で化学反応によって生じるので，その前駆物質を制御できれば老香

[*1] Atsuko Isogai　㈱酒類総合研究所　品質・安全性研究部門　主任研究員
[*2] Tsutomu Fujii　㈱酒類総合研究所　品質・安全性研究部門　部門長

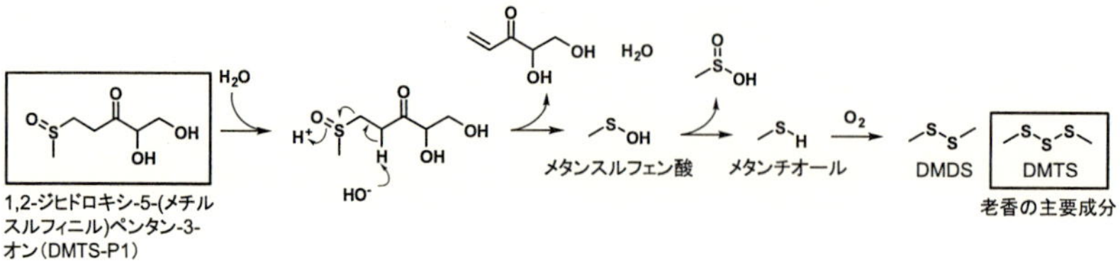

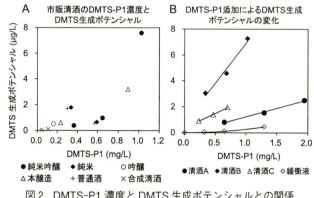

図1 DMTS前駆物質DMTS-P1の構造とDMTSの推定生成経路

図2 DMTS-P1濃度とDMTS生成ポテンシャルとの関係

も制御できると考えられる。しかし清酒中のDMTSの前駆物質は不明だった。そこでまず，清酒からDMTSの前駆物質の探索を行った。方法としては，液体クロマトグラフィーで清酒を分画し，得られたフラクションを70℃で1週間貯蔵して生じるDMTS量（DMTS生成ポテンシャル）を測定し，これを指標として前駆物質をしぼりこんだ。分画の過程で前駆物質は複数存在することが示唆されたが，そのうち特にDMTS生成ポテンシャルが高かったDMTS-P1を精製し，構造解析を行った。その結果，DMTS-P1は新規化合物1,2-ジヒドロキシ-5-(メチルスルフィニル)ペンタン-3-オンと同定された[4]（図1）。DMTS-P1からDMTSへの生成経路としては，まず，メチルスルフォキサイド部分が酸または塩基触媒によりメタンスルフェン酸の形で脱離し，不均化反応によりメタンチオールを生じ，これが酸化されてDMTSになると推定される（図1）。野菜等のDMTS前駆物質であるS-メチルシステインスルフォキサイドについても類似のメカニズムが報告されている[5]。

市販清酒のDMTS-P1濃度とDMTS生成ポテンシャルとの関係を調べると，DMTS-P1濃度が高い清酒ほど，ポテンシャルも高い傾向がみられた（図2A）。一方，緩衝液と清酒に濃度を変えてDMTS-P1を添加してDMTS生成ポテンシャルを調べると，DMTS-P1濃度を同じように変化させた場合でも，緩衝液に比べて清酒のほうがポテンシャルの増加が大きかった（図2B）。したがって，DMTS-P1からDMTSへの変換は，清酒中の何らかの成分の影響を受けると考えられる[6]。

4 DMTS前駆物質の生成に関わる酵母遺伝子

DMTSの生成に関わる成分はDMTS-P1のみではないが、DMTS-P1の制御は老香制御の一つのアプローチと考えられる。ではDMTS-P1はどのようにして生じるのか？清酒製造工程でDMTS-P1の消長を調べると、麹からはほとんど検出されず、発酵中に増加した。したがって、DMTS-P1は主に酵母の代謝産物として生成すると考えられた。酵母を含む多くの生物は、S-アデノシルメチオニンからポリアミンを合成する際に副産物として生じる5'-メチルチオアデノシンを、メチオニンへリサイクルする経路（メチオニン再生経路）をそなえている[7]（図3）。この経路の代謝中間体の構造がDMTS-P1と類似していたことから、DMTS-P1との関連が推察された。そこで、実験室酵母の遺伝子破壊コレクションを利用して、メチオニン再生経路遺伝子の破壊株による清酒醸造試験を行った。その結果、破壊株の多くで清酒中のDMTS-P1濃度の低下がみられ、中でも、Δmeu1、Δmri1およびΔmde1株ではDMTS-P1の生成がほとんどみられなかった（図4）。この結果から、DMTS-P1の生成にメチオニン再生経路が関与することが明らかとなった。また、このうちΔmri1およびΔmde1株については、DMTS生成ポテンシャルも親株に比べて大きく減少した。

清酒酵母の場合でも同様の効果が見られるか確認するため、清酒酵母のMRI1およびMDE1遺伝子破壊株を構築した。清酒醸造試験の結果、実験室酵母の場合と同様に、破壊株では清酒中のDMTS-P1濃度、DMTS生成ポテンシャルともに親株に比べて大きく減少した。また、この清酒を貯蔵し、官能評価を行ったところ、破壊株では親株に比べて老香強度が減少した。発酵経過やアルコール濃度等の一般成分については親株と破壊株とで大きな違いはみられなかった。以

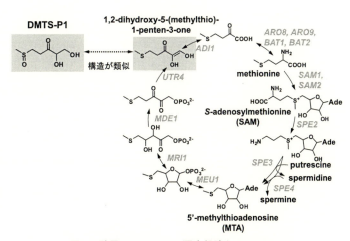

図3 酵母のメチオニン再生経路とDMTS-P1

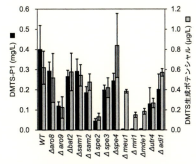

図4 メチオニン再生経路遺伝子破壊株を用いて醸造した清酒のDMTS-P1濃度とDMTS生成ポテンシャル

上の結果から、これらの遺伝子はDMTSを制御するためのターゲットになると考えられる[8]。現在、産業利用が可能な方法で、これらの遺伝子が欠損した酵母の取得を目指している。

5 DMTS生成と清酒製造工程

DMTS-P1はDMTSの主要な前駆体であるがDMTS生成に至る反応は複雑である（図1）。DMTS-P1生成要因の解明と応用に加えて、存在が示唆されるDMTS-P1以外の関与物質やDMTSの直接の前駆体メタンチオール等の反応の各段階を含めた制御も重要と思われる。そこで、品温管理等の製造工程の情報や分析値を説明変数に、DMTS生成ポテンシャルを目的変数にした統計解析を行い、DMTS生成ポテンシャル増大に関与する要因を網羅的に解析した[9]。

上槽したての清酒試料と製造工程の情報は清酒製造場の協力のもと入手した。Kendallの順位相関により解析した（表1）ところ、1%の危険率で有意な変数としてDMDS生成ポテンシャル（相関係数 0.823）、含硫アミノ酸濃度（同 0.441）（メチオニン濃度（同 0.392）、総アミノ酸濃

表1 76試料のDMTS生成ポテンシャル（DMTS-pp）及びDMDS生成ポテンシャル（DMSDS-pp）に対する23変数のKendallの順位相関係数

	DMTS-pp	DMDS-pp
DMDS生成ポテンシャル	0.823**	
DPPHラジカル消去能	0.196*	0.257**
直接還元糖	0.052	0.074
Abs260	0.305**	0.386**
貯蔵後Abs260	0.297**	0.360**
Δ Abs430	0.203**	0.226**
S濃度	0.244**	0.343**
Mg濃度	0.239**	0.252**
Zn濃度	0.380**	0.382**
pH	0.226**	0.182*
アルコール分	0.051	0.053
アルコール添加前アルコール分	0.296**	0.302**
総アミノ酸濃度	0.361**	0.426**
含硫アミノ酸濃度	0.441**	0.473**
Met濃度	0.392**	0.422**
アルコール添加量	− 0.096	− 0.132
精米歩合	− 0.025	− 0.022
麹歩合	0.052	0.088
総水歩合	− 0.114	− 0.154*
もろみ日数	0.148	0.182*
平均品温	0.200*	0.200*
最高品温	0.224**	0.227**
積算温度	0.394**	0.430**

**$p < 0.01$, *$p < 0.05$
上段は製成酒の分析値。下段は製造工程由来の変数。

第3章 清酒の老香生成機構と生成に関与する酵母遺伝子,酵母の死滅とDMTS生成ポテンシャル

度(同 0.361)),もろみの積算温度(同 0.394),最高品温(同 0.224),260 nm の吸光度(同 0.305),亜鉛濃度(同 0.380),硫黄濃度(同 0.244),Mg 濃度(同 0.239),アルコール添加前アルコール分(同 0.296)等が抽出された。さらに,一部変数の対数変換により正規分布化し,pearson の相関分析を行った(表2)ところ,含硫アミノ酸濃度の対数(相関係数 0.576)や総アミノ酸濃度の対数(同 0.560),もろみの積算温度(同 0.572),亜鉛濃度の対数(同 0.499)等に高い相関が見られることがわかった。

DMTS 生成機構における寄与を解析するため,重回帰分析及び PLSR 解析を行った。重回帰分析では,もろみの平均品温(特に前半)ともろみの積算温度(特に後半),清酒中の含硫アミノ酸濃度,亜鉛濃度の4変数で

表2 76試料のDMTS生成ポテンシャル(DMTS-pp)の対数変換値(log (DMTS-pp))に対する,正規分布した19変数のPearsonの相関係数

	log (DMTS-pp)
DPPH ラジカル消去能	0.332**
直接還元糖	0.024
log (Abs260)	0.458**
log (貯蔵後 Abs260)	0.483**
log (Δ Abs430)	0.315**
S 濃度	0.378**
log (Mg 濃度)	0.278*
log (Zn 濃度)	0.499**
pH	0.322**
アルコール分	0.006
アルコール添加前アルコール分	0.404**
log (総アミノ酸濃度)	0.560**
log (含硫アミノ酸濃度)	0.576**
精米歩合	－0.049
麹歩合	0.162
log (もろみ日数)	0.221
平均品温	0.335**
最高品温	0.329**
積算温度	0.572**

**$p < 0.01$, *$p < 0.05$
上段は製成酒の分析値。下段は製造工程由来の変数。

表3 log (DMTS-pp) を目的変数にした重回帰モデル

	選択された説明変数	係数	標準化係数
試料数 = 75	定数	－2.453	
	log (含硫アミノ酸濃度)	0.682	0.264
	積算温度	0.004	0.356
Adj. R^2 = 0.634	平均品温	0.072	0.299
	log (Zn 濃度)	0.408	0.278

Adj. R^2 = 自由度調整済み重決定係数

表4 温度変数を前期,中期,後期に分割し,log (DMTS-pp) を目的変数にした重回帰モデル

	選択された説明変数	係数	標準化係数
試料数 75	定数	－2.454	
	log (含硫アミノ酸濃度)	0.769	0.298
	後期積算温度	0.012	0.437
Adj. R^2 = 0.643	前期平均品温	0.060	0.267
	log (Zn 濃度)	0.404	0.275

Adj. R^2 = 自由度調整済み重決定係数

DMTS 生成の 6 〜 7 割が説明できることが分かった（表3，表4）。PLSR 解析では，重回帰分析に使用した 19 変数を用いても上記 4 変数だけを用いても，説明率が 6 〜 7 割となり，上記 4 変数が重要であることが確認できた。

6　DMTS 生成と酵母の死滅

　もろみ平均品温の上昇は米の溶解を促進し，もろみへの（含硫）アミノ酸や亜鉛の供給を増大させる。もろみ（後半）の積算温度の上昇は酵母の死滅を促進し，製成酒の含硫アミノ酸濃度や亜鉛濃度を増大させる。そこで，もろみの最高品温や積算温度を変えた仕込みを行い，解析した[10]ところ，積算温度増加に伴うメチレンブルー染色率の上昇が観察され，酵母死滅の促進が確認できた。また，平均品温や積算温度の上昇に伴い，上槽時の固形部割合が低くなり，アルコール分，硫黄濃度，メチオニン濃度などが高くなる（表5）等，米の溶解促進も観察された。上槽酒の DMTS 生成ポテンシャルも，積算温度の上昇に伴い，増大することが確認できた（表5）。

　原料米溶解の影響については奥田[11]がすでに解析し報告している。そこで，酵母の死滅や酵母内容物の漏出が DMTS 生成ポテンシャルに与える影響について着目して解析した。

　酵母の死滅・溶解を想定し，上槽日のもろみから酵母を単離，ガラスビーズで破砕後，製成酒に添加した[10]ところ，酵母内容物を添加しなかった対照では 15℃ 7 日間保存を経ても経なくても DMTS 生成ポテンシャルが低かったのに対し，酵母内容物を添加した試験区では保存前の DMTS 生成ポテンシャルが高く，保存後にはさらに増大した（表6）。この結果は，酵母内容物の漏出が与える影響には 2 種類あることを示唆している：① 15℃の保存期間がなくても DMTS 生成ポテンシャルを増大させる効果，及び② 15℃の保存期間に増大させる効果。なお，酵母内容物を煮沸すると①の効果は見られたが②の効果は消失したことから，①の効果に必要な因子は熱に強いが②の効果に必要な因子は熱に弱いことが示唆された。また，酵母内容物添加酒を分画分子量 3kD で限外ろ過したところ，高分子画分では 15℃ 7 日間保存すると DMTS 生成ポテンシャルが増大するが，低分子画分では増大せず，②の効果に必要な因子の分子量は大きいことが

表5　上槽仕立ての清酒試料の DMTS 生成ポテンシャル（DMTS-pp）と特性

最高品温 (℃)	最高品温保持日数 (日間)	積算温度 (℃)	DMTS-pp (μg/L)	MB 染色率 (%)	アルコール分 (%)	日本酒度	固形部割合 (%)	全糖 (g/L)	Glucose (g/L)	Abs260	S 濃度 (mg/L)	Met 濃度 (mg/L)
13	6	185	1.4	7.9	18.2	-6.1	56.3	60.0	4.8	8.0	57.0	6.4
	8	194	4.2	14.6	18.7	-5.1	55.0	62.6	4.8	8.7	59.3	6.8
	11	200	5.0	21.4	19.1	-5.5	52.6	60.2	5.4	9.6	61.6	7.6
15	4	204	6.0	24.2	19.8	-5.5	52.2	65.4	5.9	10.3	62.8	10.4
	6	213	6.7	40.5	19.6	-7.3	51.0	70.6	9.1	12.4	66.6	17.3
	9	219	8.5	62.9	19.7	-10.0	49.3	71.0	13.0	14.3	70.8	26.0
DMTS-pp との相関係数		0.962	1	0.888	0.892	-0.664	-0.934	0.815	0.810	0.909	0.942	0.888

MB 染色率，メチレンブルー染色率：Glucose，グルコース濃度

第3章　清酒の老香生成機構と生成に関与する酵母遺伝子，酵母の死滅と DMTS 生成ポテンシャル

表6　DMTS 生成ポテンシャル（DMTS-pp）への酵母内容物添加等の影響

	DMTS-pp (μg/L) 15℃での貯蔵期間		メチオニン濃度	システイン濃度
	0 日間	7 日間	（mg/L）	（mg/L）
対照	1.0 ± 0.1	1.3 ± 0.1	6.0 ± 0.9	13.1 ± 3.1
＋酵母内容物	4.0 ± 0.4	13.1 ± 2.2	13.1 ± 1.1	60.8 ± 4.4
＋メチオニン（10 mg/L）	1.2 ± 0.1	1.6 ± 0.1	16.0 ± 0.9	13.1 ± 3.1
＋システイン（50 mg/L）	1.1 ± 0.1	1.1 ± 0.1	6.0 ± 0.9	63.1 ± 3.1

わかった。

　なお，酵母内容物に含まれるメチオニンを添加してもほとんど効果がなく，システインを添加した場合には②の効果を逆に抑制した（表6）。しかし，10倍量のメチオニン添加では増大効果があり，シスチン添加では抑制効果が見られなかった。

　さらに，上槽直後の生酒を，温度を変えて保存したところ，4℃で約2ヶ月保存しても DMTS 生成ポテンシャルはあまり増大しなかったが，30℃では7倍に増大していた。一方，37℃の増大効果は30℃での増大効果よりも低かった。熱に弱く，分子量が大きいことと合わせ，生酒保存中の DMTS 生成ポテンシャルの増大への酵素の関与の可能性が明らかになった。

　これらのことは，保存中や流通時の DMTS 生成を抑制するためには，もろみ中の酵母の死滅率管理，上槽後の生酒の温度管理，おり引きによる酵母の除去，おり下げや火入れによる酵素の失活操作のタイミング等が重要であることを示している。

7　おわりに

　「老香」は，以前は劣化臭でも熟成香でも区別せず，熟成で生じる香りに対し用いられていたが，劣化臭「老香」の主要成分 DMTS が同定され，「熟成香」との違いが明らかになった。

　劣化臭「老香」の主要な前駆物質 DMTS-P1 の構造から酵母の代謝との関連が示唆され，*MRI1* 遺伝子や *MDE1* 遺伝子の破壊により老香を抑制する方法を提示した。さらに，製造工程等の解析から，酵母死滅率の管理や上槽後の生酒温度や期間の管理の重要性が明らかになる等，DMTS 生成機構の一端が解明されつつある。

　今度，さらなる生成機構の解明と実用レベルでの応用に取り組みたいと考えている。

　最後になりましたが，上槽したての清酒試料や製造工程の情報をご供与いただくなど，ご協力いただきましたすべての製造場の皆様に心より感謝申し上げます。

文　　献

1) 岡本匡史ほか，醸協，**94**, 827（1999）
2) 高橋康次郎，醸協，**75**, 463（1980）
3) 磯谷敦子，醸協，**104**, 847（2009）
4) A. Isogai *et al.*, *J. Agric. Food Chem.*, **57**, 189（2009）
5) H.-W. Chin *et al.*, *J.Agric. Food Chem.*, **42**, 1529（1994）
6) A. Isogai, *et al. J. Agric. Food Chem.*, **58**, 7756（2010）
7) I. Pirkov *et al.*, *FEBS Journal*, **275**, 4111（2008）
8) K. Wakabayashi *et al.*, *J. Biosci. Bioeng.*, **116**, 475（2013）
9) K. Sasaki *et al.*, *J. Biosci. Bioeng.*, **118**, 166（2014）
10) N. Nishibori *et al.*, *J. Biosci. Bioeng.*, **118**, 526（2014）
11) 奥田将生，醸協，**105**, 262（2010）

第4章 麹菌における接合型遺伝子の存在と有性生殖の可能性

丸山潤一[*1], 北本勝ひこ[*2]

1 はじめに

有性世代が見つかっていない麹菌 A. oryzae は不完全菌とされており,2つの株の優良な性質を同時に備えた株を交配育種により取得することができない。さらに,交配を用いた遺伝学を適用することできないため,酵母のような遺伝学的研究ができなかった。

しかし,2005年のゲノム解読完了により A. oryzae も有性生殖に関連した多くの遺伝子が存在することが明らかになった[1,2]。また,2006年には A. oryzae において,有性生殖を行ったときに生じる RIP（Repeat-induced point mutation）の存在が報告された[3]。RIP は,糸状菌が有性生殖を行った時にゲノム上の異なる部位にある相同配列内において C：G から T：A への塩基置換が生じる現象であり,他の Aspergillus 属で有性世代の見つかっている菌株でも同様にRIP が報告されている。これらのことは,A. oryzae が過去に有性生殖を行っていたことを強く示唆するものである。

2 麹菌 A. oryzae には MAT1-1 株と MAT1-2 株が存在する

Aspergillus 属の有性生殖は,ヘテロタリック（自家不和合）とホモタリック（自家和合）の2つのタイプに分けられる。前者の例としては,*A. fumigatus* などが,後者の例としては,*A. nidulans* などがある。ホモタリック型では,自家不和合性が働かないため,同一菌株どうしでも有性生殖が可能である。それに対しヘテロタリック型では,接合型が同一な菌株間では有性生殖はできず,有性生殖を行うには異なる接合型菌株の存在が必須である。

有性生殖の様式を決定する因子はゲノム上の接合型決定領域に *MAT1-1* 遺伝子,あるいは *MAT1-2* 遺伝子のどちらをもつかによって決定される[4]。*MAT1-1* 遺伝子は MATα_HMG の,*MAT1-2* 遺伝子は MATA_HMG の DNA 結合ドメインをもつタンパク質をコードしており,互いに塩基配列が全く異なる。この DNA 結合ドメインのアミノ酸配列は種を超えて保存されてい

---

*1 Jun-ichi Maruyama 東京大学大学院 農学生命科学研究科 応用生命工学専攻 微生物学研究室 助教
*2 Katsuhiko Kitamoto 東京大学大学院 農学生命科学研究科 応用生命工学専攻 微生物学研究室 教授

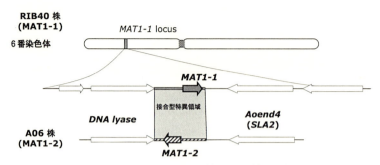

図1 *Aspergillus oryzae* RIB40株とAO6株の接合型遺伝子

る。これらの遺伝子にコードされるタンパク質は，有性生殖全体を制御する重要な転写調節因子であり，接合型特異的なフェロモンとレセプターの発現や，接合開始の制御に関与することが知られている。酵母 *S. cerevisiae* では *MATα*，*MATa* の 2 つの接合型が存在するが，MAT1-1 型は酵母の α 型，MAT1-2 型は酵母の a 型に相当する。

　ゲノム解読に用いられた *A. oryzae* RIB40 株[2]は，*MAT* 遺伝子座に *MAT1-1* 遺伝子を有していたことから，*A. oryzae* はヘテロタリックな株であることがわかった。そこで，筆者らは英国の Paul Dyer 博士らのグループとの共同研究により，*A. oryzae* から *MAT1-2* 遺伝子をもつ株を探索し，AO6 株を見いだした[5]（図1）。

　続いて，酒類総合研究所保存株である RIB128，177，430，609，647 の 5 株について *MAT1-1*，*MAT1-2* 遺伝子の ORF を増幅するプライマーを用いて PCR 解析を行った。その結果，RIB647 株は *MAT1-2* 遺伝子が，残りの 4 株は *MAT1-1* 遺伝子が増幅された。また，IAM カルチャーコレクションのうち，IAM2609，2735，2959，2960 株についてサザン解析により調べたところ，IAM2609 株が *MAT1-1* 遺伝子をもち，残りの 3 株は *MAT1-2* 遺伝子を持つことが分かった。これらの結果から，*A. oryzae* において AO6 株以外にも，MAT1-2 型株が存在することが明らかになった。

3　種麹として使用されている麹菌 *A. oryzae* の接合型分布[5]

　最近，麹菌 *A. oryzae* は，そもそも自然界には存在せず，その祖先となるカビである *Aspergillus flavus* が家畜化されたものであるという説が有力になっている[6]。我が国における麹製造については，岩清水八幡宮の麹座紛争の記録（1246 年）などから非常に古くから行われていたことがわかっている。当時は，麹を製造販売する麹屋が存在した。室町時代の末期には，種麹を販売する種麹メーカーが現れた。従って，麹屋や種麹メーカーのもとでの 700 年以上の家畜化の過程で，酒造りにとって不要なもの（例えばアフラトキシン生合成遺伝子，有性生殖関連遺伝子など）を落とし，併せて酒造りにとって有用な機能をもつ変異を起こした遺伝子をもつ株が選抜されたと考えられる。これまで，*MAT* 遺伝子と酒造りなどの醸造特性との関連につい

第 4 章　麹菌における接合型遺伝子の存在と有性生殖の可能性

表1　種麹菌株164株での接合型の分布

	% （株数）	
	MAT1-1	MAT1-2
全体	40.6 (67)	59.4 (97)
清酒用	43.2 (38)	56.8 (50)
醤油用	27.5 (14)	72.5 (36) **
味噌用	57.7 (15)	42.3 (11)

** 1％危険率で有意

ての研究は皆無であったので，種麹メーカー保存株の接合型分布を調べることにした。

種麹 168 株において，*MAT1-1* 遺伝子，*MAT1-2* 遺伝子の有無を PCR 解析により確認した。その結果，全ての麹菌実用株は少なくとも *MAT1-1*，*MAT1-2* 遺伝子のいずれかをもつことが分かった。また，*MAT1-1*，*MAT1-2* 遺伝子の両方のバンドが見られた株も 4 株存在したが，これらを除いた種麹 164 株の用途と接合型についてまとめたものを表1に示す。PCR 解析の結果を集計したところ，実用株 164 株のうち，*MAT1-1* 遺伝子のみを増幅した株が 67 株，*MAT1-2* 遺伝子のみを増幅した株が 97 株となり，MAT1-2 型株も多数存在することが明らかになった。さらに用途別に解析を行ったところ，醤油用種麹菌においては MAT1-2 型の割合が有意に高いことが分かった。一方，味噌，清酒用種麹菌においては MAT1-1 型と MAT1-2 型の割合で大きな違いは見られなかった。

MAT1-2 型である AO6 株の生育特性や形態観察の結果，気中菌糸が RIB40 株に比べ短いことがわかった。そこで，接合型によって気中菌糸の長さに違いがあるかどうかを調べた。実用株 164 株の気中菌糸の長さを目測により 1～5 で表し，MAT1-1 型，MAT1-2 型の株でそれぞれ気中菌糸の長さの平均値を計算した。その結果，MAT1-2 型において気中菌糸の長さがわずかに短いことが示唆された。さらに，用途別でも接合型によって気中菌糸の長さが異なるか調べたところ，醤油用種麹菌において MAT1-2 型株の気中菌糸の長さが短いことが分かった。これは醤油麹を製造する上で，気中菌糸が短い菌株（短毛菌）が好まれているので，このような傾向があるのではと考えられる。気中菌糸の長さが短いことの他にも醤油麹製造にとって何らかのよい性質をもつ可能性も考えられる。一方，味噌，清酒用種麹菌では MAT1-1 型でも MAT1-2 型でも気中菌糸の長さにほとんど違いは見られなかった。これらの結果から，清酒や味噌製造で使用されている麹菌は MAT1-1 型と MAT1-2 型の両方があることから，接合型によるこれらの醸造特性には差異がないことが推定された。また，現在，最も生産量の多い濃い口醤油は，江戸時代に生産方法が確立されたものであり，この点を考慮すると，醤油用種麹菌で MAT1-2 型が多いという結果は，数 100 年程度の家畜化の過程で選択されて起こったものと解釈できる。今後，さらに詳細な解析が行われることにより，麹菌の接合型と醸造特性の関連が見いだされるかもしれない。

4　菌核形成を促進する転写因子 ScIR および抑制する転写因子 EcdR

菌核は子嚢菌門および担子菌門に属する一部の糸状菌で観察され，無性的に形成される耐久性の休眠体である[7]。菌糸が分岐・融合・接着を繰り返して密集し，メラニン沈着とともに硬壁化

して形成され，その直径は1〜3 mm程度である。菌核の形成には培地成分の炭素/窒素比が影響し，窒素源が少ないこと，無機塩より有機物（アスパラギン酸，グルタミン酸，アラニン，セリン）が形成促進する[8]。また，寒天培地で菌核形成を観察する際，植菌する分生子数が多すぎると菌核形成数が減少することが A. flavus や A. parasiticus で報告されており，クオラムセンシング（quorum sensing）などの機構が菌核形成にも関わっていることが考えられている[9]。

A. oryzae では菌核を形成しないものが大部分であるが，ゲノム解読に用いられたRIB40株は菌核を形成する。RIB40株において菌核形成開始には早くて3〜4日，成熟するまでにはさらに7〜10日を要する。暗所・通気条件において形成されやすく，光照射条件下では作られないことが知られている。菌核形成に関係すると考えられる因子は，その多くが有性生殖にも関わることが示唆されていること，また，菌核の構造の形成過程も有性生殖における閉子嚢殻形成と類似する点が多いことからも菌核形成と有性生殖のプロセスは密接な相互関係を持っていると考えられている。

金らは，麹菌の7番染色体のほぼ全領域に対して個別に大領域欠失株の作製を行ったところ，その中から分生子形成能が増加した株を見いだした。さらに段階的欠失実験により，AO090011000215 がこの表現型を引き起こす原因遺伝子であることを見いだした[10]。AO090011000215 遺伝子を調べたところ，この遺伝子がコードするタンパク質には bHLH（basic Helix-Loop-Helix）モチーフが保存されており，転写因子の bHLH ファミリーに属する可能性が示唆された。また，amyB プロモーターを用いたこの遺伝子の高発現株では，マルツ寒天培地上で菌核が多く観察されたことから，この遺伝子を sclR（sclerotium regulator）と名づけた（図2）。電子顕微鏡で観察したところ，培養2日目では，コントロール株と比べて，sclR 高発現株では菌糸の極端な多分岐と菌糸間の絡み合った構造が形成されていることが観察された[11]。また，5日目ではコントロール株と比較して，sclR 高発現株では多数の菌核形成が観察された。一方，sclR 破壊株を液体培養すると，しばしば菌糸の溶菌が観察された。SclR-EGFP 融合タンパク質発現株の観察から，培養時間が長くなると，最初はほぼ細胞質全体で観察される緑色蛍光が細胞核に局在することが確認された。以上のことから，この SclR はある環境条件下で細胞核に移動し，転写因子として機能する可能性が高いと推測された。

次に，麹菌ゲノム情報を調べたところ，A. oryzae には13個の bHLH ドメインを持つ転写調節因子が存在したので，その全ての遺伝子を破壊して性質を調べた。その結果，sclR と正反対の表現型を示す遺伝子（AO090023000902）を見出し，ecdR（early conidiophore development regulator））と命名した。ecdR 破壊株はマルツ寒天培地において分生子が極めて少なく，逆に非常に多数の菌核を形成した。また，amyB プロモーターを用いた ecdR 高発現株では早い生育段階で高密度の分生子が形成された[12]。これら sclR 高発現株と ecdR 破壊株の表現型は菌核形成を促進するという点で似ていることから，お互い高い関連性があると判断し，酵母ツーハイブリッド（Yeast two-hybrid）法により相互作用があるかどうかを調べた。その結果，EcdR と SclR の二つの bHLH 転写因子はヘテロ二量体を形成する一方，それぞれが自分自身とのホモ二

第4章　麹菌における接合型遺伝子の存在と有性生殖の可能性

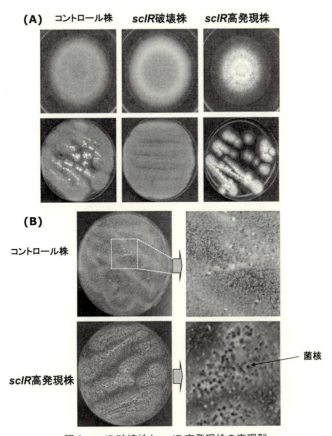

図2　*sclR* 破壊株と *sclR* 高発現株の表現型

量体を形成することが確認された。これらの結果から，SclR と EcdR は二量体を形成することにより，分生子，あるいは菌核に分化するスイッチのオン／オフをコントロールし，分生子と菌核形成を制御していることが明らかになった。

5　麹菌の菌糸融合（吻合）

麹菌のような糸状菌にとって菌糸融合はきわめて重要な生育プロセスである。図3に示すように，糸状菌は細長い菌糸を伸ばしてコロニーを形成するが，ただ単に，菌糸細胞を伸ばすだけでなく，他の細胞の菌糸と接触した場合，積極的に菌糸融合をして網目状に絡み合った菌糸マットを形成する。これは，一般に栄養源が乏しい固体上を生育する糸状菌にとっての生存戦略として重要な性質である。吟醸用の麹の製造を考えてみると，精米歩合50％の蒸米は，澱粉という炭素源は非常に豊富な培地であるが，窒素源，ビタミン，ミネラルといった栄養素は乏しい培地といえる。このような栄養源が偏った培地での生育では，菌糸融合（吻合）の働きが重要であることは容易に想像される。しかしながら，*A. oryzae* の菌糸融合に関する研究は坂口謹一郎博士

31

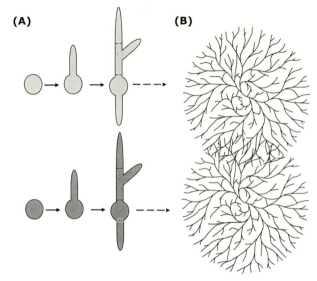

図3 糸状菌における胞子の発芽と，その後の分岐，生長の模式図

らによる1956年の報告[13]にまでさかのぼらねばならず，それ以降はほとんど研究されていない。

菌糸融合はアカパンカビ Neurospora crassa や牧草共生菌 Epichloë festucae では頻繁に観察される。また，栄養やシグナル伝達を共有することで，糸状菌の特徴ともいえる菌糸間ネットワークを効率的に構築している。アカパンカビが有性生殖を行う際にも，受精毛と呼ばれる特殊な菌糸が雌細胞から異なる接合型細胞の雄細胞に向かって伸長し細胞が融合することで異核共存体（ヘテロカリオン）を形成し，子嚢殻（perithecium）の前駆体を形成する。また，アカパンカビでよく研究されている菌糸融合として，分生子発芽直後の細胞どうしが CAT (Conidial Anastomosis Tubes) と呼ばれる特別な通常より少し細い菌糸を伸長させ，融合することも知られている[14]（図4）。菌糸融合は糸状菌における有性生殖で必須なプロセスであると考えられており，接合型の異なる菌株の菌糸が融合し異なる接合型の核が同一細胞内に存在することにより，核の融合などに伴う減数分裂などの成熟段階を経て有性胞子が形成されると考えられている。

筆者らの研究室では，最近，A. oryzae の菌糸融合能の定量的な解析方法を確立し，その分子機構の解析を行っている。その解析方法は，異なる栄養要求性（ウリジン/ウラシル要求性，アデニン要求性）を付与した2種類の株を作製し，菌糸融合による栄養要求性の相補を利用したものである（図5）。具体的には，両者の分生子を混合してウリジン/ウラシル，アデニンを含む栄養培地に植菌する。この混合培養において菌糸融合が起これば，融合した細胞は異なる栄養要求性株に由来する核をもつヘテロカリオン（異核共存体）と呼ばれる状態になる。その融合した細胞から新しい分生子が形成されると，A. oryzae の分生子は多核であるため，ヘテロカリオンの状態が維持されることになる。そこで，混合培養で形成された分生子を回収して，ウリジン/ウラシル，アデニンを含まない最少培地に植菌した。このときに生えてきたコロニーは，2つ

第 4 章　麹菌における接合型遺伝子の存在と有性生殖の可能性

(A)　CATと呼ばれる分生子からの発芽直後の菌糸融合

(B)　菌糸同士の細胞融合

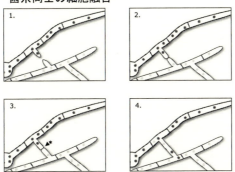

図 4　麹菌 A. oryzae で起こっていると推定される菌糸融合

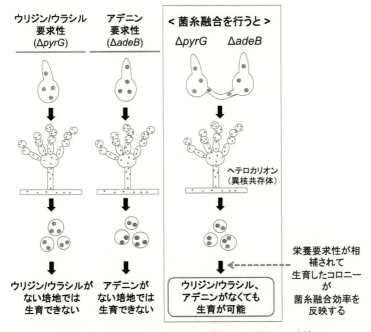

図 5　A. oryzae の菌糸融合能を定量的に評価する方法

の異なる株からの核をもち，お互いの栄養要求性が相補された分生子に由来するものである。すなわち，このコロニーの数を計数することにより，A. oryzae の菌糸融合効率を定量的に解析することが可能になった。

　上述の菌糸融合を定量的に解析する手法を用い，AoFus3 や AoSO などのタンパク質が A. oryzae の菌糸融合に関与することを明らかにした。さらに，培地組成が A. oryzae の菌糸融合に与える影響について解析を行った。DPY 培地や PD 培地のような栄養培地を用いた場合は，最少培地と比較して菌糸融合効率が著しく低くなることがわかった。また，最少培地である CD（Czapek Dox）培地をベースとして，培地組成を変化させることにより菌糸融合効率を解析した。窒素源として硝酸塩がもともと使われているが，資化しやすいアンモニウム塩やグルタミン酸に変えると菌糸融合効率が低下した。また，窒素源としての硝酸塩の濃度を増やしたときには菌糸融合効率が低下したものの，これを除いて窒素源飢餓状態にしたところ融合効率が上昇した。炭素源としての糖の種類を変えても菌糸融合効率に影響しなかったが，グルコースの量を増加させると融合効率の増加が認められた。このように，窒素源の豊富な環境下では A. oryzae の菌糸融合はあまり起こらず，逆に，窒素源が飢餓状態でグルコース量が多く存在する場合に融合の頻度が増加する傾向が明らかになった[15]。

　日本酒のような 40 ～ 70％程度の精白米を用いた麹造りは，炭素源は豊富であるが，窒素源が少ない栄養条件であり，麹菌の菌糸融合が頻繁に起こっていることが推定される。また，古くから，安定した良い麹を作る方法として，複数の種麹の混合使用が知られている。これは，遺伝学的な解釈では雑種強勢がおこることによると説明できるが，科学的には解明されていない。また，A. oryzae で形成される菌核の断面を観察すると，菌糸が非常に密集している様子が観察される[16]。このことからも菌核内部では菌糸どうしが接着することにより，菌糸融合（吻合，anastomosis）が起こっており，その制御因子として上述の SclR と EcdR が重要な働きをしていると考えられる[17]。A. oryzae の菌糸融合能の解析方法が確立されたことにより，これらのことにも答えがでるものと期待される。

6　麹菌における有性生殖の発見をめざして

　Aspergillus 属は約 250 種の菌からなるが[18]，産業的に有用であるもののほか，人や植物に対し病原性を有するものも含まれる。真菌類の生活環では一般に，有性胞子を形成する生活環と無性胞子（分生子）を形成する生活環が見られるが，*Aspergillus* 属においてはその 64％で有性生活環が見られず，無性生活環のみで生育している[19]。一般に有性生殖に比べ無性生殖では必要とするエネルギーが少なく，短期間に多数の胞子を生産することができるため，有性生活環が知られている菌類も通常の環境では無性生殖を行うことが普通である。しかし栄養飢餓など好ましくない環境条件下においては，コストと時間のかかる有性生殖を行う。その利点としては，遺伝的多様性の獲得により，好ましくない生育環境での次世代の適応を向上させることがあげられる。

第4章 麹菌における接合型遺伝子の存在と有性生殖の可能性

最近，これまで，不完全菌とされてきた菌（A. fumigatus, A. flavus, A. parasiticus など）からの有性生活環の発見が報告されるようになった。これらの菌では有性生殖を完了するまでに数ヶ月から半年ほどの期間を要することが報告されている[20~22]。これらのことを考えると，本来，有性生活環をもつものの，非常に限られた環境下で，しかも長時間をかけて起こる事象のために，未だ発見されていないものが多数あることを示唆している。

そこで，筆者らの研究室では，現在，菌核形成を制御する転写因子 SclR 高発現株と EcdR 欠損株を作製し，A. oryzae の有性生殖の促進効果を検討している。低頻度でおこる菌糸融合や有性生殖により生じた胞子であることを判別するため，異なる栄養要求性などのマーカーを付与した株を作製した。具体的には，A. oryzae のそれぞれの接合型株において，ウリジン/ウラシル要求性またはアデニン要求性を付加するとともに，緑色（EGFP）もしくは赤色（mDsRed）の蛍光で標識された株を作製した。さらに，ecdR 遺伝子破壊株どうしで対峙培養を行ったところ，2つの株が接触する部位で菌糸融合して形成する菌核の顕著な増加が見られた。さらに，菌核を成熟させ内部構造を観察したところ，有性胞子と類似した形態的特徴をもつ構造が観察された[23]。

7 おわりに

以上のように，現在までに麹菌から菌核形成を制御する転写因子の利用により，形態的には有性生殖により生じる有性胞子と思われる構造体を短期間に効率よく得ることに成功している。ただし，これは，単に入れ物の構造体を効率よく取得できているだけで，本来の正しい減数分裂が伴っていない可能性も考えられる。今後，親株に付与したマーカー遺伝子の存在比率などから，この構造体が真に2つの親株から減数分裂を経て形成された1倍体の核をもつことが証明されれば，有性生殖の発見といえる。

上述の A. fumigatus や A. flavus での報告によれば，一般に，有性生殖完了までには数ヶ月から半年程度と長い時間が必要とされる。転写因子 SclR や EcdR を制御することにより，比較的短期間に菌核形成が可能となったので，今後，減数分裂を経た1倍体の有性胞子の取得方法が確立されれば，麹菌においても交配による育種が可能となり様々な種麹菌の開発に貢献するものと思われる。

文　献

1) 北本勝ひこ 化学と生物, **44**, 502-503（2006）
2) M. Machida et al., Nature, **438**, 1157-1161（2005）

3) M.D. Montiel, H.A. Lee, D.B. Archer, *Fungal. Genet. Biol.*, **43**, 439-445 (2006)
4) Debuchy R *et al.*, *Cellular and Molecular Biology of Filamentous Fungi,* K. Borkovich, Da. J. Ebbole (eds), pp 501-523. American Society for Microbiology, Washington, DC. (2010)
5) R. Wada, J. Maruyama, H. Yamaguchi, N. Yamamoto, Y. Wagu, M. Paoletti, D. B. Archer, P. S. Dyer, K. Kitamoto, *Appl. Environ. Microbiol.*, **78**, 2819-2829 (2012)
6) J.G. Gibbons, L. Salichos, J.C. Slot, D.C. Rinker, K.L. McGary, J.G. King, M.A. Klich, D.L. Tabb, W.H. McDonald, A.Rokas, *Curr. Biol.*, **22**, 1403-1409 (2012)
7) A.Erentala, M.B. Dickmanb, O.Yarden, *Fungal. Biol. Rev.*, **22**, 6-16 (2008)
8) C.E. McAlpin, D.T. Wicklow, *Can. J. Microbiol.*, **51**, 765-771 (2005)
9) S.H. Brown, R. Zarnowski, W.C. Sharpee, N.P. Keller, *Appl. Environ. Microbiol.* **74**, 5674-5685 (2008)
10) F. J. Jin, T. Takahashi, M. Machida, Y. Koyama, *Appl Environ Microbiol.* **75**, 5943-5951 (2009)
11) F. J. Jin, T. Takahashi, K. Matsushima, S. Hara, Y. Shinohara, J. Maruyama, K. Kitamoto, Y. Koyama *Eukaryot. Cell,* **10**, 945-955 (2011)
12) F.J. Jin, M. Nishida, S. Hara, Y. Koyama, *Fungal Genet Biol.*, **48**,1108-1115 (2011)
13) C. Ishitani, K .Sakaguchi, *J. Gen. Appl. Microbiol.*, **2**, 345-400 (1956)
14) N.D. Read, A. Fleißner, M.G. Roca, N.L. Glass, Hyphal fusion. In *Cellular and molecular biology of filamentous fungi* Borkovich KA & Ebbole DJ (eds) pp 260-273. American Society for Microbiology, Washington, DC. (2010)
15) W. Tsukasaki, J. Maruyama, K. Kitamoto, *Biosci. Biotechnol. Biochem.*, **78**, 1254-1262 (2014)
16) 山本七瀬，北本勝ひこ，醸造協会誌，**101**，740-748（2006）
17) R. Wada, F. J. Jin, Y. Koyama, J. Maruyama, K. Kitamoto, *Appl. Microbiol. Biotechnol.*, **98**, 325-334 (2014)
18) R. A. Samson, J. Varga, Molecular systematics of Aspergillus and its teleomorphs. In *Aspergillus Molecular Biology and Genomics,* Machida M & Gomi K (eds) pp 19-40. Caister Academic Press (2010)
19) P. S. Dyer, C. M. O'Gorman, *FEMS Microbiol. Rev.,* **36**, 165-192 (2012)
20) P. S. Dyer , C. M. O'Gorman, *Curr. Opin. Microbiol.,* **14**, 649-654 (2011)
21) B. W. Horn, G. G. Moore, *I. Carbone, Mycologia*, **101**, 423-429 (2009)
22) B. W. Horn, J. H. Ramirez-Prado, *I. Carbone, Fungal. Genet. Biol.,* **46**, 169-175 (2009)
23) 田中 勇気，矢萩 大貴，金 鋒杰，小山 泰二，丸山 潤一，北本 勝ひこ，日本農芸化学会大会講演要旨集（2013）

第5章　糸状菌に特異な機能未知遺伝子を探る

岩下和裕*

1　はじめに

　我が国は，「カビ天国」と称されることがある。この言葉は，糸状菌類の影響が光と影の両面で非常に大きいことを表したものである。糸状菌は，清酒や焼酎，醤油や味噌，チーズや鰹節など多種多様な発酵食品に利用され，我が国の食文化の根幹を支えている。さらに，食品や医療産業，バイオエタノールなどの環境保全の分野で酵素の供給源として広く利用されている[1]。また，クエン酸などの有機酸やビタミン類，ペニシリンやスタチンなどの2次代謝物など，低分子化合物の供給源としても広く利用され，我々の日常生活に欠く事の出来ない微生物である。その一方，イネのいもち病や果菜のうどんこ病など農作物の感染病の8割以上が糸状菌である。さらに，イギリスの七面鳥の事件や2008年の事故米不正転売の事件のように，糸状菌は備蓄穀物のカビ毒汚染を引き起こし，農作物の安定供給，効率的供給の妨げとなっている。近年では，糸状菌によるアレルギーや，高齢者や免疫不全の患者等の間で医真菌による感染症などが大きな社会問題ともなっている。この我々と糸状菌との密接な関係を背景に，我が国では，麹菌 (*Aspergillus oryzae*[2], *A. awamorii*[3], *A. sojae*[4]) 等でゲノムシーケンスが行われ，世界規模では植物病原菌，医真菌含め多くの糸状菌ゲノム解読がなされている[5]。

2　糸状菌のゲノム解析と機能未知遺伝子

　糸状菌類のゲノムシーケンスは2003年に *Neurospora crassa*[6] ではじめて報告され，次いで2005年に *A. nidulans*[7], *A. fumigatus*[8], *A. oryzae*[2] の3株のゲノムシーケンスが報告された。これらのゲノム解析の結果多くのことが明らかになったが，その一方，最も印象的な事として50％以上の遺伝子で機能が予測できなかったことが挙げられる。*Aspergillus* のゲノムには「機能未知遺伝子」が満載されていたわけである[2,7,8]。詳しくは後述するが，例えば *A. oryzae* では12,074遺伝子が予測されたが，おおよそ70％の遺伝子が機能未知遺伝子に分類された。その後も，いもち病菌 (*Magnaporthe grise*)[9] や赤カビ病菌 (*Fusarium graminearum*)[10] など様々な糸状菌でゲノムシーケンスが行われたが，これらのゲノムが公表されてから10年たった現在も，この状況はほぼ変わらない。

　この機能未知遺伝子について考察するため，ゲノム解析の流れについてやや詳しく触れたい。

　＊　Kazuhiro Iwashita　㈱酒類総合研究所　醸造技術基盤研究部門　副部門長

ゲノム解析は，まずはゲノムDNAを断片化し，ライブラリーを作成するところからはじまる。次いで，その断片の両端のシーケンス（リード）を得て，各リードの重複部分を利用し各配列をつなぎ合わせ，徐々に配列を長くしてゆく。これをコンティグの配列といい，これがドラフトシーケンスと呼ばれるものである。続いてコンティグを種々の方法で正しい順に並べ（整列化），コンティグとコンティグのギャップの配列を埋めれば完全長のゲノムシーケンスとなる。シーケンス技術，シーケンスの処理技術が発展した現在，ドラフトシーケンスまでは比較的容易に得られ，通常は全ゲノムの95％以上をカバーする配列が得られるため，この段階で解析を終了することも多い。ゲノムDNAの配列を取得すると次に遺伝子の領域を予測する。様々な遺伝子予測ソフトが開発されているとともに，最近ではmRNAの網羅的なシーケンシング（RNA-seq）を行い，そのデータを参考に遺伝子領域の精度を上げるということもなされている。（いずれにしても，得られたゲノムDNAの配列上に遺伝子の領域を予測するという点では代わりがない。）

遺伝子の領域が予測されれば，遺伝子の機能を推定することとなる。この遺伝子の機能予測は，通常BLAST等の解析により，他の遺伝子とのホモロジー解析をベースとして行われる。機能予測の対照となる遺伝子の塩基配列またはタンパク質のアミノ酸配列をクエリーにデータベース検索を行い，ホモロジーが高い他の遺伝子のリストを得る。どの様なデータベースを検索するのかということや閾値をどう設定するかなど，細かい条件も様々である。ある特定のデータベースの検索だけで機能付を行うこともあれば，ドメイン等を参照して機能付を行ったり，一つ一つ研究者が目で見て機能予測を行ったりと，機能予測の細かな方法は千差万別である。しかし，いずれにしろホモロジー解析を基本とする。このホモロジー解析によりヒットした遺伝子の機能が，実験により実証されたものであればよいが，先行した他のゲノムシーケンス解析で，さらに他の遺伝子へのホモロジーによりアノテーションされたものも多い。実験的な裏付けがないものは，機能付をする元となったホモログの機能自体が間違っている場合もあり，かなり危ういケースがある。さらに，ホモロジー解析をする場合の閾値も重要である。例えば，実験的に機能が確認されている遺伝子がヒットした場合でも，相同性が80％以上の場合と，20％の相同性しかない場合では信頼性は大きく異なる。また，相同性が同じく80％であったとしても，全領域に渡って80％の相同性を有している場合と，全体の20％の領域で80％の相同性を有している場合では，その信頼性は自ずと異なる。極端なことをいえば，1塩基の変化でその遺伝子の機能が失われたり，変わったりすることもある。このように遺伝子の機能付には，かなり信頼性の幅がある。本章では，「機能未知遺伝子」を「実験により生物学的，生化学的機能が確認された遺伝子と相同性がないか，かなり低い遺伝子」と定義することにする。

これまでの糸状菌の遺伝子機能予測では，BLASTベースの機械的なホモロジー解析が行われているが相同性解析の閾値は比較的低い[2,4,6〜10]。それでも，多量に機能未知遺伝子が出てくる。つまり，糸状菌の遺伝子の大半が未だに機能解析がされていないのである。糸状菌のゲノム解析の結果が，まだまだ十分に産業に活かされていないのは，この点が原因となっている。

第5章　糸状菌に特異な機能未知遺伝子を探る

3　糸状菌類に保存された機能未知遺伝子

　これまでに述べたとおり，糸状菌遺伝子の大半が機能未知である理由は，各遺伝子のアノテーションが機能既知の遺伝子とのホモロジーによりなされていることに起因する。では逆に，機能が明らかになっている遺伝子とはどんな遺伝子なのだろうか。この問題を考える上で，出芽酵母 *Saccharomyces cerevisiae* のゲノム解析の歴史が参考となる。*S. cerevisiae* は，約6,000遺伝子を有し真核微生物で最初にゲノムシーケンスが明らかとなった生物である[11]。現在，最も解析が進んでいる生物の1つでもある。しかし，*S. cerevisiae* のゲノムシーケンスが明らかになったときに，機能が推定出来た遺伝子は約50％であった。現在の糸状菌と大差がない状況であった[11]。酵母の研究が急速に進んだのは遺伝学的，分子生物学的解析手法に圧倒的に優れ，真核細胞のモデル生物とされたからである。また，DNA microarray や全遺伝子の破壊株ライブラリー等のジェネティクスのツールも，他の生物に先駆けて開発され，急速に遺伝子の機能が明らかになっていった[12]。*S. cerevisiae* と同じく，遺伝子の機能解析は，大腸菌，マウスやシロイヌナズナ等のモデル生物，およびヒトの研究されたものが多い。*A. oryzae* の遺伝子のアノテーションを見ると，ゲノム解析以前に *A. oryzae* で解析されていた遺伝子は僅か100個程度で，他の遺伝子の機能のほとんどはモデル生物で機能解析された遺伝子とのホモロジーにより推測されたものであった。

　さらに，半数以上の遺伝子は，当然モデル生物の遺伝子とは相同性がないか低い遺伝子である。当然であるが，これらの遺伝子は研究がなされておらず機能推定が難しい。次の項目で詳しく述べるが，これらの遺伝子は多くが糸状菌類（子嚢菌類）に広く保存されている遺伝子である。つまり，糸状菌類（*Aspergillus* 属で広く保存されている遺伝子を含む）で広く保存されている遺伝子の研究がないということになる。モデル生物では，真核生物，多細胞生物に普遍的な形質を担う遺伝子が良く研究されている。同様の発想で，糸状菌に広く保存された遺伝子は，糸状菌類で固有かつ普遍的な形質に係わる遺伝子であろうと考えられる。糸状菌に保存された機能未知遺伝子こそが，糸状菌研究のセントラル・ドグマなのである。これらの機能未知遺伝子の中から糸状菌の特性を担う遺伝子を効率的に特定し，解析することが次に重要な課題となる。

4　糸状菌類に高度に保存され高発現する遺伝子の破壊

　糸状菌類全体の形質に重要な遺伝子を効率良く解析するにはどうしたら良いのだろう。ここで，解析対照とすべき遺伝子を絞り込むために，以下に2つの仮説を立てる。
① 糸状菌類に特有かつ共通した形質を担う遺伝子は，糸状菌類で高度に保存されている。
② これらの遺伝子は機能するために発現している。特に，糸状菌の生育，形態形成やタンパク質生産性などの主要な生理機能にかかわる遺伝子は高発現している。

　以上の仮説に基づいて，まず麹菌（*A. oryzae*）の予測遺伝子をベースに，機能未知遺伝子を

発酵・醸造食品の最前線

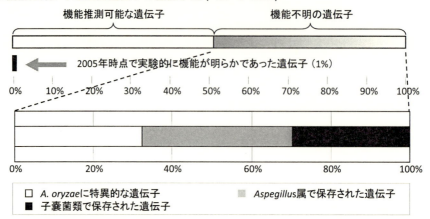

図1 麹菌 (*Aspergillus oryzae* RIB40 株) のゲノム解析データに基づいた糸状菌類 (子嚢菌類) で保存された機能未知遺伝子の様子
KOG データベースに対し，Blast 検索により 10^{-1} 以下の e-value で相同性が見られたものを機能が推測可能な遺伝子とした。さらに，機能が推定出来なかった遺伝子全体を 100％として，CFGD に掲載される 14 種類の子嚢菌類 (酵母も含む) に対して双方向のベストヒット解析を行い，保存されている遺伝子の検討を行った。CFGD (Comparative Fungal Genome Database)：http://nribf21.nrib.go.jp/CFGD/

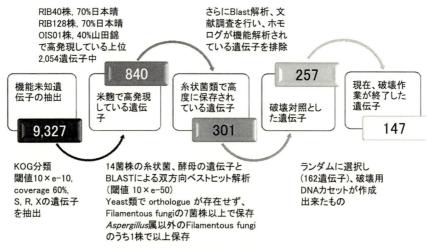

図2 米麹で高発現する糸状菌類に保存された機能未知遺伝子の絞込と遺伝子破壊

抜き出し，他の 14 菌株の子嚢菌類 (酵母も含む) と比較を行ったところ，糸状菌類に保存された遺伝子は機能未知遺伝子全体の約 30％を占めた (図1)。また，*Aspergillus* 属で保存されている遺伝子が 40％程度，*A. oryzae* 固有または，*A. oryzae* とそれ以外の 1 菌株だけで保存されていた遺伝子が 30％存在した[13]。そこで，この仮説に基づいて，*A. oryzae* を対照に，機能未知遺伝子の中から，糸状菌類に高度に保存され，かつ，糸状菌の固有の形質を発揮している固体培養で高発現する遺伝子の絞り込みを行ない，301 遺伝子を選抜した (図2)。さらに，301 遺伝

第 5 章　糸状菌に特異な機能未知遺伝子を探る

表 1　麹菌の CFF 遺伝子の遺伝子破壊の状況

遺伝子破壊の状況	遺伝子数
遺伝子破壊成功（ホモカリオン）	129 遺伝子
遺伝子破壊成功（ヘテロカリオン）	15 遺伝子
組換え効率が悪いもしくは形質転換効率が悪い遺伝子	3 遺伝子
計	147 遺伝子

子について，もう一度個別に BLAST 解析を行い，実験的な解析がある遺伝子のホモログを除き，257 遺伝子を遺伝子破壊の候補とした（Conserved among filamentous fungi（CFF）遺伝子）。最終的には，この中からランダムに選抜し破壊用の DNA カセットを作成することが可能であった 147 遺伝子について遺伝子破壊の作業を行った（図 2）。遺伝子破壊には，A. oryzae NSR-ΔlD2 株を使用し，adeA 遺伝子をマーカーとして遺伝子組換えを行った。本株は，ligD 遺伝子を破壊し相同組換えの効率を格段に上昇させた株で，ほぼ 100％ の確立で相同組換えによりターゲットの位置に adeA 遺伝子が挿入された株を得ることが出来る。

　遺伝子破壊の結果を表 1 に示している。その結果，124 遺伝子についてはホモカリオンの遺伝子破壊株を得ることが出来たが，14 遺伝子については，ターゲット遺伝子が破壊された核型と破壊されなかった核型が共存する株，ヘテロカリオンの株となった。さらに，3 遺伝子については，形質転換体が少なく，得られた形質転換体もターゲット遺伝子のローカスとは別の領域に破壊カセットが挿入された株しか得られなかった。この遺伝子については，複数回操作を行ったが組換体は得られなかった。以上の事から，ヘテロカリオン株のみ得られた遺伝子と，破壊株が得られなかった遺伝子については，必須遺伝子である可能性が強く示唆された（表 1）。

　これらの遺伝子は糸状菌類に広く保存され，かつ必須遺伝子であることが示唆されることから，糸状菌性の医真菌に対し，または農作物において抗菌スペクトルが非常に広い抗生物質や殺菌剤，制菌剤の新規のターゲット分子になる可能性を有している。今後は，プロモーターシャットオフなどの別の実験方法により，これらの遺伝子が本当に必須の遺伝子であるのかどうかについて解析を進めて行く必要がある。A. oryzae には，遺伝子発現の on/off を誘導できるプロモーターはいくつかあるが，残念ながら，抑制時に完全に遺伝子発現を止める事が可能なプロモーターが存在しない。そこで，我々の研究室では，完全に遺伝発現を制御することが可能なプロモーターの開発を行っている。

5　遺伝子破壊株の一般的な表現型

　ヘテロカリオンまたはホモカリオンの遺伝子破壊株が得られたものについて，通常のプレート培養と液体培養を行い，基本的な生育について解析を行った（図 3）。まず，プレート培養を行いコロニー直径により生育を評価したところ，意外なことにコントロールと比べて 50％ 以下に減少していたのは僅か 1 遺伝子で，ほとんどの株でコロニー直径に大きな違いが見られなかっ

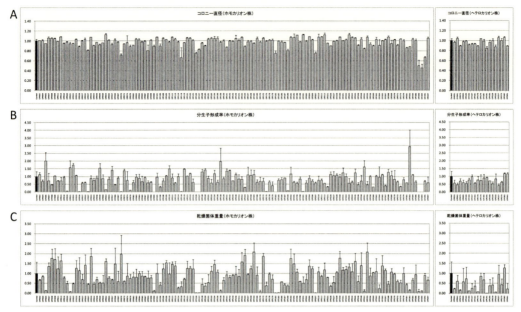

図3 CFF 遺伝子の生育および形態形成の解析

プレート培養, 液体培養共に N 源をグルタミン酸にした最小培地を使用し培養を行った。プレート培養では, プレートの中央に 1×10^5 個の分生子を含む胞子懸濁液を 1 μl 滴下して, 飽和水蒸気圧で 5 日間培養しコロニー直径を測定し, その後分生子懸濁液を作成すると共に, 1 平方センチメートル辺りの分生子数を算出した。液体培養では, プレート培養と同じ培地を 100 ml 使用し, 1×10^6/ml になるように分生子を接種し, 30℃ で振とうしながら 24 時間培養を行い乾燥菌体量を測定した。全てのデータはコントロールを 1 とした相対比で表示している。

た (図 3A)。コロニー直径は, 菌糸の伸張速度, つまり細胞の生育を測定する指標であるが, 通常の細胞の生育に影響を与える遺伝子は少ないということが示唆された。続いて, 糸状菌特有の形態分化について検討するためにコロニー面積当たりの分生子数 (分生子形成率) の測定を行った (図 3B)。その結果, コロニー直径とは対照的に大幅な変動が見られ, 分生子形成率が 50％以下に減少したものが 29 遺伝子も出現した。これは CFF 遺伝子として選抜された遺伝子は, 菌糸の伸張よりも明らかに分生子形成に関連している遺伝子が多いということを示している。つまり, 当初の仮説どおりに, 糸状菌固有の性質に係わる遺伝子にバイアスがかかり選抜されたことを示している。

さらに興味深いことに, プレート培養の場合と同じ培地を使用した液体培養において乾燥菌体量を測定した結果, 大きな変動が見られている (図 3C)。乾燥菌体量が 50％以下に減少したものは 42 遺伝子存在し, 分生子形成率の場合よりもやや多い。プレート培養と液体培養では全く同じ培地を使用しているので違いは培養形態だけであり, これほど差のあるものが出現するとは意外であった。自然界では, 糸状菌は固体の表面に密着して生育することが多く, むしろ液体培養のような環境の方が稀だと考えられる。つまり液体培養は, 特異な条件であるため, 液体培養のストレスに脆弱なのかもしれない。例えば, 液体培養時には撹拌という物理的なストレスを受

第 5 章　糸状菌に特異な機能未知遺伝子を探る

ける。さらに，液体培養ではマリモ（ペレット）のように増殖することが多く，このマリモの真ん中と外側では周りの環境に大きな違いがある。中心部では栄養飢餓のストレスや低酸素ストレスにさらされるものと思われる。その他に，コロニー直径では菌糸の伸張速度を評価するものであり，分岐の数などは評価されない。伸張速度には差がなくても，分岐の数などが減少することにより，菌体量全体としては減少しているという可能性も考えられる。また，固体培養と液体培養で分生子の出芽率にも違いがあるかもしれない。液体培養と固体培養（プレート培養）の差については，現在のところ原因は推定の域を出ない。しかし，液体培養と固体培養の差については，これまでにも酵素の生産性等いろいろな違いが見出されており，産業上重要なテーマとなっている。今回の研究で，偶然にもその差に関連する遺伝子が見出されたと考えられ，非常に興味深い。

6　天然培地での生育とストレス耐性

　麹菌は醸造現場では，米や麦，大豆等の穀物上で増殖する。また，これらの培養では，高温や浸透圧ストレスにさらされることも多い。各麹を作成し，菌体量を測定するにはかなりの手間と時間を要する。そこで，これらの穀物を粉砕し，徐々に加温しながら可溶化し，寒天を加えた後オートクレーブしプレートにまいた天然培地を作成し，コロニー直径により生育を評価した。また，最少培地を用いて浸透圧及び高温ストレスについても同様にコロニー直径により評価をした。その結果，天然培地では 5 つの遺伝子破壊株で生育の異常が見られた（図 4）。この内で，最少培地で生育が悪くなったのは CFF126 株のみで，その他は天然培地にすることにより異常がみられた。最少培地と天然培地では，物理的な培養形態は同じで培地組成のみが異なっていると考えられる。ここで見られた遺伝子は，これらの栄養，あるいは天然培地で特異的に含まれる何らかの成分に対するストレス耐性等に関わる新たな遺伝子と考えることが出来る。つぎに，醸造環境で発生しうる浸透圧ストレスと高温ストレスについて検討した。その結果，両ストレス共に感受性となる株が見られ，高温で感受性になる株が多かった。これらの遺伝子は，糸状菌特有のストレス応答に関わるとともに，醸造現場で正常に麹を作るために必要であると思われる。特に，麹菌は培養温度により酵素の組成を大きく変化させることが知られている。今回見出された遺伝子は，

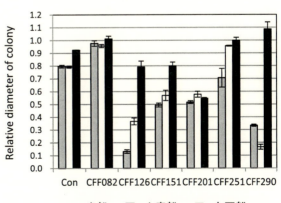

図 4　天然培地での生育
各穀物粉による培地に図 3 と同様に培養しコロニー直径を比較した。最少培地での生育に対する比で示した。

■ 米粉、□ 小麦粉、■ 大豆粉

発酵・醸造食品の最前線

Con	8	9	16	20	23	26	32	54	70	72	74	79	82	93
	–	–	–	–	–	–	++	–	–	–	–	–	–	+
–	+	+	+	+	+	+	++	+	+	+	+	+	+	–
95	99	101	103	106	113	118	126	128	130	142	154	157	175	185
+	–	–	–	–	–		–	–	–	–	–	–	–	–
–	++	–	–	–	–	+	–	–	–	–	–	–	–	–
192	195	196	201	229	243	245	248	267	269	281	286	290		
–	–	–	–	–	–	–	–	–	–	–	+	++		
–	–	–	–	–	–	–	–	–	–	–	–	–		

浸透圧ストレス(1.6M NaCl)　　++ Controlの生育の50%以下の株　　－ 生育変化なしの株
熱ストレス(37℃)　　+ Controlの生育の70%以下の株

□ 最少培地でコロニー直径が減少した株

図5　浸透圧及び熱ストレスの影響
浸透圧ストレスについては、最少培地に1.6M NaClを添加、熱ストレスについては培養温度を37℃とし、他は図3と同様に培養を行った。

これらの遺伝子発現の変化にも影響を与えている可能性がある。

以上のとおり、今回の実験で改めて糸状菌での機能未知遺伝子研究の大切さが示されたと思う。現在、147遺伝子破壊株について、さらに表現型の解析を進めている。また、今回の実験で必須遺伝子であると示唆されている遺伝子の機能についても研究をすすめる予定としている。

謝辞

機能未知遺伝子の研究に興味を持っていただいた方は是非ご一報いただけましたら幸いです。最後に、菌株の分譲を快く承諾して下さいました北本勝ひこ博士、丸山潤一博士に感謝申し上げます。また、本研究の進行に尽力いただきました冨川史子氏、池田優理子博士、井丸直氏に感謝申し上げます。特に冨川史子氏には実験はもとより多数の菌株やデータの整理と取りまとめにも尽力いただきましたことに深く感謝申し上げます。本研究は独立行政法人酒類総合研究所の特別研究「麹菌培養環境応答システムの解析及び麹菌総合データベースシステムの開発」の中で行われた研究です。

文　献

1) Iwashita, K. *J. Biosci Bioeng.*, **94**, 530-535, (2002)
2) Machida, M. *et. al.*, *Nature*, **438**, 1157-1161 (2005)
3) http://www.aist.go.jp/aist_j/press_release/pr2008/pr20080818_2/pr20080818_2.html
4) Sato, A *et. al.*, *DNA Res.*, **18**, 165-176. (2011)
5) http://www.ncbi.nlm.nih.gov/genomes/leuks.cgi
6) Galagan, J. E. *et. al. Nature.*, **422**, 859-868 (2003)
7) Galagan J. E. *et. al. Nature.*, **438**, 1105-1115 (2005)

第5章　糸状菌に特異な機能未知遺伝子を探る

8) Nierman W. C. *et. al. Nature.,* **438**, 1151-1156（2005）
9) Dean R. A. *et. al. Nature.,* **434**, 980-986（2005）
10) Cuomo C. A. *et al. Science.,* **317**, 1400-1402（2007）
11) Goffeau, A. *et. al., Science.,* **274**, 563-567（1996）
12) Barnett, J.A. *Yeast.,* **24**, 799-845（2007）
13) Comparative fungal genome database（CFGD），http://nribf21.nrib.go.jp/CFGD/
14) Maruyama, J. and Kitamoto, K. *Biotechnol. Lett.,* **30**, 1811-1817（2008）

第 6 章　麹菌におけるペルオキシソームの新機能の発見

丸山潤一[*]

1　はじめに

　麹菌 Aspergillus oryzae は日本で古くから日本酒・醤油・味噌の製造に用いられてきたとともに，タンパク質を大量に分泌する能力を有することから酵素生産や異種タンパク質生産にも利用されている。麹菌は糸状菌であり，細長い菌糸を伸長させながら生長し，菌糸先端には小胞体などの分泌装置を集めることで旺盛な極性生長を可能としている[1]。また，麹菌は細長い細胞が連なって菌糸を構成する多細胞生物であり，隣接する細胞は隔壁にあいた小さな穴である隔壁孔を通して細胞間連絡を行っている[2]。この隔壁孔を介した細胞間連絡は，動物のギャップ結合 gap junction，植物の原形質連絡 plasmodesmata のような，多細胞生物に共通する特徴として興味深いものである。

　筆者らは，麹菌で緑色蛍光タンパク質 GFP（Green Fluorescent Protein）を用いた細胞内可視化技術を確立し，様々なオルガネラについて糸状菌の形態に特有の動態や機能を見出してきている[3]。オルガネラというと，核，ミトコンドリア，小胞体などが生育において重要な役割を担うと一般的に考えられる。一方で，糸状菌のペルオキシソームの役割はあまり注目されていなかったが，最近になり生育や生存に重要な機能をもつことが明らかになってきている。本稿では，筆者らが麹菌を用いて明らかにしたペルオキシソームの新しい機能について紹介する。

2　様々な生物におけるペルオキシソームの機能

　ペルオキシソームは真核生物に普遍的に存在するオルガネラであり，一般に，脂肪酸の β 酸化や過酸化水素の無毒化に関与する。さらに，ペルオキシソームは様々な代謝機能を担うことにより，幅広い生理的役割を果たしていることが知られている。たとえば，哺乳類のペルオキシソームは，エーテルリン脂質のような脂質の生合成や，アミノ酸やポリアミンの酸化に機能している[4]。植物では，グリオキシル酸経路や光呼吸などの代謝機能，ジャスモン酸やオーキシンなどのホルモンの生合成に関与する[5]。さらには，これらの高等生物においてペルオキシソームは，生育や分化に重要な役割をもつことも知られている。ヒトではペルオキシソームの機能欠損により Zellweger 症候群などの重篤な病気を引き起こし，植物で胚発生致死となる[4,5]。

---

　[*]　Jun-ichi Maruyama　東京大学大学院　農学生命科学研究科　応用生命工学専攻　微生物学研究室　助教

第6章 麹菌におけるペルオキシソームの新機能の発見

　一方で，酵母のペルオキシソームについて，よく知られている機能は脂肪酸の β 酸化である[4]。ペルオキシソームの機能欠損株では，脂肪酸を唯一の炭素源とした最少培地で生育することができないというのが典型的な表現型である。また，*Pichia pastoris* のようなメチトローフ酵母はメタノールを炭素源として資化することができるが，この代謝にはペルオキシソームの働きが必要である。オレイン酸やメタノールなどの誘導基質が存在するとペルオキシソームはそのサイズや数を増し，グルコースのような炭素源になると代謝的に必要がなくなるため，オートファジーによって分解されることになる。すなわち，ペルオキシソームは特定の炭素源を資化する代謝条件に限定された役割をもつというのが，酵母での見方である。

　糸状菌でのペルオキシソームの機能は脂肪酸の β 酸化だけに限らず，多様であることが最近わかってきた[4]。事実，糸状菌では，炭素源がグルコースである通常の生育条件でも，多数のペルオキシソームが恒常的に存在する。糸状菌においてペルオキシソームは，ペニシリン生合成をはじめとする 2 次代謝，有性生殖や植物への病原性にも関与する。また，ペルオキシソームの機能欠損により，生育遅延やオルガネラの形態異常という現象も見られることから，ペルオキシソームは糸状菌の生育そのものに基本的な役割をもつことが指摘されてきた。しかし，このような生育への影響に関しての分子機構は不明であった。

3　Woronin body—ペルオキシソームから派生するオルガネラ—

　麹菌を用いた酵素生産において，固体培養での生産性は液体培養と比べて優れている。筆者は，固体培養で水を添加し，酵素抽出を行う過程を模倣するかたちで，寒天培地上の麹菌のコロニーに水を添加して低浸透圧ショックを与えたところ，菌糸先端から溶菌する現象を発見した（図 1A）[6]。溶菌した先端細胞と隔壁孔を通じて連絡している 2 番目の細胞を観察すると，溶菌は伝播せず，細胞内容物が維持されていた。隣接する細胞への溶菌の伝播を防ぐのは，糸状菌に特異的に存在するオルガネラ Woronin body である。Woronin body は通常の生育条件では隔壁の近くに局在するが，菌糸が損傷すると隔壁孔をふさぐ（図 1B，C）。1864 年にロシアの菌学者 M. S. Woronin により発見された歴史的に古いオルガネラであるが，2000 年にアカパンカビ *Neurospora crassa* で Woronin body を構成するタンパク質 Hex1 が同定されてから，ようやく分子レベルの解析が進むようになった。筆者らは，麹菌において Woronin body 構成タンパク質 AoHex1 を同定し，低浸透圧ショックによる溶菌時に隔壁孔をふさぎ，溶菌の伝播を防ぐ機能に必要であることを証明した[6]。

　Hex1 タンパク質は C 末端にペルオキシソーム移行配列 PTS1（Peroxisome Targeting Signal 1）を有することから，Woronin body がペルオキシソームから形成している可能性が考えられた。筆者らは，ペルオキシソームの分裂・増殖に必要であることが知られている Pex11 に着目し，Woronin body の形成機構を解析した。その結果，麹菌の AoPex11-1 がペルオキシソームの分裂・増殖とともに，Woronin body の分化にも関与することを明らかにした[7]。図 2A には

発酵・醸造食品の最前線

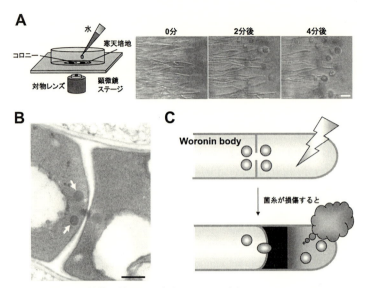

図1　糸状菌に特異的に存在するオルガネラ Woronin body
(A) 低浸透圧ショックによる麹菌の菌糸先端の溶菌。バーは 50 μm，(B) Woronin body の透過型電子顕微鏡観察像。バーは 500 nm，(C) Woronin body は菌糸損傷時に隔壁孔をふさぐ。

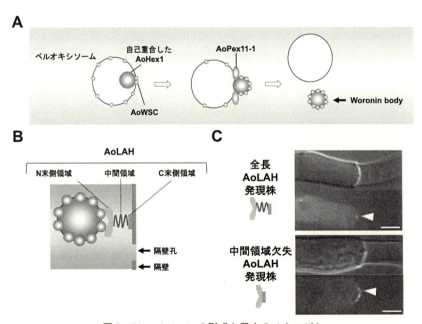

図2　Woronin body の形成と局在のメカニズム
(A) Woronin body がペルオキシソームから形成する機構，(B) Woronin body が AoLAH により隔壁につなぎとめられる機構，(C) 全長または中間領域欠失 AoLAH 発現株における Woronin body の局在。低浸透圧ショックによって先端細胞の溶菌を誘導し，隣接する隔壁孔（矢頭）での EGFP で標識した Woronin body について蛍光顕微鏡で観察した。バーは 5 μm。

第 6 章　麹菌におけるペルオキシソームの新機能の発見

Woronin body の形成機構を示す。AoHex1 タンパク質はペルオキシソームに輸送され，自己重合化することで Woronin body の前駆構造が形成される。その後，AoPex11-1 などのペルオキシソームの分裂・増殖装置を利用して，Woronin body が形成される。

その後，Woronin body はどのようにして隔壁の近くにつなぎとめられるのであろうか。筆者らは最近，Woronin body が隔壁の近くに局在するのに必要な AoLAH タンパク質を同定した[8]。AoLAH は 5,727 アミノ酸からなる巨大なタンパク質である。AoLAH を欠損すると，Woronin body は隔壁から離れたところにのみ観察され，溶菌が伝播する菌糸の割合は増加する。AoLAH の N 末側の領域は Woronin body との相互作用，C 末側の領域は隔壁への相互作用に働く（図2B）。一方で，中間の約 2,700 アミノ酸の領域は，近縁の糸状菌と比べても保存されておらず，天然変性領域（Intrinsically Disordered Region）として予測された。天然変性とは，タンパク質が特定の 2 次構造を形成しない性質のことであり，筆者らは AoLAH の中間領域を欠失したところ，Woronin body が隔壁の近くに局在することはできた。しかし，この Woronin body は隔壁につなぎとめられたままで，菌糸が損傷した際に隔壁孔をふさぐことができなかった（図2C）。AoLAH 欠損株と同様，その中間領域を欠失した場合も，溶菌が伝播する菌糸の割合は増加する。全長の AoLAH を発現する株では，隔壁につなぎとめられた Woronin body が伸縮性の往復運動を行うことが観察されたが，中間領域を欠失するとこの運動性は失われた。筋肉の収縮に関与する天然変性タンパク質 titin は分子バネのように働くが，AoLAH の中間領域が関わる Woronin body の往復運動との類似している点は興味深い。最近，筆者らは麹菌において，Woronin body が通常の生育条件でも可逆的に隔壁孔をふさぐという現象を発見した[9]。これは，隔壁につなぎとめられた Woronin body の位置取りに自由度があれば，説明することができる現象であると考えられる。以上で述べたように，AoLAH タンパク質は，ペルオキシソームから形成された Woronin body を隔壁の近くにつなぎとめる。そして，AoLAH の中間領域が Woronin body の位置取りに自由度をもたせることにより，直ちに隔壁孔をふさぐことができる巧みな仕組みをもつ。

4　ビオチン生合成におけるペルオキシソームの関与の発見

ビオチンは生物に必須の補酵素の一つであり，数々のカルボキシル化，脱カルボキシル化反応に関与する。真核生物では，植物と一部の真菌がビオチンを生合成する能力をもち，ピメロイル CoA からビオチンを合成する 4 つの反応が保存されていることが明らかになっている（図3）。植物では，BioF，Bio1，Bio3，Bio2 がビオチン生合成の最終 4 反応に関与する[10]。BioF はピメロイル CoA から 7-keto-8-aminopelargonic acid（KAPA）を合成する酵素であり，シロイヌナズナ *Arabidopsis thaliana* で細胞質に局在することが報告されていた[11]。続く KAPA からビオチンへと変換する 3 つの反応は，ミトコンドリアで行われる[10]。*BIO1* 遺伝子は KAPA から 7,8-diaminopelargonic acid（DAPA）を合成する酵素，*BIO3* 遺伝子は DAPA からデチオビオチ

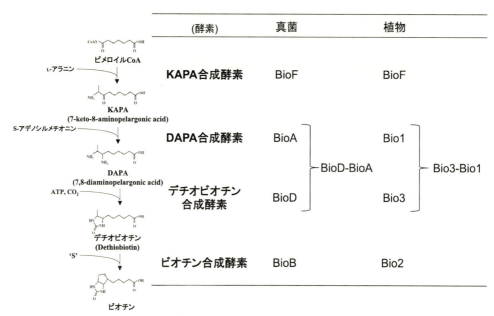

図3 真菌と植物におけるビオチンの生合成経路

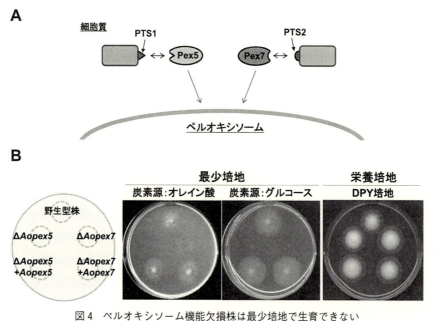

図4 ペルオキシソーム機能欠損株は最少培地で生育できない
(A) ペルオキシソーム局在シグナル PTS1, PTS2 を介したタンパク質の輸送機構, (B) 麹菌のペルオキシソームタンパク質輸送欠損株の生育。

第6章　麹菌におけるペルオキシソームの新機能の発見

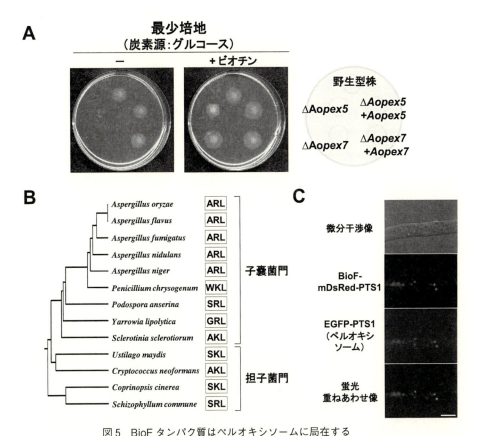

図5　BioF タンパク質はペルオキシソームに局在する
(A) 麹菌のペルオキシソームタンパク質輸送欠損株の生育は，ビオチンの添加により回復する．(B) 真菌の BioF タンパク質の分子系統樹．四角内には C 末側の3アミノ酸の配列が表記されているが，すべて PTS1 である．(C) 麹菌における BioF タンパク質の局在．バーは 5 μm．

ン（dethiobiotin）を合成する酵素をコードする．BIO3 遺伝子，BIO1 遺伝子の順に隣接して位置して，単一の mRNA として転写されるため，融合した2機能性のタンパク質 Bio3-Bio1 として翻訳される．Bio2 タンパク質はビオチン合成酵素であり，デチオビオチンからビオチンを合成する．Bio3-Bio1 融合タンパク質および Bio2 タンパク質は，ミトコンドリアに局在することがわかっている．以上のように，植物でのビオチン生合成は細胞質とミトコンドリアで行われると考えられてきた．

　ここからは麹菌でのペルオキシソーム研究の話に移る．ペルオキシソーム移行配列には PTS1 と PTS2 の2種類があり，それぞれの受容体である Pex5 と Pex7 により認識される（図4A）．当初，筆者らは Woronin body の形成機構を詳細に解析することを目的として，麹菌の PTS1 および PTS2 の受容体をコードする遺伝子 Aopex5, Aopex7 の破壊株を作製した[12]．これらの遺伝子破壊株では，脂肪酸の β 酸化酵素をペルオキシソームに輸送することができず，オレイン酸などの脂肪酸を炭素源とした最少培地では生育できない．ところが驚いたことに，グルコースを

炭素源とした最少培地でも，これらの遺伝子破壊株は生育できなかった（図4B）。一方で，*Aopex5*，*Aopex7*それぞれの遺伝子破壊株は，DPY培地のような栄養培地では正常な生育を示したが，その理由はまったくわからなかった。グルコースを炭素源とした最少培地において両遺伝子破壊株の形態を観察すると，菌糸生長における極性に異常が見られたことから，ペルオキシソームが活性酸素を無毒化できないことが原因であると予想した。そこで，麹菌の活性酸素を染色し，その産生部位を顕微鏡で解析する実験を行った。他の糸状菌で活性酸素を染色した条件を参考にして，ビタミンの混合液を添加したところ，偶然にも，*Aopex5*，*Aopex7*それぞれの遺伝子破壊株とも生育が回復してしまった。そこで，成分を絞り込んだ結果，ペルオキシソーム機能欠損による生育阻害が，ビオチンの添加によって見られなくなることを突き止めた（図5A）。

真菌において，BioFはKAPA合成酵素，BioD-BioAはデチオビオチン合成酵素とDAPA合成酵素の融合タンパク質，BioBはビオチン合成酵素に対応する（図3）。BioD-BioAタンパク質はミトコンドリアに局在したことから，ミトコンドリアでKAPAがビオチンに変換されていることが支持された[12]。さらに，上流のBioFタンパク質についてアミノ酸配列を解析したところ，子嚢菌門や担子菌門に共通してC末側にPTS1が保存されていることがわかった（図5B）。この結果と一致して，BioFタンパク質はペルオキシソームに局在し（図5C），PTS1を欠失するとビオチン要求性となった。以上の解析により，ビオチンの生合成にペルオキシソームがビオチンの生合成に関与することを発見した。

一方で，酵母のほとんどの種はKAPA合成酵素などをもたないため，自らビオチンを合成することができない。対して，清酒酵母はビオチンを合成する能力をもつ。これは，もともと別の機能をもっていた遺伝子が別の染色体部位に複製し，これが変化して新たな機能をもったことによりKAPA合成能などを獲得したからであると説明されている[13, 14]。つまり，清酒酵母では，植物や他の真菌とは異なる機構でビオチン生合成を行っていることを示している。すなわち，真核生物のモデルとして最も研究されている酵母では見出すことのできなかった現象が，麹菌を用いた研究により発見されるに至ったのである。

さて，植物に話を戻すと，以前の解析でKAPA合成酵素であるBioFタンパク質は，C末側にGFPを融合することで細胞質に局在することが報告されていた[11]。しかし，系統解析の図で示すように植物のBioFタンパク質はC末側にPTS1を有しており（図6A），融合したGFPがペルオキシソームへの局在を邪魔していたことが予想された。そこで筆者らは，N末側にGFPを融合させることで，植物のBioFタンパク質がPTS1を介してペルオキシソームに局在することを証明した（図6B）[12]。したがって，ビオチン生合成におけるペルオキシソームの関与が，真菌と植物とともに進化的に保存されていることが示唆された。また，植物ではビオチン要求性となる変異は胚発生致死であり，ペルオキシソームの機能欠損が胚発生致死になる原因のひとつとして説明できる可能性を示している。

図7では，真核生物でのビオチン生合成の新しいモデルを示す。麹菌の報告から間もなく，同じ*Aspergillus*属菌で，ペルオキシソームのβ酸化酵素がビオチン生合成に関与することが報

第6章　麹菌におけるペルオキシソームの新機能の発見

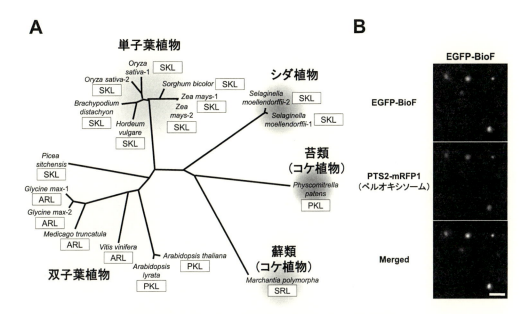

図6　植物のBioFタンパク質もペルオキシソームに局在する
(A) 植物のBioFタンパク質の分子系統樹．四角内にはC末側の3アミノ酸の配列が表記されているが，すべてPTS1である．(B) シロイヌナズナにおけるBioFタンパク質の局在．バーは5 μm．

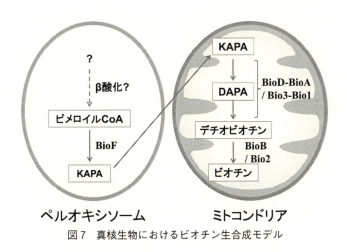

図7　真核生物におけるビオチン生合成モデル

告されたことから[15]，この酵素がピメロイルCoAの供給に働いていると推測される．次いで，ペルオキシソームにおいて，BioFがピメロイルCoAからKAPAを合成する．その後，ミトコンドリアでKAPAからビオチンが合成される．すなわち，ペルオキシソームとミトコンドリアという異なるオルガネラが連携することにより，ビオチン生合成が行われている．以上の結果から筆者らは，ペルオキシソームがビオチンの生合成に関与することを，世界で初めて発見した．

5 おわりに

　酵母におけるペルオキシソームの機能が脂肪酸やメタノールなど特定の炭素源の代謝に限定されるのと対照的に，糸状菌のペルオキシソームの機能的多様性が最近になって明らかになってきた。上で述べた以外にも，鉄をキレートするシデロフォアの生合成におけるペルオキシソームの関与や[16]，解糖系の一部の酵素が選択的スプライシングやストップコドンの読み飛ばしによる潜在的な PTS1 をもち，ペルオキシソームに局在することができるという報告がなされている[17]。本稿で述べたように，糸状菌のペルオキシソームは多細胞としての生存維持に機能するとともに，ビタミンの生合成に関与するなど，生育に基本的な役割を担っている。しかしながら，不明な部分も多く残されており，今後の解析によりペルオキシソームの新たな機能の全容解明につながることが期待される。

　また，ペルオキシソームがビオチン生合成に関与することの発見は，麹菌を用いて製造した食品である日本酒・醤油・味噌，さらには甘酒や塩麹の機能性向上に役立つ可能性という意義もある。ビタミンではほかにチアミン生合成の制御機構が明らかになった例があるものの[18]，麹菌の機能性物質の生合成に関する研究は進んでいるとは言えない状況である。今後，細胞やオルガネラをはじめとする基礎的な観点からの研究が大いに進展することにより，麹菌の新機能開発のヒントが得られることが期待される。

文　献

1) J. Maruyama et al., *FEMS Microbiol. Lett.*, **272**, 1-7 (2007)
2) 丸山潤一, バイオサイエンスとインダストリー, **68**, 341-345 (2010)
3) J. Maruyama et al., *Biosci. Biotechnol. Biochem.*, **65**, 1504-1510 (2001)
4) J. Maruyama and K. Kitamoto, *Front. Physiol.*, **4**, 177 (2013)
5) J. Maruyama et al., *Plant Signal. Behav.*, **7**, 1589-1593 (2012)
6) J. Maruyama et al., *Biochem. Biophys. Res. Commun.*, **331**, 1081-1088 (2005)
7) C. S. Escaño et al., *Eukaryot. Cell*, **8**, 296-305 (2009)
8) P. Han et al., *Eukaryot. Cell*, **13**, 866-877 (2014)
9) R. J. Bleichrodt et al., *Mol. Microbiol.*, **86**, 1334-1344 (2012)
10) F. Rébeillé et al., *Photosynth. Res.*, **92**, 149-162 (2007)
11) V. Pinon et al., *Plant Physiol.*, **139**, 1666-1676 (2005)
12) Y. Tanabe et al., *J. Biol. Chem.*, **286**, 30455-30461 (2011)

第6章　麹菌におけるペルオキシソームの新機能の発見

13) H. Wu *et al.*, *Appl. Environ. Microbiol.*, **71**, 6845-6855 (2005)
14) C. Hall and F. S. Dietrich, *Genetics*, **177**, 2293-2307 (2007)
15) P. Magliano *et al.*, *J. Biol. Chem.*, **286**, 42133-42140 (2011)
16) M. Gründlinger *et al.*, *Mol. Microbiol.*, **88**, 862-875 (2013)
17) J. Freitag *et al.*, *Nature*, **485**, 522-525 (2012)
18) T. Kubodera *et al.*, *FEBS Lett.*, **555**, 516-520 (2003)

第7章　麹菌の生産するスフィンゴ脂質の酵母の膜・発酵特性に対する影響

松永陽香[*1], 浜島弘史[*2], 北垣浩志[*3]

1　はじめに

　日本酒や焼酎の製造においては蒸した米などの穀物に麹菌 Aspergillus oryzae あるいは A. kawachii を生やして麹を作り，並行複発酵により酵母 Saccharomyces cerevisiae でエタノール発酵させる。麹の第一の役割は，穀物の多糖やタンパク質，脂質を分解する酵素の供出である。このことから昭和の前半から多く麹の酵素の研究が行われてきた。これらの研究の結果，麹の製造を酵素力の観点から合理化して制御する試みが機械工業の普及に伴って多く行われてきた。これらには第二次世界大戦後（1950年代後半ごろ）から普及した機械を使った製麹や，1980年代後半〜1990年代から普及した，最初に原料を酵素で液化してから発酵を行う液化仕込みなどがある。しかしこうした「酵素力」のみに着目し合理化した方法で造った発酵食品は，伝統的な製造方法で造った麹を使って作った発酵食品とは微妙に異なる品質のものができるということは，造りに携わっている製造技術者の多くは普及の初期から感じていたことと思われる。このことは，現在も伝統的な方法で造られている麹が酵素のみに着目した技術と併存しており，既存技術を完全には代替していないことにも表れている。

　これらの事実は麹には酵素だけでなく他の物質を次の発酵微生物に受け渡す役割があることを想定させるものである。従って麹の酵素以外の役割に関する研究が一部の研究者により行われてきた。例えば，麹や穀物のオレイン酸は酵母に移行すると膜の流動性を変えて吟醸香の一つである酢酸イソアミルの生成を酵素活性・遺伝子発現レベルで抑制すること[1]や，オレイン酸やエルゴステロールの添加が酵母によるエタノールの生産を向上させること[2]が明らかになってきた。これらの知見は，麹の脂質成分が発酵に重要な影響を与えていることを示唆するものであるが，研究手法の困難さもありその報告の数は少ない。

2　スフィンゴ脂質の多様性

　一方，生体膜の中でスフィンゴ脂質は物理化学的にも生物学的にも重要な役割を持っているこ

---

*1　Haruka Matsunaga　佐賀大学　農学部
*2　Hiroshi Hamajima　佐賀大学　農学部
*3　Hiroshi Kitagaki　佐賀大学　農学部　准教授；鹿児島大学大学院　連合農学研究科

第 7 章　麹菌の生産するスフィンゴ脂質の酵母の膜・発酵特性に対する影響

とが報告されている。スフィンゴ脂質はスフィンゴシン塩基を持った脂質の総称であるが生物種によってその化学構造には大きな多様性がある。スフィンゴ脂質自体が発見されたのは 1884 年であり長い研究の歴史があるが，その生合成経路は酵素生化学のアプローチからは解明が難しく，未解明の時代が長く続いていた。しかし酵母を使った分子生物学，遺伝学のアプローチが導入されたことにより，スフィンゴ脂質の生合成経路の多くが 1990 年代から 2000 年代にかけて一気に明らかにされることになった[3]。その概要は以下のとおりである。まずセリンとパルミトイル CoA が縮合して 3-ケトスフィンガニンが形成される。これが NADPH 依存的に還元されてスフィンガニン，dihydrosphingosine になる。この後 4 位が不飽和化されて sphingosine に，4 位に水酸基が付加されて phytosphingosine になる。この一位の水酸基にリン酸が結合し対応するスフィンゴシン塩基-1-リン酸になる。スフィンゴシン塩基-1-リン酸は遊走因子としての役割を持っていたりストレス応答に役割を持っていたりと重要なシグナル伝達物質である。またスフィンゴシン塩基のアミド基に脂肪酸がアミド結合し，セラミドになる。このセラミドの一位の水酸基にリン酸ジエステルで糖や塩基が結合すれば酸性複合スフィンゴ脂質に，アセタール結合でグルコースや多糖が結合すれば中性複合スフィンゴ脂質になる。これらそれぞれの分子種について生物によって多様性がある（表 1）[4〜18]。

スフィンゴシン塩基の部分にも生物種によって多様性がある。例えば，酵母の主なスフィンゴシン塩基は phytosphingosine と dihydrosphingosine で不飽和結合がないのに対し，哺乳類のスフィンゴシン塩基は sphingosine が主であり，植物と麹菌には 4,8-sphingadienine があり，不飽和結合を二つ持つ。海産物ではスフィンゴシン塩基の長さがそもそも違い，3 つ不飽和結合を持つものもある[19]。また麹菌を含む多くの真菌のスフィンゴシン塩基には 9 位にメチル基があるという特徴がある。なお酵母にはこのスフィンゴシン塩基の 9 位にメチル基がない。この 9 位のメチル基は S-adenosylmethionine を基質としてスフィンゴシン塩基に付加されており，*Fusarium graminearum* を使った研究で菌の増殖と感染性に必須であることがわかっている。グルコシルセラミドの分解はスフィンガジエニンに 9 位のメチル基をつけるのに必要であり，これらの生合成経路は相互に影響がある[20]。

脂肪酸の部分は，植物，菌類では α 位がヒドロキシ化されたものの割合が多い（概ね 9 割程度）。一方哺乳類では α 位にヒドロキシ化された脂肪酸は少ない。酵母では α 位のヒドロキシル位に脂肪酸がエステル結合し，「トリアシル」体になっているものが存在することが最近報告されたが[21]，他の生物種でこうしたものがあるかどうかは今まで一切わかっていない。またヒトの皮膚では脂肪酸のオメガ位にヒドロキシ基が付加して多価不飽和脂肪酸がエステル結合した分子種が報告されている[22]。脂肪酸の長さはアセタール結合のスフィンゴ脂質とフォスフォジエステル結合のスフィンゴ脂質で長さが違い，アセタール結合のものでは長さが全般に短い（C16-20）のに対し，フォスフォジエステル結合のスフィンゴ脂質では長さが長い（C24 がほとんど）。酵母のフォスフォジエステル結合型スフィンゴ脂質の脂肪酸は他の生物種と比べて例外的に長い（C26）。

表1 スフィンゴ脂質の生物による化学構造の違い

生物種	複合	1位ヒドロキシ基	スフィンゴシン塩基	脂肪酸（長さ：二重結合数）	
酵母 Saccharomyces cerevisiae	酸性	フォスフォジエステル結合イノシトール他	phytosphingosine	26:1, α-hydroxylated	4)
	中性	なし	なし	なし	
麹菌 Aspergillus	酸性	フォスフォジエステル結合イノシトール他	phytosphingosine	24:0, α-hydroxylated	5), 6)
	中性	アセタール結合グルコース / ガラクトース	9-methyl-4,8-sphingadienine	18:1, α-hydroxylated	7), 8), 9)
Pichia pasteurianus	酸性	フォスフォジエステル結合イノシトール他	phytosphingosine	24:1, α-hydroxylated	10)
	中性	アセタール結合グルコース / ガラクトース	9-methyl-4,8-sphingadienine	16:1 or 18:1, α-hydroxylated	
哺乳類	酸性	フォスフォジエステル結合コリン	sphingosine	16:0, 24:1	11)
	中性	アセタール結合グルコース / ガラクトース / シアル酸等多糖	dihydrosphingosine	24:0, 18:1	12)
無脊椎動物	酸性	Ceramide phosphoethanolamine	Tetradecasphing-4-enine	20:0, 22:0	13), 14), 15)
	中性	アセタール結合グルコース / ガラクトース	15-methyl-2-aminohexadec-4-en-1,3-diol	22:0, α-hydroxylated	16)
植物	酸性	フォスフォジエステル結合イノシトール他	phytosphingosine	24:0, α-hydroxylated	17)
	中性	アセタール結合グルコース / ガラクトース / グルクロン酸等多糖	4,8-sphingadienine	16:0, α-hydroxylated	18)

　多くの生物がセラミドのスフィンゴシン塩基の一位のヒドロキシ基に，アセタール結合あるいはフォスフォジエステル結合の両方の化合物を持つ．アセタール結合では通常グルコースかガラクトースなどの糖が結合する．哺乳類ではこれに対してシスゴルジでβ位のモノグルコシル基が結合した後，トランスゴルジで複数の糖あるいはシアル酸が結合するが，植物，子嚢菌類にはモノグルコシル基しか結合しない．また担子菌類の一部ではさらに複数の糖が結合し，その非還元末端にフォスファチジルコリンが結合して両性イオンが形成されるものもある．一方，酵母 S. cerevisiae はアセタール結合をそもそもこの官能基に持たない．スフィンゴシン塩基の1位の水酸基にはフォスフォジエステル結合でコリンやエタノールアミン，糖（単糖，多糖）などが結合する．哺乳類ではフォスフォジエステル結合でコリンが結合し，スフィンゴミエリンになる．植物，菌類ではイノシトールがまずフォスフォジエステル結合で結合し，その外側に多糖がアセタール結合する．節足動物，刺胞動物，軟体動物にはスフィンゴミエリンが存在せず，代わりにセラミドにフォスフォジエステル結合でエタノールアミンが結合したセラミドフォスフォエタノールアミンをゴルジ体で合成する[14]．セラミドのスフィンゴシン塩基の一位のヒドロキシ基に

第7章 麹菌の生産するスフィンゴ脂質の酵母の膜・発酵特性に対する影響

エステル結合でアシル基が結合した分子種が皮膚の角質層のスフィンゴ脂質の5%を占めていることが最近報告された[23]が，こうした分子種は他の生物種ではまだ報告がない。

このように生物種によってスフィンゴ脂質の化学構造には大きな多様性があることがわかっているが，その生物間の相互作用にどのような役割を持っているかの研究，特に日本の伝統発酵食品で重要な役割を持つ麹菌と酵母のスフィンゴ脂質がどのような相互作用をしているかはこれまでほとんど研究されてこなかった。そのメカニズムを明らかにすれば，より精密な醸造の品質管理につながると同時に，新規発酵生産システムの開発にも応用できるのではないかと考え，麹のスフィンゴ脂質[7]が醸造におよぼす影響を研究することにした。

3 麹の脂質プロファイルの解析

まず麹の脂質プロファイルを調べたところ，多量のglucosylceramideを含んでいた（図1A）。さらに麹のglucosylceramide含量には多様性があり，これまで見過ごされてきた品質管理指標であることが示唆された（図1B）。発酵もろみでも同様に麹由来のglucosylceramideが多量に含まれていた（図1C）。このことから，日本の伝統的な発酵において発酵中の酵母は高濃度の麹glucosylceramideに曝されていると考えられた。

4 麹のアルカリ耐性賦与脂質の同定

そこでまず麹の脂質が醸造に及ぼす影響を調べたところ，麹から抽出した脂質画分が酵母にアルカリ耐性を賦与することを見出した（図2A,B）。次に，麹の脂質を抽出してシリカゲルカラムで分画し，それらのどの画分を添加したときに酵母にアルカリ耐性が賦与できるかを調べた。その結果，いくつかの画分が酵母にアルカリ耐性を賦与したが，そのうち最も高い活性を示す画分のひとつをさらに精製した。その画分を精製してその分子構造を決定したところ，スフィンゴ脂質の一種である

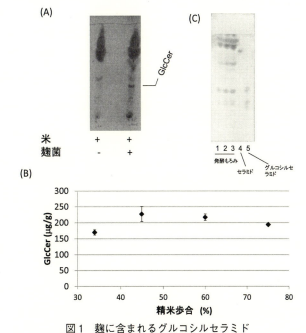

図1 麹に含まれるグルコシルセラミド
(A) 米と麹のグルコシルセラミド (B) さまざまな麹のグルコシルセラミド含量 (C) 発酵もろみのグルコシルセラミド含量 Lane 1-3; Fermentation mash. Lane 1; 20 mg, lane 2; 40 mg, lane 3; 60 mg. Lane 4; Ceramide (16 μg). Lane 5; Glucosylceramide from soybean (15 μg).

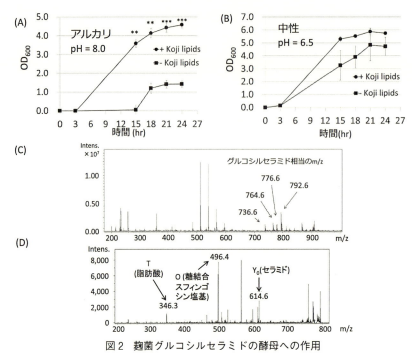

図2　麹菌グルコシルセラミドの酵母への作用
(A) 麹脂質を加えた pH 8.0 における酵母の増殖，(B) 麹脂質を加えた pH 6.5 における酵母の増殖，
(C) アルカリ耐性賦与精製脂質のポジティブMSスペクトル，(D) m/z 776.6 のポジティブMS/MSスペクトル

が酵母には存在しない構造の，麹菌特異的な glucosylceramide であることが明らかになった（図2C,D）。

5　さまざまな生物種の glucosylceramide のアルカリ耐性賦与能

　麹菌の glucosylceramide はスフィンゴシン塩基の部分の構造や脂肪酸の長さなどが他の生物種のものと異なるため，このアルカリ耐性賦与効果がこの構造に特異的なのかを調べた。精製したさまざまな生物種の glucosylceramide を酵母に添加してアルカリ耐性を調べた。その結果，麹菌特異的なものだけではなく他の生物種の glucosylceramide は全般に酵母にアルカリ耐性を賦与することが明らかになった（図3A-D）。このことから，スフィンゴシン塩基や脂肪酸の構造によらず，glucosylceramide であれば酵母に作用することが明らかになった。Glucosylceramide はセラミドやスフィンゴシン塩基に分解されることなく，そのままの形で酵母で作用していると考えられた（図4）。

　他の発酵条件（pH 中性条件）でも glucosylceramide は酵母にエタノール耐性や高糖濃度耐性を賦与し，また香気成分生成能も改変することが明らかになった。

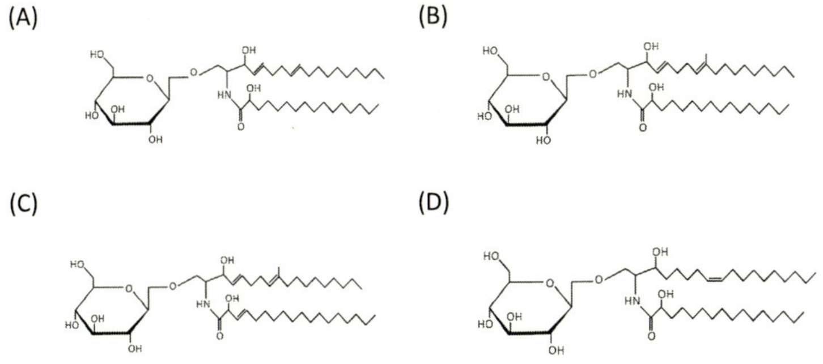

第 7 章　麹菌の生産するスフィンゴ脂質の酵母の膜・発酵特性に対する影響

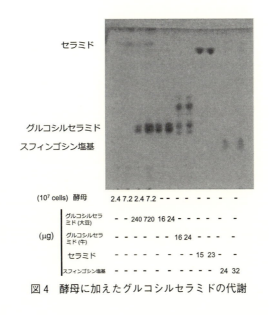

図3　さまざまな生物種のスフィンゴ脂質
(A) 大豆，大麦，米のグルコシルセラミド，(B) マイタケのグルコシルセラミド，
(C) 麹菌のグルコシルセラミド，(D) 小麦のグルコシルセラミド

図4　酵母に加えたグルコシルセラミドの代謝

6　Glucosylceramide が膜の物理化学的特性に及ぼす影響の解析

なぜこのように glucosylceramide が酵母に生理活性の変化を引き起こすかを調べるため，glucosylceramide を添加した酵母の脂質二重膜の物理化学的な性質を調べた。その結果，脂質二重膜への水分子の浸潤の度合いを表す τ が，glucosylceramide を添加した酵母で低下していることが明らかとなった。この結果は，glucosylceramide の添加は酵母の膜をパックされた状態からよりすかすかにすることを示している。酵母の酸性スフィンゴ脂質（IPC, MIPC, MIP_2C）に結合している脂肪酸は C26 がほとんどであり，他のスフィンゴ脂質，他の生物種の酸性スフィンゴ脂質と比べても特に長い（多くの glucosylceramide の脂肪酸の長さは C18-20，他の生物種の酸性スフィンゴ脂質の脂肪酸の長さは C24）。このことから，酵母の脂質二重

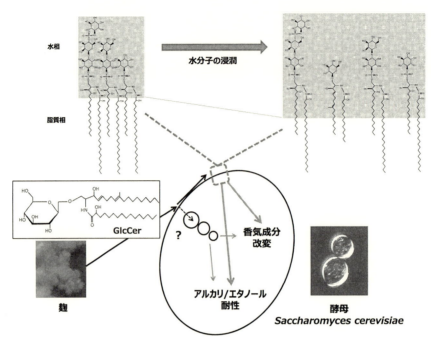

図5 麹のグルコシルセラミドの酵母への作用メカニズム

膜はC26の脂肪酸の横方向の疎水性結合のためによりパックされた状態にあるが,より脂肪酸の短いglucosylceramideが添加されることで,横方向の疎水性結合が「破られて」すかすかになり,膜の流動性の変化を引き起こしていると考えられた(図5)。

以上のことから,多くの素材が共存して行われる日本の発酵食品の製造において,麹及び穀物のglucosylceramideが酵母に移行して酵母の生理状態を変化させていることが明らかになった。これらの結果はグルコシルセラミドが,麹の新たな品質管理の指標であることを示している[24]。

7 おわりに

スフィンゴ脂質の化学構造は複雑で多様であるため,生物種ごとの違いに着目した技術はこれまで開発されてこなかった。本研究は,こうしたスフィンゴ脂質の化学構造の違いが今後,発酵の新たな制御ターゲットになりうることを示している。

謝辞

本研究は農林水産業食品産業科学技術研究推進事業の助成により行われたものである。

第 7 章　麹菌の生産するスフィンゴ脂質の酵母の膜・発酵特性に対する影響

文　　献

1) D. Fujiwara *et al.*, *Yeast*, **14**, 711（1998）
2) K. Ohta and S. Hayashida, *Appl. Environ. Microbiol.*, **46**, 821（1983）
3) R. Buede *et al.*, *J. Bacteriol.*, **173**, 4325（1991）
4) H. Kitagaki *et al.*, *Biochim. Biophys. Acta*, **1768**, 2849（2007）
5) C. Simenel *et al.*, *Glycobiology*, **18**, 84（2008）
6) B. Bennion *et al.*, *J. Lipid Res.*, **44**, 2073-2088（2003）
7) M. Hirata *et al.*, *J. Agric. Food Chem.*, **60**, 11473（2012）
8) Y. Fujino and M. Ohnishi, *Biochim. Biophys. Acta*, **486**, 161（1976）
9) Y. Tani *et al.*, *Biotechnol. Lett.*, **36**, 2507（2014）
10) P. Ternes *et al.*, *J. Biol. Chem.*, **286**, 11401（2011）
11) J. A. Seng *et al.*, *Biochim. Biophys. Acta*, **1841**, 1285（2014）
12) G. M. Gray and H. J. Yardley, *J. Lipid Res.*, **16**, 434（1975）
13) N. M. Sanina and E. Ya. Kostetskii, *J. Evol. Biochem. Physiol.*, **36**, 254（2000）
14) A. M. Vacaru *et al.*, *J. Biol. Chem.*, **288**, 11520（2013）
15) A. Luukkonen *et al.*, *Biochim. Biophys. Acta*, **326**, 256（1973）
16) D. J. Chitwood *et al.*, *Lipids*, **30**, 567（1995）
17) J. L. Cacas *et al.*, *Phytochemistry*, **96**, 191（2013）
18) M. Ohnishi and Y. Fujino, *Lipids*, **17**, 803（1982）
19) A. Irie *et al.*, *J. Biochem.*, **107**, 578（1990）
20) Y. Ishibashi *et al.*, *J. Biol. Chem.* **287**, 368（2012）
21) N. S. Voynova *et al.*, *Biochem. J.*, **447**, 103（2012）
22) M. Rabionet *et al.*, *J Lipid Res.* **54**, 3312（2013）
23) W. Shaw *et al.*, *J. Lipid Res.*, **54**, 3312（2013）
24) 北垣浩志，特願 2013-170560

第8章 麹菌発現系を用いた糸状菌生合成遺伝子の機能解析

藤井　勲*

1　はじめに

　糸状菌は，ペニシリンやスタチン類など有用生理活性物質を生産するが，新たな有用物質の開発やその高生産のためには，生産生物における生合成過程の理解が重要である。従来，有機反応からの考察を中心として展開されてきた生合成研究は，生合成反応の酵素レベルでの解析，そして生産菌のゲノム情報をもとに生合成遺伝子の機能解析へと進められている。ゲノムプロジェクトの進展や次世代シークエンサーの発展により，糸状菌の有する二次代謝産物生合成遺伝子に関する情報は，いまや比較的容易に入手できる時代となっており，二次代謝産物生合成に関する遺伝子であることがバイオインフォマティクスで推定できるものの，一方，実際にどのような化合物を作り出す生合成系かは，配列情報のみで推察することは困難である。遺伝子の機能解析においては，遺伝子破壊も重要な方法論の一つではあるが，通常の培養条件下では発現しない生合成系の解析には不適である。このような休眠生合成系や生合成反応の段階的な解析における有用な方法論として，麹菌発現系を用いた生合成遺伝子の発現，生合成系の再構成実験が数多く行われるようになっている。

2　糸状菌の二次代謝産物と生合成

　糸状菌は様々な二次代謝産物を生産するが，生合成経路から見てみると，①酢酸-マロン酸経路由来のポリケタイド化合物，②メバロン酸経路由来のテルペノイド化合物，③アミノ酸経路由来のアルカロイドやペプチド化合物などに大別することができる。さらにこれらの複合経路で作られるメロテルペノドやポリケタイドとペプチドのハイブリッド化合物など，その多様性は極めて大きい[1]。しかし，二次代謝産物の基本骨格構築において，ポリケタイド化合物の炭素骨格は，ポリケタイド合成酵素 Polyketide Synthase（PKS）が触媒するアセチル CoA とマロニル CoA との縮合反応の繰返しと閉環反応によるものであり，また，テルペノイド骨格もジメチルアリル二リン酸とイソペンテニル二リン酸との縮合と閉環，ペプチド化合物は非リボソームペプチド合成酵素 Non-ribosomal peptide synthase（NRPS）によるアミノ酸の縮合，と共通した基本反応，および，その組合せによっている。通常，生成した基本骨格は，酸化反応を中心とし

＊　Isao Fujii　岩手医科大学　薬学部　天然物化学講座　教授

第 8 章　麹菌発現系を用いた糸状菌生合成遺伝子の機能解析

た更なる修飾を受けて最終産物となる。

3　糸状菌の生合成遺伝子クラスターとポリケタイド合成酵素

　放線菌や糸状菌などの微生物においては，二次代謝産物の生合成遺伝子がゲノム上，ひとかたまりとなって生合成遺伝子クラスターを形成していることが明らかになっている。糸状菌においては，*Aspergillus flavus* のアフラトキシン生合成遺伝子クラスターのように 25 遺伝子からなる巨大なクラスターも存在するが[2]，一般的には構成遺伝子の数が 10 に満たないものが多く，転写制御因子などを除くと 1 つの化合物の生合成反応を担う酵素遺伝子の数は比較的少ない。また，アスペルギルス属糸状菌においては，ポリケタイド生合成遺伝子だけでも 30 以上の PKS 遺伝子が 1 つの菌株に存在している例もあり[3]，そのうち通常の培養条件で発現しているのはごく一部であり，潜在的な物質生産ポテンシャルは非常に高い。

　ポリケタイド生合成の中心は，アセチル CoA とマロニル CoA との縮合反応の繰返しにより炭素骨格を構築する PKS である。糸状菌においては，そのほとんどが一本のポリペプチド上に縮合酵素ドメインを始めとする複数の活性中心を有し，これらが繰返して働く繰返しタイプ I 型であり，そのドメイン構成により大きく 3 つに分類される。① 6-メチルサリチル酸合成酵素（MSAS），② non-reducing type PKS（NR-PKS），③ highly reducing type PKS（HR-PKS），である。NR-PKS は芳香族ポリケタイドを，また，HR-PKS は還元型ポリケタイドを生成する。NR-PKS 間，HR-PKS 間においては基本的なドメイン構成は同じでありながら，制御機構の違いにより，各 PKS 特異的に様々な骨格のポリケタイド化合物が作り出される[4]。代表的な糸状菌 PKS のドメイン構造と生産化合物を図 1 に示す。

1) 6-メチルサリチル酸合成酵素 MSAS

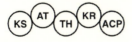

2) YWA1 合成酵素 WA（NR-PKS）

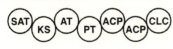

3) アルタナピロン合成酵素 PKSN（HR-PKS）

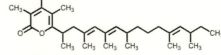

図 1　糸状菌ポリケタイド合成酵素のドメイン構造

4 生合成遺伝子発現の宿主としての麹菌

麹菌は分泌タンパク質の高生産性で知られるように一次代謝系が活発に機能しており，PKSやNRPSの反応の基質となる酢酸やアミノ酸などの一次代謝産物の供給能に優れている。また，PKSやNRPSタンパクは，通常のタンパクに比べて極めて巨大であり，加えてその反応中心であるSer残基がホスホパンテテインで修飾，活性化される必要がある。大腸菌や酵母の系でタンパクとして発現する際には，ホスホパンテテイントランスフェラーゼを共発現させる必要があるが，麹菌を宿主とすれば，内在性の酵素の働きにより，特に意識することなくPKSやNRPSタンパクを活性型として発現することができる。また，糸状菌のゲノム遺伝子には，真核生物特有のイントロンが少なからず存在しており，そのスプライシングにも留意する必要がある。酵母も真核生物ではあるが，糸状菌とはイントロンの認識機構が異なり，ゲノム遺伝子をそのまま発現させることは困難である。これに対して，麹菌を宿主とした場合，目的の糸状菌遺伝子が異なる属のものであってもそのほとんどは正確に転写され，活性型PKSやNRPSタンパクとして発現することができる。また，基本骨格構築後の修飾酵素においてもフラビンやヘムなどのco-factorを組込み，活性型として発現可能であり，麹菌は糸状菌二次代謝生合成遺伝子発現の優れた宿主と考えられる。

5 麹菌選択マーカーと発現プラスミド

麹菌 *Aspergillus oryzae* の形質転換系が1987年に開発[5]されて以来，*A. oryzae* の遺伝子レベルでの研究が展開されてきたが，形質転換の選択マーカーとしては専ら栄養要求性マーカーが使われてきた。よく使われるのは，*argB*, *sC*, *niaD*, *adeA* であり，当初，*argB* 株である *A. oryzae* M-2-3株を宿主とした系[6]が専ら生合成遺伝子の発現に用いられてきた。その後，この4重栄養要求性株であるNSAR1株が開発[7]され，多重遺伝子導入の宿主としてよく用いられている。これに加え，pyrithiamine耐性マーカーの *ptrA*[8]などを組み合わせることにより，比較的多数の遺伝子を導入することが可能になった。また，一つのプラスミドに多重に遺伝子を組込んだり，同一マーカーの異なるプラスミドを混合して形質転換を行うことなどの工夫も試みられている。また，glufosinate耐性遺伝子である *bar* 遺伝子や，phleomuycin耐性遺伝子 *ble* も選択マーカーとして利用されている[9]。

A. oryzae においては，専ら非相同組換えにより形質転換・導入した遺伝子がゲノムに組込まれるため，大腸菌用のプラスミドをベースに麹菌用マーカーを組込み，さらに麹菌内で発現誘導できるプロモーター／ターミネーターの間に目的タンパク遺伝子を導入した発現カセットを構築する。これまでに糸状菌の二次代謝産物生合成遺伝子の発現において成功例が多く報告されているのは，α-アミラーゼの *PamyB* プロモーターと *TamyB* ターミネーターをもつpTAex3を用いた系[6]である。そのプラスミドマップを他の糸状菌用プラスミドとともに図2に示す。

第8章　麹菌発現系を用いた糸状菌生合成遺伝子の機能解析

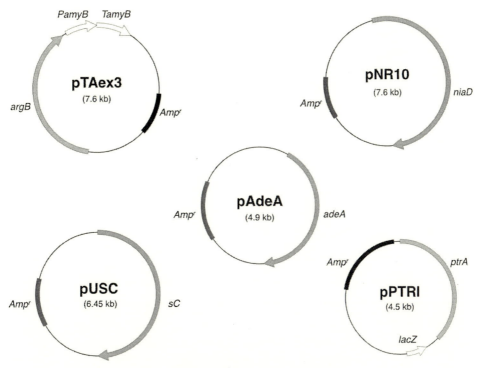

図2　代表的な糸状菌用ベクタープラスミド

6　麹菌発現系による芳香族ポリケタイド化合物の生産

　筆者らは Aspergillus terreus よりクローニングした atX 遺伝子を α-アミラーゼプロモーターを利用して A. oryzae や Aspergillus nidulans を宿主として発現させ，atX が MSAS をコードすること，また，形質転換体の 6-メチルサリチル酸（6MSA）生産量が〜1 g/liter にも及ぶことから，生合成遺伝子解析における麹菌発現系の利点を確認した最初の例となった[10]。さらにこの麹菌発現系を用いて，ペンタケタイド 1,3,6,8-テトラヒドロキシナフタレン（T4HN）合成酵素である Colletotrichum lagenarium の PKS1[11]，ヘキサケタイド アセチルテトラヒドロキシナフタレン（AcTHN）合成酵素である Wangiella dermatidis の Wd PKS1[12] や，ヘプタケタイド YWA1 合成酵素である A. nidulans の WA[13,14]，Aspergillus fumigatus の Alb1p[15]，A. oryzae 自身の各種芳香族 PKS などの発現に成功している。WA PKS は，A. nidulans の緑色胞子色素生合成の中間体である黄色色素生成に関わる PKS として，Timberlake らによりクローニングされたものであるが，当初，報告されていた塩基配列の誤りに基づいた麹菌発現では可視部にほとんど吸収をもたないヘプタケタイド化合物シトレオイソクマリン類が生成した[13]。その後，C-末の塩基配列を訂正し発現させたところ，黄色ヘプタケタイド YWA1 の生成が確認された[14]。これにより，wA が胞子色素前駆体である YWA1 の合成酵素をコードすることを明らかにするとともに，C-末のチオエステラーゼとされていた領域が，PKS 反応においてクライゼン

67

型閉環に関わるクライゼンサイクラーゼドメインCLCであることを明らかにすることができた[16]。

また，淡川らは，A. terreusの典型的なポリケタイドアントラキノンであるエモジン生合成のPKS遺伝子を麹菌発現系を用いて解析し，PKSの直接の産物がアトロクリソンカルボン酸であることを報告している[17]。

図3に麹菌発現系を用いて生産された芳香族ポリケタイド化合物の構造を示す。

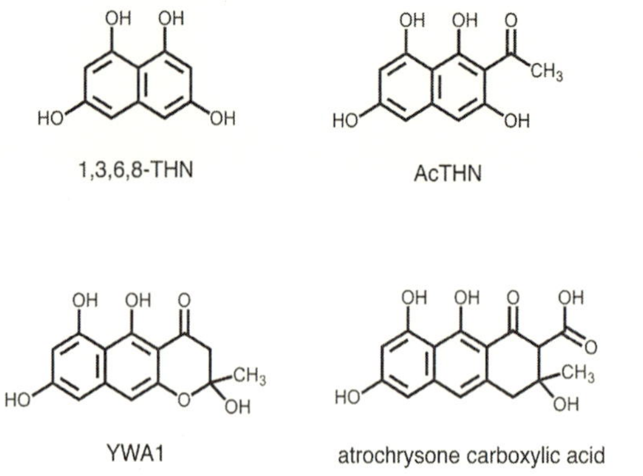

図3　麹菌発現系で解析された芳香族ポリケタイド化合物

7　麹菌発現系による還元型ポリケタイド化合物の生産

ソラナピロンは，バレイショ夏疫病菌 Alternaria solani が生産する植物毒素であり，その生合成に Diels-Alder 反応が関与している[18]。筆者らは，本菌の還元型PKS遺伝子の解析を行い，麹菌発現系を用いることにより，その機能解析を行ってきた。還元型PKS遺伝子 pksN を A. oryzae で発現させたところ，新規化合物アルタナピロンが生産された。アルタナピロンは，デカケタイド鎖にメチオニン由来の8個の側メチルが導入されるが，PKSN酵素のメチルトランスフェラーゼMeTドメインにより，9回の縮合反応のうち，8回の各縮合反応後にβ-ケトアシル中間体にメチル基を導入するものと考えられる[19]。還元型PKS遺伝子 pksF も同様に発現させ，アスラニオールとアスラニピロンを主生産物として多数の産物を与えることを報告した[20]。これらは，A. solani の培養からは得られておらず，通常は眠っている遺伝子であるが，麹菌発現系に組込むことにより発現させ，その機能確認がなされた例である。

また，ソラナピロンの生合成遺伝子についても還元型PKS，O-メチル基転移酵素，P450，酸化酵素，脱水素酵素からなる生合成遺伝子クラスターを見出し，そのPKS遺伝子 sol1 を麹菌で発現させることにより，その生産産物がソラナピロン前駆体であるであることを確認した。ソラナピロン炭素骨格生合成の鍵反応である Diels-Alder 環化を触媒する FAD 依存的オキシダーゼについても A. oryzae にて誘導発現させ，この菌体より調製した酵素液に Diels-Alder 環化活性を確認することができた[21]。このように糸状菌の還元型PKSの発現系としても麹菌発現系の有用性が示された。

図4に麹菌発現系を用いて解析された A. solani の還元型ポリケタイド化合物の構造を示す。

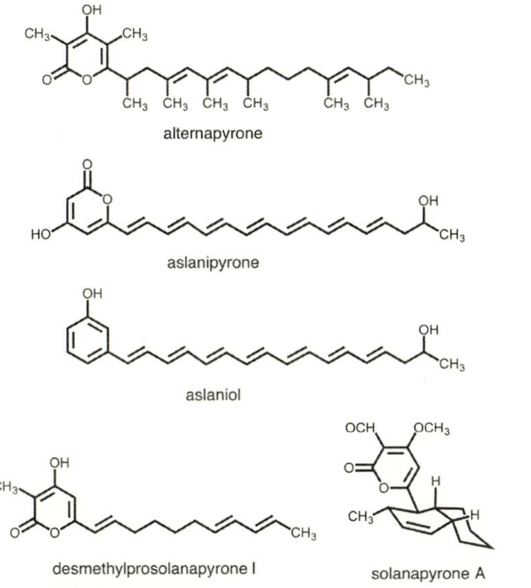

第 8 章　麹菌発現系を用いた糸状菌生合成遺伝子の機能解析

図4　麹菌発現系で解析された Alternaria solani の還元型ポリケタイド化合物

8　ハイブリッド型 PKS-NRPS の発現

　糸状菌には，上記の繰返しタイプ I 型 PKS だけでなく，これが NRPS と融合したハイブリッド型の PKS-NRPS が存在する。糸状菌の非リボソームペプチドとしては，シクロスポリンなどが知られているが，PKS と融合することにより，その生み出す化合物にさらに多様性を与えるものである。筆者らは，そのような糸状菌 PKS-NRPS としてシクロピアゾン酸生合成に関わると推定された A. flavus の cpaA 遺伝子を A. oryzae で発現させることによりその機能同定に成功している[22]。また，Simpson, Cox らの英国ブリストル大学のグループは，麹菌発現系を昆虫病原糸状菌 Beauveria bassiana の PKS-NRPS であるテネリン合成酵素に用い，詳細な機能解析を報告している[23]。

9　糸状菌タイプ III 型 PKS の発現

　糸状菌の全ゲノム解析によりタイプ III 型 PKS 遺伝子が糸状菌にも存在することが明らかになったが[24]，筆者らは，A. oryzae のタイプ III 型 PKS 遺伝子 csyA 〜 D のうち，近縁種である A. flavus にもオルソログが存在しない csyB について麹菌発現系を用いて機能解析を行った。pTAex3 に csyB を導入した pTA-csyB を構築し，A. oryzae M-2-3 に導入，誘導発現したところ，培養液中に 3 つの化合物 B1 〜 B3 を確認した。これらを単離，構造決定し，3-acetyl-4-hydroxy-α-pyrone 骨格の 6 位に脂肪酸が付加した新規化合物サイピロン B 類であることが明らかになった[25,26]。さらに，^{13}C 標識酢酸投与実験から，CsyB は fatty acyl-CoA をスターターとして，malonyl-CoA と acetoacetyl-CoA との縮合により 3-acetyl-4-hydroxy-6-alkyl-α-pyrone を生成する新規タイプ III 型 PKS であることが示唆され[27]，続く in vitro での解析により，CsyB が二つの β-ケトアシル CoA の coupling 反応を触媒する新規のタイプ III 型 PKS であることを実証した[28]。

　図 5 に CsyB 麹菌発現系を用いて生産されたサイピロン B 類の構造と CsyB が触媒する反応を示す。

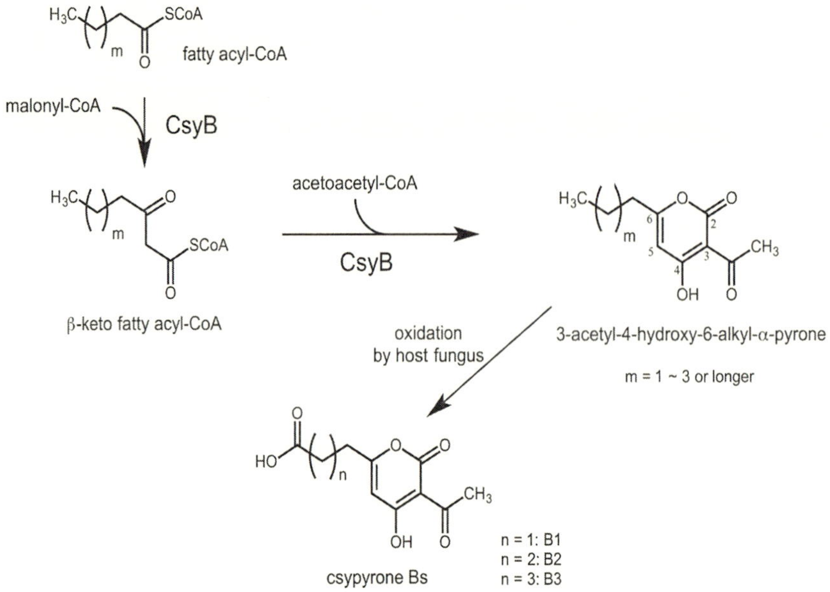

図5 麹菌発現系で解析されたタイプⅢ型ポリケタイド合成酵素 CsyB

10 多重遺伝子導入による機能解析

　PKSやPKS-NRPS遺伝子は，生合成遺伝子としても巨大な遺伝子であるが，これを麹菌で発現させることにより，内在性基質を使って化合物が生産され，その生合成系が生み出す化合物の基本骨格を確認できるメリットは非常に大きい。しかし，通常，PKSやPKS-NRPSを含む生合成遺伝子クラスターは，P450を始めとして複数の酸化酵素などを含み，PKS産物は最終産物へと代謝変換されていく。その中には，メロテルペノイドやインドールジテルペン類などに見られるようなダイナミックな骨格変換も含まれている。そのような二次的変換系を解析するためには，PKSなどに加えて，複数の遺伝子を共発現させることが必要である。現在，麹菌への多重遺伝子導入によく用いられているのは4重栄養要求性株の *A. oryzae* NSAR1 株であり[7]，これに数は限られるものの薬剤耐性マーカーを組み合わせて用いられる。さらに一つのプラスミドに複数の生合成遺伝子を組込むことにより，糸状菌の生合成遺伝子クラスターで見られる10以上の遺伝子を共発現させることも可能となってきている。このような多重発現系を用いて，生合成系の解析や化合物の生産に成功した例を紹介する。
　糸状菌はジベレリンなどに代表されるように様々なテルペノイド化合物を生産する。麹菌発現系は，テルペノイド生合成遺伝子クラスターの発現にも応用されており，その一例として，及川らによるアフィディコリンの生産系の再構築を取り上げる。アフィディコリンは，DNAポリメラーゼαの特異的阻害剤であり，連続した4級炭素からなる複雑な環構造をもつ。その生産菌 *Phoma betae* において，ゲラニルゲラニル二リン酸合成酵素，環化酵素，2種の水酸化酵素を

第8章 麹菌発現系を用いた糸状菌生合成遺伝子の機能解析

コードする遺伝子からなるクラスターが存在しており，これらの遺伝子を4種類のベクターに導入した発現プラスミドを構築し，これをNSAR1株に形質転換，導入することにより得られた形質転換体がアフィディコリンを生産することが報告されている[29]。

メロテルペノイドとは，ポリケタイドとテルペノイドの融合化合物であり，糸状菌から多数の化合物が報告されている。麹菌発現系を用いて解析された最初のメロテルペノイド生合成系は，高脂血症薬への展開が期待されているピリピロペンである。伊藤らは，*A. fumigatus* に見出されたピリピロペン生合成遺伝子クラスターの機能解析において，pTAex3をベースにした多重発現系を利用し，その機能を実証した[30]。これが先駆けとなり，最近では，松田らが *Aspergillus variecolor* のアンディトミン生合成系について，NSAR1株を宿主として11遺伝子を導入し，生合成系の再構築に成功している[31]。

インドールジテルペンは，インドール骨格にゲラニルゲラニル二リン酸由来のジテルペン部分が融合した多環性の化合物であり，様々な生理活性が報告されている。及川らは，パスパリンやアフラトレムなどの生合成遺伝子をNSAR1株に多重導入することにより，生合成系の再構築に成功している[32]。

図6に麹菌多重遺伝子発現系を用いてその生合成系が解析された化合物の構造を示す。

11 おわりに

糸状菌ゲノムプロジェクトの進行に伴い，数多くの二次代謝産物生合成遺伝子，生合成遺伝子クラスターの存在が明らかになってきている。次世代シークエンサーの発展により今後もその数は膨大なものとなることが容易に想定される。これは，糸状菌の化合物生産の高いポテンシャルを示すものであるが，その多くは実際の培養条件下では発現しておらず，作り出される化合物の構造を塩基配列から予想することは困難である。

今回紹介した麹菌の発現システムは，糸状菌二次代謝生合成遺伝子の発現において，ポリケタイド，テルペノイド，その融合体であるメロテルペノイド，さらにインドールアルカロイドなど，その有効性が実証されており，発現プラスミドの構築に多少の手間と工夫が必要ではあるものの，麹菌を宿主として生合成系を再構築できる利点は大きく，新規化合物の生産という観点からも今後も大きく展開していくことが期待される。

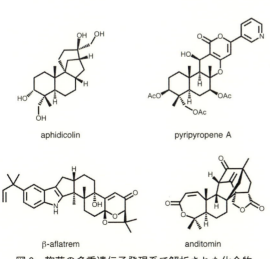

図6 麹菌の多重遺伝子発現系で解析された化合物

文　　献

1) J. R. Hanson, "The Chemistry of Fungi", RSC Publishing (2008)
2) Y. Zhang et al., "Handbook of Industrial Mycology", p.355, Marcel Dekker (2005)
3) J. F. Sanchez et al., Nat. Prod. Rep., **29**, 351 (2012)
4) 藤井　勲, 化学と生物, **50**, 545 (2012)
5) K. Gomi et al., Agr. Biol. Chem., **51**, 2549 (1987)
6) T. Fujii et al., Biosci. Biotechnol. Biochem., **59**, 1869 (1995)
7) 北本勝ひこ ほか, 生物工学, 277 (2005)
8) T. Kubodera et al., Biosci. Biotechnol. Biochem., **64**, 1416 (2000)
9) A. Khomaizon et al., Method Enzymol., **517**, 241 (2012)
10) I. Fujii et al., Mol. Gen. Genet., **253**, 1 (1996)
11) I. Fujii et al., Biosci. Biotechnol. Biochem., **63**, 1445 (1999)
12) M. H. Wheeler et al., Eukaryotic Cell, **7**, 1699 (2008)
13) A. Watanabe et al., Tetrahedron Lett., **39**, 7733 (1998)
14) A. Watanabe et al., Tetrahedron Lett., **40**, 91 (1999)
15) A. Watanabe et al., FEMS Microbiol. Lett., **192**, 39 (1999)
16) I. Fujii et al., Chem. Biol., **8**, 189 (2001)
17) T. Awakawa et al., Chem. Biol., **16**, 613 (2009)
18) H. Oikawa et al., Nat. Prod. Rep., **21**, 321 (2004)
19) I. Fujii et al., Chem. Biol., **12**, 1301 (2005)
20) K. Kasahara et al., ChemBioChem, **7**, 920 (2006)
21) K. Kasahara et al., ChemBioChem, **11**, 1245 (2010)
22) Y. Seshime et al., Bioorg. Med. Chem. Lett., **19**, 3288 (2009)
23) K. M. Fisch et al., J. Am. Chem. Soc., **133**, 16635 (2011)
24) Y. Seshime et al., Biochem. Biophys. Res. Commun., **331**, 253 (2005)
25) Y. Seshime et al., Bioorg. Med. Chem., **18**, 4542 (2010)
26) M. Hashimoto et al., Bioorg. Med. Chem. Lett., **23**, 650 (2013)
27) M. Hashimoto et al., Bioorg. Med. Chem. Lett., **23**, 5367 (2013)
28) M. Hashimoto et al., J. Biol. Chem., **289**, 19976 (2014)
29) R. Fujii et al., Biosci. Biotechnol. Biochem., **75**, 1813 (2011)
30) T. Itoh et al., Nat. Chem., **2**, 858 (2010)
31) Y. Matsuda et al., J. Am. Chem. Soc., **136**, 15326 (2014)
32) K. Tagami et al., ChemBioChem, **15**, 2076 (2014)

第9章　麹菌におけるオートファジーの生理的役割

菊間隆志[*1]，北本勝ひこ[*2]

1　オートファジーとは

　オートファジー（一般的にマクロオートファジーのことを指す）は，細胞質中のタンパク質やオルガネラを液胞（もしくはリソソーム）に輸送し分解する，真核生物に広く保存された細胞内分解機構である。一般に栄養飢餓などのストレスに応答して細胞内成分をリサイクルする機能を担っていると考えられているが，発生や分化，免疫応答，細胞死などにも重要な役割を果たしており，その欠損は神経変性疾患や癌などの様々な疾患にも関与していると報告されている。このため，オートファジーの進行は真核生物にとって生命の基盤となる重要なプロセスであると考えられる。オートファジーが誘導されると，隔離膜の伸長により細胞質やオルガネラを囲い込み，二重膜のオートファゴソームを形成する（図1）。オートファゴソームは液胞／リソソームに融合し，内腔に一重膜のオートファジックボディーを形成する。オートファジックボディーの膜は液胞内のリパーゼにより消化され，内容物が液胞内加水分解酵素により分解され再利用される。基本的にはオートファジーの研究は非選択的な分解系を対象としたものが主であったが，最近，分解基質特異的なオートファジー（選択的オートファジー）も数多く報告されるようになっている。ミトコンドリアを分解するマイトファジー，ペルオキシソームを分解するペキソファジー，酵母におけるAminopeptidase Iなどの酵素を液胞へ輸送するCvt経路などが代表的な選択的

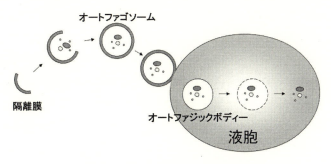

図1　オートファジーのプロセス

[*1]　Takashi Kikuma　東京大学大学院　農学生命科学研究科　応用生命工学専攻　微生物学研究室　特任助教

[*2]　Katsuhiko Kitamoto　東京大学大学院　農学生命科学研究科　応用生命工学専攻　微生物学研究室　教授

オートファジーであるが、この他にも選択的オートファジーにより小胞体や感染細菌などが分解されるERファジー、ゼノファジーなども報告されている。

2 糸状菌におけるオートファジー関連遺伝子

オートファジーには多くのオートファジー関連（autophagy-related : ATG）遺伝子が機能しており、酵母 Saccharomyces cerevisiae では現在30個を超える ATG 遺伝子が同定されている。これらの中には、オートファゴソーム形成に必須であり、オートファジー全般に関与するコア遺伝子と、選択的オートファジー特異的に機能する遺伝子が含まれている。

糸状菌においては、2003年に Podospora anserina における不和合性の研究で、不和合性による細胞死の期間にオートファジーが誘導されることが示唆されたことから、ATG8 のホモログとして idi-7（後の PaATG8）が単離され、不和合性による idi-7 の発現上昇およびオートファジーの誘導が報告された[1]。他の糸状菌では、2006年に麹菌 Aspergillus oryae およびイネいもち病菌 Magnaporthe grisea（現在では Magnaporthe oryzae と改名されている）で ATG8 のホモログ遺伝子の解析が行われた[2,3]。その後、様々な糸状菌のゲノム解読が完了し、多くのオートファジー関連遺伝子の解析が可能となり糸状菌におけるオートファジー研究が進められるようになった。これまでに解析された糸状菌のオートファジー関連遺伝子（ATG 遺伝子）を表1に示した。オートファジー誘導の中心的な役割を果たすキナーゼ遺伝子である ATG1、オートファジーのマーカーとして広く利用されている ATG8 が、A. oryzae をはじめとして多くの糸状菌で解析されている。これらの研究の結果、糸状菌特異的なオートファジーの生理機能が明らかになりつつある。A. oryzae において、他の生物でもオートファジーのマーカータンパク質として利用されている Atg8 のホモログである AoAtg8 と緑色蛍光タンパク質 EGFP（Enhanced Green Fluorescent Protein）との融合タンパク質（EGFP-AoAtg8）を発現させることにより、PAS（preautophagosomal structure もしくは phagophore assembly site）様の構造、隔離膜、オートファゴソーム、オートファジックボディーなどのオートファジー特異的な構造体が観察された[2,4]。また、窒素源飢餓条件下では、オートファジーが誘導され蛍光の液胞への蓄積が観察され（図2A左）[2]、A. oryzae においてもオートファジーが重要な機能を果していることが示された。

3 麹菌 A. oryzae の形態形成とオートファジー

A. oryzae は通常の培地から窒素源枯渇培地にシフトするとオートファジーが誘導されるが、通常の培地においても、頂嚢を形成した気中菌糸、頂嚢、フィアライドでは液胞が発達し、オートファジーの誘導が観察される[2]。また、分生子を液体培地に植菌すると初めの4時間ほどで直径が3倍程度に膨潤し、その後、極性生長により発芽菅が生じる。この一連の発芽の過程にお

第9章 麹菌におけるオートファジーの生理的役割

表1 糸状菌におけるオートファジー関連遺伝子（ATG遺伝子）

	糸状菌名	コードするタンパク質の機能	破壊株の表現型
ATG1	Aspergillus oryzae	オートファジーを誘導するSer/Thrキナーゼ	気中菌糸と分生子形成低下，菌核形成能喪失（過剰発現で菌核増加）
	Aspergillus fumigatus		分生子形成低下，異常な分生子柄の形成
	Aspergillus niger		分生子形成低下，メナジオン耐性，過酸化水素感受性
	Magnaporthe oryzae		感染能喪失，分生子の脂肪滴減少，付着器の膨圧低下
	Metarhizium robertsii		分生子形成低下（付着器は形成），脂肪滴の蓄積低下
	Neurospora crassa		有性および無性生殖低下，メナジオンとベルオキシド感受性
	Penicillium chrysogenum		分生子形成低下，ペニシリン生産増加
	Podospora anserina		原子嚢殻形成低下，菌糸の色素沈着低下，不和合性による細胞死促進
ATG2	M. oryzae	Atg2-Atg18複合体を形成	感染能喪失，分生子形成低下，付着器形成能喪失
ATG4	A. oryzae	Atg8をプロセシングするシステインプロテアーゼ	気中菌糸と分生子形成低下，菌核形成能喪失，発芽遅延
	M. oryzae		分生子柄形成低下，感染能低下
	M. robertsii		分生子柄形成低下，子嚢殻形成低下，感染能低下（付着器は形成），胞子発芽率低下
	Sordaria macrospora		分生子発芽率低下，分生子形成低下
ATG5	Beauveria bassiana	Atg12-Atg5複合体を形成	感染能喪失，子嚢殻形成低下，気中菌糸と分生子形成低下，発芽遅延
	M. oryzae		分生子形成低下，異常な分生子柄の形成
	Trichoderma reesei		生育に必須，ノックダウンで子実体形成異常
ATG7	S. macrospora	Atg11とAtg8を活性化するE1様酵素	気中菌糸と分生子形成低下，発芽遅延（条件発現株），菌核形成能喪失
ATG8	A. oryzae	PEと結合するユビキチン様タンパク質	分生子形成低下，メナジオン耐性，過酸化水素感受性
	A. niger		分生子形成低下，感染能低下
	Arthrobotrys oligospora		トラップ器官形成低下
	Colletotrichum orbiculare		分生子器形成低下，分生子発芽率低下，付着器形成低下，感染能喪失
	Fusarium graminearum		子嚢殻形成低下，分生子と気中菌糸形成低下
	P. anserina		原子嚢殻形成低下，菌糸の色素沈着低下，不和合性による細胞死促進
	M. oryzae		感染能低下，分生子形成低下
	M. robertsii		分生子形成低下，付着器形成低下，感染能低下，脂肪滴の蓄積低下
	S. macrospora		子実体形成低下，胞子発芽率低下
ATG9	M. oryzae	Atg11やAtg17と相互作用する膜貫通タンパク質	感染能喪失，分生子形成低下，付着器形成低下
ATG13	A. oryzae	Atg1キナーゼ複合体を形成	気中菌糸と分生子形成低下，メナジオン耐性，過酸化水素感受性
	M. oryzae		感染能低下，菌核形成低下
ATG15	A. oryzae	オートファジックボディーを分解するリパーゼ	気中菌糸と分生子形成低下，液胞でのオートファジックボディー蓄積
	F. graminearum		感染能低下，気中菌糸と分生子形成低下，発芽率低下，脂質分解低下
	M. robertsii		感染能低下（付着器は形成），脂肪滴の蓄積低下
ATG17	A. niger	PAS形成の足場タンパク質	顕著な表現型なし
ATG18	M. oryzae	PI(3)P結合タンパク質	感染能低下，分生子形成低下，付着器形成低下
ATG24	M. oryzae	Cvt経路関連タンパク質	気中菌糸と分生子形成低下
ATG26	C. orbiculare	ペキソファジー関連タンパク質	感染能低下（付着器は形成）
ATG27	M. oryzae	Atg9と結合する膜タンパク質	顕著な表現型なし

（文献16より改変して掲載）

いても液胞が発達し，オートファジーの誘導が観察される[2]。これらは，発芽や分生子形成といった形態分化においてオートファジーが重要な役割を果たしていることを示唆している。実際に，オートファジー誘導に関与する*Aoatg1*, *Aoatg13*, オートファゴソーム形成に必須な

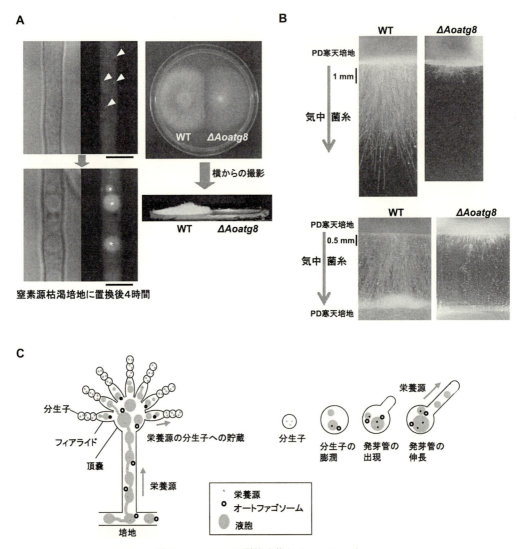

図2 *A. oryzae* の形態分化とオートファジー
A) 窒素源を枯渇させると細胞質に存在していたEGFP-AoAtg8の蛍光が液胞に蓄積する（左）。*A. oryzae* のオートファジー欠損株（Δ*Aoatg8*）は気中菌糸および分生子形成が顕著に抑制される（右）。矢頭：PAS ＊：液胞　スケールバーは5 μm（文献2, 4から改変して掲載）
B) *A. oryzae* の野生株は気中菌糸が発達するが，オートファジー欠損株（Δ*Aoatg8*）では気中菌糸がほとんど発達しない（上）。離れた培地に到達し新たに生育を始める野生株と，到達できずに新たな生育を見せないオートファジー欠損株（Δ*Aoatg8*）（下）。
C) *A. oryzae* における分生子形成時および分生子発芽時のオートファジーの役割のモデル（文献6から改変して掲載）

第9章 麹菌におけるオートファジーの生理的役割

　Aoatg4, Aoatg8, オートファジックボディーの分解に必須なAoatg15の各遺伝子破壊株ではコロニーは白色であり，分生子の形成が顕著に抑制される[2,4,5]。Aoatg8破壊株のコロニーを横から見ると，気中菌糸もほとんど形成していないことが観察される（図2A右）。また，寒天培地の側面に分生子を植菌し，カバーガラスをかぶせて培養すると，野生株は気中菌糸を7 mm以上伸ばすことができるが，Aoatg8破壊株は1 mm程度しか伸ばすことができない（図2B上）。そのため，野生株は気中菌糸を発達させることにより離れた場所に置いた寒天培地に到達することができ，そこからさらに生長を始めるが，Aoatg8破壊株は寒天培地に到達できず新たな生育を見せない（図2B下）。さらに，窒素源枯渇培地において分生子のAoatg8の発現を抑制すると発芽が遅延する[2]。

　A. oryzaeは分生子形成時に気中菌糸を発達させるが，これらの菌糸は培地から直接栄養源を獲得することができない。そこで，気中菌糸やその先端から生じる頂嚢，フィアライドではオートファジーによりタンパク質やオルガネラをリサイクルすることで栄養源を確保すると共に，形態の変化に伴う細胞の再構築が行われていると考えられる（図2C）[6]。さらに，A. oryzaeは気中菌糸を細長く伸長させることにより自身の栄養源獲得の範囲を広げることができるが，Aoatg8破壊株では気中菌糸を発達させることができないため，新たな栄養源獲得の機会を失うことになる。分生子形成の顕著な抑制も，分生子によって生育範囲を広げるA. oryzaeにとって大きな障害となる。上記のように，A. oryzaeにとってオートファジーは様々な環境下で生育するための重要な機構であると考えられる。

　A. oryzaeの分生子は炭素源がないと発芽しないが，窒素源がなくても発芽することができる。しかし，発芽管を形成し極性生長を行うまでの約6時間は，アミノ酸などの窒素源を取り込むトランスポーターの発現が十分でなく，プロテアーゼなどの加水分解酵素の分泌もされないと考えられることから，この期間のA. oryzaeは外界から窒素源を十分に獲得できないと推定される。すなわち，オートファジーにより分生子内に蓄積した窒素源を利用することで，外界から栄養源を取り込めるようになるまでの限られた期間の栄養源を獲得していると考えられる（図2C）[6]。他の多くの糸状菌におけるオートファジー関連遺伝子破壊株でも，気中菌糸形成，分生子形成，有性生殖器官形成などに影響が出ることが知られており（表1），オートファジーが糸状菌の形態分化にとって極めて重要であることがうかがえる。

4　麹菌 A. oryzae におけるオートファジーによるオルガネラの分解

　A. oryzaeは一つの細胞に多数の核を有する多核細胞から構成され，菌糸先端細胞は核や小胞体，ミトコンドリアなどが多く存在し，先端生長を活発に行う[7,8]。一方，菌糸基部の古い細胞は液胞が大部分を占め，細胞の伸長などは見られない。A. oryzaeでは，分生子植菌後48時間培養した基部の細胞においてペルオキシソーム，ミトコンドリアが液胞に取り込まれることが観察される[9]。また，異常タンパク質を蓄積した小胞体もオートファジー依存的に液胞へ輸送され

発酵・醸造食品の最前線

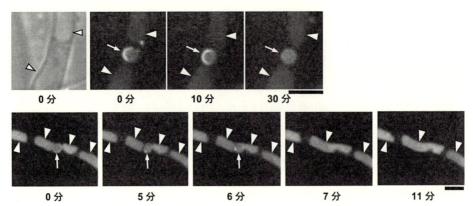

図3 *A. oryzae* におけるオートファジーによる核の分解
隔離膜により核が取り囲まれる様子（上）。オートファゴソームによって囲まれた核が液胞に入り分解される（下）。矢頭：液胞　矢印：核　スケールバーは 5 μm。

（文献9から改変して掲載）

る[10]。*Aoatg8* 破壊株ではこれらのオルガネラの液胞への取り込みは観察されないことから，不要になったオルガネラはオートファジーによって分解されていることが考えられる。さらに *A. oryzae* はチューブ状の液胞が観察されることから，菌糸基部の細胞質成分をオートファジーによって分解して栄養源としてリサイクルし，チューブ状の液胞を介して生長している先端細胞に輸送していることも推測される[11]。

興味深いことに，*A. oryzae* では48時間や72時間培養といった長期液体培養後の菌糸基部で，核のマーカータンパク質であるヒストン H2B-mDsRed 融合タンパク質の液胞内への取り込みが観察された[9]。隔離膜を AoAtg8-EGFP で，核を H2B-mDsRed で可視化し，核がどのように液胞へ輸送されるかを観察すると，隔離膜が核の周縁部に沿って伸長し最終的にオートファゴソームが核を丸ごと囲い込み，液胞に取り込まれ分解される様子が観察された（図3）[9]。これまで，*S. cerevisiae* において核の一部をミクロオートファジーで分解する Piecemeal Microautophagy of the Nucleus（PMN）が報告されているが[12]，オートファジーによって核を丸ごと分解する現象は，*A. oryzae* で初めて発見された。その後，*M. oryzae* の付着器形成時にオートファジー依存的に分生子内の核が分解されることが報告された[13]。多核細胞からなる糸状菌は，栄養源の枯渇した条件下では核をも栄養源として利用する"したたかさ"を持っており，この現象は *A. oryzae* のような糸状菌がなぜ細胞に複数個の核を有するかという疑問に対する一つの答えを提示しているのではないかと考えられる。

5　麹菌オートファジーの有用物質生産への応用

一般に *A. oryzae* などの糸状菌は菌糸先端より多量の酵素を分泌する能力を有しており，有用タンパク質生産の宿主として広く利用されている。*A. oryzae* において多量に分泌される α-アミ

第9章 麹菌におけるオートファジーの生理的役割

ラーゼ AmyB のジスルフィド結合を欠損した変異 AmyB を発現させると，小胞体内に蓄積した変異 AmyB がオートファジー依存的に液胞へ輸送される[10]。そのため，有用異種タンパク質のオートファジーによる分解も効率的な生産の障害の一つとなり得ることが推測された。実際，*A. oryzae* のオートファジー関連遺伝子破壊株（*Aoatg1*, *Aoatg13*, *Aoatg4*, *Aoatg8*）において，異種タンパク質のモデルタンパク質としてウシキモシンを発現させると，コントロール株に比べて最大で 3.1 倍（*Aoatg4* 破壊株）の生産量の増加が見られた（図4）[14]。オートファジー欠損によるウシキモシン生産性向上の詳細なメカニズムは不明であるが，少なくともこの結果から，正しいフォールディングができず小胞体内に蓄積した異種タンパク質が，プロテアソームによる分解経路（小胞体関連分解）以外に，オートファジーによっても分解されることが示唆される。

糸状菌以外でも，日本酒醸造中の清酒酵母においてマイトファジーが誘導されており，マイトファジーが欠損した *atg32* 破壊株ではエタノールの生産効率が上がることが報告されている[15]。これまでのオートファジー研究は，基礎的な細胞生物学の分野を中心に行われてきた。しかし，上記の例のように，物質生産の場は，小胞体ストレスや栄養源枯渇などが頻繁に発生しうる環境であり，このようなときに誘導されるオートファジーの制御は，様々な有用物質生産の向上につながる一つのアプローチとして重要であると考えられる。

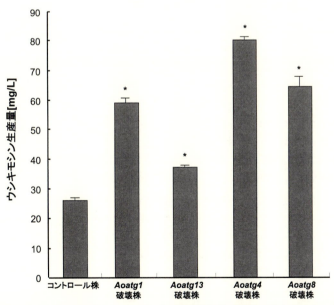

図4　*A. oryzae* におけるオートファジー関連遺伝子破壊株のウシキモシン生産
コントロール株に比べ *Aoatg1* 破壊株，*Aoatg4* 破壊株，*Aoatg8* 破壊株で顕著な生産量増加が見られた。5×DPY 培地で 30℃，4 日間振とう培養。＊：$P < 0.05$（t 検定）

（文献 14 から改変して掲載）

6 おわりに

これまでオートファジーの研究においては，真核生物のモデル生物である出芽酵母や，オートファジーが様々な疾患に関与することから哺乳動物が中心的な役割を担ってきた。A. oryzae をはじめとする糸状菌のオートファジー研究はこれらに比べ遅れていたが，真核多細胞生物のモデルとして，また発酵，醸造食品の製造，有用物質生産に関して重要な意義を持つと予想される。麹造り（とくに吟醸麹）における蒸し米は窒素源が少ないため，製麹中の A. oryzae においてオートファジーが誘導されているかもしれない。一方で，麹造りでは気中菌糸や分生子を形成させないことが重要であるとされており，分化におけるオートファジーは抑制されている可能性が考えられる。種麹を製造する場合は逆に分生子を大量に形成させることが重要である。さらに，清酒酵母におけるマイトファジーの研究からも，A. oryzae におけるオルガネラ特異的オートファジーがこれらのプロセスに大きく関与している可能性がある。このように醸造食品製造の様々な過程でオートファジーが重要な働きをしていることが想定されており，A. oryzae におけるオートファジーの詳細な機構の解明は，オートファジー制御による有用麹菌株の育種という観点からも重要であると考えられる。

文　　献

1) B. Pinan-Lucarré et al., *Mol. Microbiol.*, **47**, 321 (2003)
2) T. Kikuma et al., *Eukaryot. Cell*, **5**, 1328 (2006)
3) C. Veneault-Fourrey et al., *Science*, **312**, 580 (2006)
4) T. Kikuma & K. Kitamoto, *FEMS Microbiol. Lett.*, **316**, 61 (2011)
5) S. Yanagisawa et al., *FEMS Microbiol. Lett.*, **338**, 168 (2013)
6) T. Kikuma et al., *Autophagy*, **3**, 128 (2007)
7) Y. Mabashi et al., *Biosci. Biotechnol. Biochem.*, **70**, 1882 (2006)
8) J. Maruyama et al., *Fungal Genet. Biol.*, **43**, 642 (2006)
9) J. Y. Shoji et al., *PLoS One*, **5**, e15650 (2010)
10) S. Kimura et al., *Biochem. Biophys. Res. Commun.*, **406**, 464 (2011)
11) J. Y. Shoji et al., *Autophagy*, **2**, 226 (2006)
12) E. Kvam & D. S. Goldfarb, *Autophagy*, **3**, 85 (2007)
13) M. He et al., *PLoS One*, **7**, e33270 (2012)
14) J. Yoon et al., *PLoS One*, **8**, e62512 (2013)
15) S. Shiroma et al., *Appl. Environ. Microbiol.*, **80**, 1002 (2014)
16) 菊間隆志ほか，化学と生物，**52** (11), 757 (2014)

第10章　麹菌におけるアミラーゼ生産の制御メカニズム

五味勝也*

1　はじめに

　麹菌（*Aspergillus oryzae*）はわが国の伝統的な発酵・醸造食品製造になくてはならない重要な微生物であるが，その最も大きな役割は原料に含まれるデンプンやタンパク質などを分解する酵素群の供給源として働くことである。清酒製造では麹菌が生産するデンプンをグルコースにまで分解するアミラーゼ系酵素（α-アミラーゼ，グルコアミラーゼ，α-グルコシダーゼ）が必須である。また，醤油や味噌製造では大豆や麦などに含まれるタンパク質をアミノ酸やペプチドに分解するプロテアーゼやペプチダーゼが重要な働きを担っている。このうち，アミラーゼ系酵素については，清酒や味噌用に使用される米麹製造中に麹菌が大量に分泌生産するが，その生産はデンプンやマルトースなどのマルトオリゴ糖で誘導され，グルコースの存在下では抑制されることが古くから知られていた[1,2]。アミラーゼ系酵素のうち，麹菌が最も多量に生産するα-アミラーゼはタカアミラーゼAとも呼ばれ，わが国で初めてタンパク質の結晶のX線解析により立体構造が解明されるなど酵素学研究の発展に大きく貢献した重要な酵素である。一方，アミラーゼの誘導生産の分子機構の解析については，麹菌が有性世代を持たず分生子も多核なため，古典遺伝学の適用が難しいこともあり，麹菌の遺伝子組換え系が開発され[3,4]，その後にα-アミラーゼ遺伝子のクローニングがなされる[5~8]まで手つかずであった。ちなみに，α-アミラーゼをコードする遺伝子は麹菌の菌株の違いにより2～3遺伝子存在するが，麹菌にきわめて近縁の醤油麹菌（*Aspergillus sojae*）や*Aspergillus flavus*には1コピーしか存在しない。麹菌がα-アミラーゼ遺伝子を多コピー持つことが，麹菌が高いデンプン分解活性を示す遺伝的な一因であり，麹菌が栽培化（家畜化）されてきたことを示しているものと考えられる。なお，麹菌におけるα-アミラーゼ遺伝子の重複に関するモデルが最近提出されている[9]。このα-アミラーゼをはじめとするアミラーゼ系酵素生産の制御機構は，遺伝子発現制御に関するすぐれたモデルであり，遺伝子レベルで解明することは麹菌の多様な有用機能を理解する手掛かりとなるだけでなく，アミラーゼ系酵素の高い生産性を応用した異種タンパク生産システム構築につながるなど応用的な側面からも非常に重要である。

　本章では，これまでに明らかにされてきた麹菌のアミラーゼ系酵素遺伝子の発現制御機構について，遺伝子発現に関与する転写因子を中心に最近の進展を解説する。

＊　Katsuya Gomi　東北大学大学院　農学研究科　教授

2 アミラーゼ系酵素生産に必須な転写因子 AmyR

　筆者らは，世界に先駆けて開発した麹菌の遺伝子組換え系を利用することにより，遺伝子の多コピー導入による酵素高生産性菌株の育種とともに，アミラーゼ系酵素の遺伝子発現制御機構の解明を目的として，α-アミラーゼ遺伝子（amyB）[5]，グルコアミラーゼA遺伝子（glaA）[10]，α-グルコシダーゼ遺伝子（agdA）[11]をクローニングした。そして，これら3種のアミラーゼ系酵素遺伝子のプロモーター領域中に高い相同性を持つ保存領域（region I, region II, region III）を見出した。それぞれの遺伝子のプロモーター欠失解析から，これらのシスエレメントのうち，region III がマルトースなどの誘導基質による遺伝子発現に最も重要に関わっていることが示された[12~15]。一方，region III をタンデムに連結した高発現用プロモーターにより異種遺伝子の高発現が可能となったが，同時にこの改変型プロモーターを多コピー保持する形質転換体のα-アミラーゼ生産性が著しく低下することを見出した[16]。この現象は多コピー導入されたシスエレメント region III に転写因子が奪われてしまい，α-アミラーゼ遺伝子のプロモーターに存在する本来のシスエレメントに転写因子が結合できないことによる（titration とよぶ）ものと考えられた。これは転写因子欠損によるアミラーゼ低生産変異株と同様の性質であり，ショットガンクローニングの宿主として利用できるものと考え，麹菌遺伝子ライブラリーを導入して titration 現象が抑制される株をスクリーニングした結果，発現を正に制御する転写因子遺伝子 amyR を見出すことに成功した[17]。AmyR は真核微生物が持つ典型的な転写因子である Zn_2Cys_6 タイプの Zinc finger motif を持ち，amyR 遺伝子は α-グルコシダーゼ遺伝子（agdA）と複数の α-アミラーゼ遺伝子のうちの1個（amyA）とクラスターを形成していた。また，麹菌で amyR 遺伝子を破壊するとデンプン培地での生育がきわめて悪くなるとともに，3種類のアミラーゼ系酵素の生産量も顕著に減少することが分かり，AmyR がアミラーゼ酵素生産に必須の転写因子であることが示された。余談であるが，麹菌のゲノム解析の結果，興味深いことにこのクラスターの amyA 遺伝子のすぐ隣に，細胞外に分泌されるプロテアーゼやペプチダーゼの生産を正に制御する転写因子 PrtR（PrtT）をコードする遺伝子が存在していた。PrtR も Zn_2Cys_6 タイプの Zinc finger motif を持つ典型的な経路特異的な転写因子であり，麹菌は 38 Mb のゲノムサイズを持ち 12,000 個あまりの遺伝子がある[18]にもかかわらず，清酒製造に必須なアミラーゼと醤油・味噌製造に重要なプロテアーゼの生産に関わる転写因子2種が，agdA と amyA のわずか2個の遺伝子を挟んで約 10 kb 程度しか離れていない領域に位置しているのは進化的にもきわめて興味深い（図1）。ただ，これは焼酎製造に利用されている黒麹菌（Aspergillus luchuensis）やクエン酸生産菌の Aspergillus niger でも同様なので，麹菌だけに限った特徴ではなさそうだが，遺伝学研究に汎用される Aspergillus nidulans には認められないことから，産業的に利用されてきた菌における特性を代表しているのかもしれない。

　AmyR が結合するシスエレメントについては，ノボザイムズおよび名古屋大学のグループがゲルシフト解析と DNA フットプリント解析を行い，実際に筆者らが同定した region III 内に含

第10章　麹菌におけるアミラーゼ生産の制御メカニズム

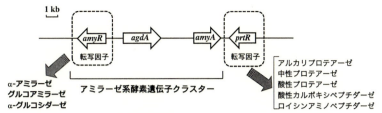

図1　麹菌のアミラーゼ系酵素関連遺伝子（*amyR-agdA-amyA*）のクラスター構造
麹菌のゲノム解析の結果，アミラーゼ系酵素遺伝子のクラスターのすぐ隣に菌体外に生産されるプロテアーゼ・ペプチダーゼの遺伝子発現に必須の転写因子遺伝子（*prtR*）も見出された。

まれていることが明らかとなった。ノボザイムズの研究によれば，AmyRは大部分のアミラーゼ系酵素遺伝子のプロモーターに存在するCGGN$_8$CGGとα-アミラーゼプロモーターに存在するCGGAAATTTAAの2種類の配列に結合する[19]。AmyRはタンパク質中心領域にロイシンジッパー様配列を持つことから，二量体としてシスエレメントに結合して転写誘導を引き起こすものと考えられ，名古屋大学のグループは，*A. nidulans*のAmyRを用いた解析によってCGGN$_8$CGGのCGGトリプレットのいずれにも一量体のAmyRが結合できることを報告している[20]。しかし，α-アミラーゼプロモーターに存在するCGGN$_8$AGGのAGGトリプレットだけでは結合できず，5′-側のCGGが存在することで2分子目のAmyRがAGGにも結合でき，このAGGは転写誘導に必要であるという[21]。これらの結果から，AmyR結合配列はCGGN$_8$(C/A)GGと考えてよいと思われる。

3　アミラーゼ系酵素生産に必須なマルトース資化クラスター内の転写因子 MalR

アミラーゼ系酵素生産に必須な転写因子AmyRを見出すことができた一方で，*amyR*遺伝子の破壊株はデンプン培地での生育がきわめて悪いものの，マルトース培地では野生株と同様の生育を示すことから，デンプン分解産物のマルトースを資化するためのシステムが別に存在しており，この資化系はAmyRの制御下にないものと考えられた。そこで，Expressed sequence tag (EST)解析及びゲノム解析データを検索したところ，麹菌染色体中に酵母のマルトース資化に関与する*MAL*クラスターに構造が良く似た遺伝子クラスターを見出した。このクラスター（*MAL*クラスター）には3個の遺伝子（*malP, malT, malR*）が含まれており，*malP*及び*malT*はマルトース存在下で発現が誘導されるが，グルコースやグリセロールでは発現が認められず，またマルトースにグルコースが共存すると発現が抑制され，典型的なカーボンカタボライト抑制を受ける。一方，*malR*はいずれの炭素源が存在しても発現量は高くないものの構成的な発現を示すことが認められた。この発現様式は*amyR*と同様であり，MalRとAmyRの転写誘導活性化はタンパク質レベルで制御されていることが示唆された。*MAL*クラスター構成遺伝子のうち，*malP*は酵母で高発現させると*mal11*破壊株のマルトース培地での生育を回復させた

ことから，細胞内へのマルトースの取込みに関与するマルトース・パーミアーゼを，また*malT*は麹菌で過剰発現させると細胞内のα-グルコシダーゼ活性が顕著に増加し，α-グルコシダーゼ（マルターゼ）をコードしていることが示された。一方，*malR*は酵母で高発現させても*mal13*破壊を相補できなかったものの，麹菌の*malR*破壊によりマルトース培地での生育が低下するとともに，*malR*破壊株では*malP*及び*malT*の発現がほとんど認められなかった。このことからMalRは*malP*及び*malT*の発現を正に制御する転写因子と考えられ，*MAL*クラスターが麹菌のマルトース資化に重要な働きをしていることが明らかとなった[22]。興味深いことに，*malR*と*malP*のそれぞれの破壊株では，マルトース培地だけでなくデンプン培地での生育が*amyR*破壊株と同様に低下しており，マルトースを含む液体培地でα-アミラーゼの誘導生産を行わせたところ，誘導初期におけるアミラーゼ生産に大きな遅れが認められた[23]。また，α-アミラーゼ誘導生産の遅れは*malR*破壊株よりも*malP*破壊株の方が顕著であり，これは*malR*破壊株では基底レベルのMalPの存在によってマルトースが細胞内にわずかに取り込まれるが，*malP*破壊株ではMalPが完全に失われているため，マルトースの細胞内取込みがほとんど起こらないことによると考えられる。このことは，これらの遺伝子破壊株と野生株についてマルトース取込み能を測定した結果からも支持された。すなわち，0.1％マルトース培地で培養したところ，野生株では培地中のマルトースは速やかに減少して培養後4時間でほとんど消失してしまうとともに，培地のマルトースの減少に相応してα-アミラーゼが生産されてきたが，*malP*破壊株では8時間培養後も培地中のマルトースはほとんど減少せずα-アミラーゼも生産されてこなかった。また，*malR*破壊株では基底レベルのMalPが存在することによるものと思われるが，*malP*破壊株よりも早めに培地中のマルトースが減少し，α-アミラーゼも徐々に生産されてくることが認められた。これらの結果は，マルトースが細胞内に取り込まれることがアミラーゼの遺伝子の発現誘導に必須の過程であり，この細胞内へのマルトース取込みにはMalPが唯一のトランスポーターとして機能していることを示している。さらに，当初遺伝子挿入破壊によって造成した*malT*破壊株においては，マルトース培地での生育やα-アミラーゼ生産には大きな影響は認められなかったが，*MAL*クラスターの機能を詳細に解析するために，3個の遺伝子についてそれぞれ置換破壊を行ったところ，*malR*と*malP*の破壊株では挿入破壊と同様の結果が得られたものの，*malT*破壊株ではマルトース培地での生育とα-アミラーゼ生産がともに顕著に低下することが認められた（市川ら，未発表）。α-アミラーゼ生産への影響については後述するが，MalTはMalPによって細胞内に取り込まれたマルトースのグルコースへの分解に関与するメインの細胞内α-グルコシダーゼであり，転写因子MalRは*malP*及び*malT*の発現を制御することによってマルトースの細胞内取込みならびに分解資化に関与していることはもとより，アミラーゼ系酵素の誘導生産の初期段階にもきわめて重要な役割を果たしていることが示唆された。

4 AmyRとMalRの転写誘導メカニズム

　麹菌のアミラーゼ系酵素生産に関与していることが明らかになった2種類の転写因子AmyRとMalRは，上述したように炭素源によらず構成的に発現しており，誘導基質存在下においてタンパク質レベルでリン酸化などの修飾を受けて転写活性化が起こるものと考えられる。AmyRとMalRはタンパク質全体のアミノ酸レベルでは約20％の相同性を示すが，Zn_2Cys_6 zinc finger motifに限れば約40％と相同性が高い。しかし，筆者らはこの両者における転写活性化機構について比較検討することにより，その機構に大きな違いがあることを明らかにしてきた[23]。このうち，AmyRについては名古屋大学のグループが A. nidulans のAmyRをモデルに先導的な研究を行っており，はじめにその研究結果に触れておきたい。
　アミラーゼ系酵素生産はデンプンやマルトースの存在下で誘導されることが知られているものの，他の炭素源としてα-1,6結合したイソマルトースやα-1,6結合とα-1,4結合をもつ3糖であるパノースでも誘導高生産されることが報告されている[1]。そこで，A. nidulans においてこれらの糖によるα-アミラーゼ生産への影響を詳細に調べたところ，イソマルトースが最も低濃度（3 μM）で誘導を引き起こすことが認められ，さらにα-グルコシダーゼ阻害剤であるカスタノスペルミン添加によりマルトース誘導は顕著に抑制されたもののイソマルトースによる誘導は抑制されなかった[24]。これらのことから，アミラーゼ生産に必要な生理的誘導基質はイソマルトースであり，マルトースによる誘導生産にはマルトースからイソマルトースへの変換に関わるα-グルコシダーゼが必要であることが示唆された。実際に，A. nidulans にはマルトースから糖転移によりイソマルトースを生成する活性が高い菌体外α-グルコシダーゼAgdBが存在し，この遺伝子破壊株ではマルトース誘導が抑制されることが示された[25]。イソマルトースが生理的誘導基質であることはAmyRの核移行実験からも示されている。アミラーゼの非誘導条件下ではAmyRは細胞質に存在しているが，誘導基質であるイソマルトースを添加すると5分程度という短時間で核局在化が引き起こされる[26]。AmyRの核移行にはきわめて低濃度（0.3 μM）のイソマルトースの存在で十分であるが，マルトースではその100倍以上の濃度が要求される上に，核移行も1時間ほど経たないと起こらない。また，カスタノスペルミン添加によってマルトースによるAmyRの核移行は阻害される[27]。以上のことから，A. nidulans におけるアミラーゼのマルトース誘導生産は，マルトースが細胞外でα-グルコシダーゼの糖転移反応によりイソマルトースに変換され，これが実際の誘導基質となってAmyRがリン酸化などの修飾を受けて活性化された後に核移行し，プロモーター領域のシスエレメントに結合して転写を促進することで起こるというモデルが考えられる。
　このような A. nidulans での先行研究をもとに，筆者らは麹菌のAmyRとMalRの細胞内局在と転写活性化の基質などに関して解析を行った。GFP-AmyR及びGFP-MalRを麹菌に導入して，各種炭素源の存在下における細胞内局在を調べたところ，AmyRは A. nidulans と同様，非誘導条件下では細胞質に存在し，マルトースやイソマルトース添加により核局在化が進行する

ことが認められた。一方，MalR は用いた炭素源の種類にかかわらず構成的に核に局在していることが明らかになった[23]。また，AmyR は A. nidulans の AmyR と同じように非誘導条件下では比較的安定であるが，誘導基質添加により不安定化し速やかに分解されたのに対して，MalR は炭素源の違いに関係なく非常に安定であった。AmyR には核移行に関与すると考えられる配列が DNA 結合に関わる zinc finger motif 内に 2 個の塩基性アミノ酸クラスターとして存在することから，これらのクラスターをアラニン置換した変異体を作製したところ，両方のクラスター変異体では核移行が強く阻害されることが分かった。同様に，MalR の zinc finger motif 内にも核移行シグナルと考えられる塩基性アミノ酸クラスターが 1 個存在していたため，アラニン置換した変異体について局在を調べた結果，一部は細胞質に移行していることが認められたものの，依然として核にも局在しており，他にも核移行シグナルとして機能する配列が存在しているものと考えられる。また，細胞質に移行するような MalR 変異体でもその安定性は野生型とほとんど変わらなかった[23]。

麹菌における AmyR と MalR の転写活性化に及ぼすマルトースとイソマルトースの役割を明らかにするため，非誘導条件下で培養した菌体を用いて糖添加後の両転写因子の支配下にある遺伝子発現を経時的に調べたところ，AmyR 支配下の α-アミラーゼ遺伝子（*amyA/B/C*）はイソマルトース添加後 10 分以内に発現が認められたのに対して，マルトース添加では 30 分程度経たないと発現が検出できなかった。これに相応するように，GFP-AmyR の核移行はイソマルトース添加後 10 分で観察されるが，マルトース添加後 10 分では細胞質に局在したままであった。一方，MalR 支配下の *malP* 及び *malT* はマルトース添加後 10 分以内で発現が認められるが，イソマルトース添加では全く発現が認められなかった[23]。これらのことから，麹菌でも AmyR はイソマルトースが生理的誘導（活性化）基質であり，マルトースは糖転移反応によりイソマルトースに変換される必要があるため，AmyR の核移行や *amyA/B/C* の誘導発現時間に遅れが生じるものと考えられる。他方で，MalR の活性化基質はマルトースであり，イソマルトースは活性化には関与しないことが明らかとなった。上述したように，麹菌のアミラーゼ生産にはマルトースの細胞内取込みが重要と考えられることから，MAL クラスター構成遺伝子の *malR* と *malP* の破壊株における α-アミラーゼ遺伝子の発現を調べたところ，イソマルトース添加では野生株と変わらず速やかに発現してきたのに対して，マルトース添加では *malR* 破壊

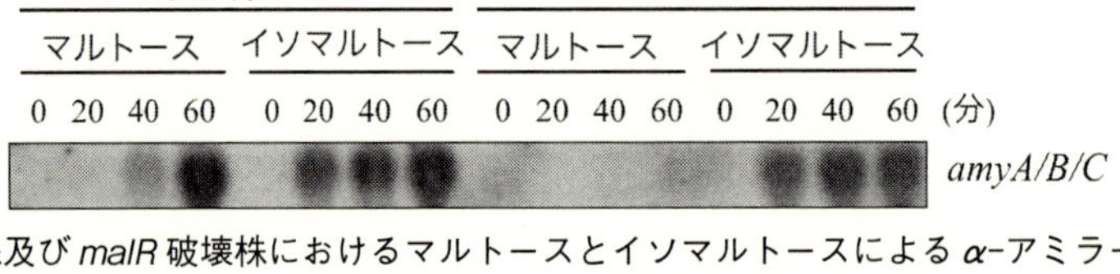

図2 麹菌の野生株及び *malR* 破壊株におけるマルトースとイソマルトースによる α-アミラーゼ遺伝子の発現プロファイル
麹菌の野生株と *malR* 破壊株について，それぞれマルトースとイソマルトースを添加して経時的に α-アミラーゼ遺伝子の発現をノーザン解析で調べた。

（文献 23）の図 5 C を改変）

第10章　麹菌におけるアミラーゼ生産の制御メカニズム

株と*malP*破壊株ともに1時間以上経っても発現はほとんど検出できなかった（図2）[23]。このように、麹菌ではマルトースを誘導基質とする場合には、MalPによるマルトースの細胞内への取込みが必須であり、取り込まれたマルトースによってMalRが活性化し、*malP*ならびに*malT*の発現が促進されることにより、さらに多くのマルトースが取り込まれて細胞内でイソマルトースに変換され、これがAmyRの活性化につながるものと考えられる。*A. nidulans*ではマルトースからイソマルトースへの変換は細胞外α-グルコシダーゼの糖転移反応によって起こると考えられているため、マルトース取込み系の重要性は考慮されていないが、麹菌ではα-グルコシダーゼ阻害剤のカスタノスペルミンやデオキシノジリマイシンを加えてもα-アミラーゼ遺伝子のマルトース誘導発現には影響が見られないことから、細胞外ではなく細胞内でイソマルトースへの変換が起こっているものと考えている。2の項で述べた通り、MALクラスター中の*malT*遺伝子を破壊するとマルトース培地での生育がきわめて悪くなるだけでなく、α-アミラーゼの生産性が*malP*破壊株と同程度まで減少することが認められており、この結果は上記の仮説を支持するものである。すなわち、MalTはマルトースをグルコースに分解利用する役割だけでなく、マルトースの糖転移反応を触媒してイソマルトースに変換することでAmyRの活性化を引き起こし、アミラーゼ系酵素の誘導生産に必須の働きをしていると考えられる。MalT以外の

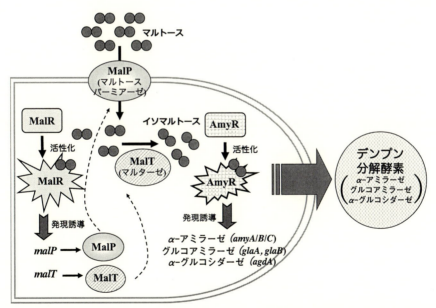

図3　麹菌におけるマルトース存在下でのアミラーゼ系酵素生産の制御メカニズムモデル
基底レベルのMalPによって培地中のマルトースが細胞内に取り込まれ、MalRが活性化され、*malP*及び*malT*遺伝子の転写を促進する。誘導生産されたMalPはマルトースを多く取り込むようになる一方でMalTはマルトースからイソマルトースを生成することによりAmyRを活性化する。活性化したAmyRはアミラーゼ系酵素（AmyA/B/C、GlaA、GlaB、AgdAなど）の遺伝子の転写を促進し、最終的にこれらのアミラーゼ系酵素が高生産される。（なお、図ではMalRやAmyRにマルトースやイソマルトースが結合して活性化するかのように示してあるが、分かりやすくするために表示したものであってこのような現象が証明されているわけではない。）

細胞内 α-グルコシダーゼの関与も考えられるが，ゲノム解析の結果から予測されている細胞内 α-グルコシダーゼ遺伝子のうち，マルトース添加により発現が高く認められるのは今のところ MalT 以外に見出されていないことと，*malT* 破壊によるアミラーゼ生産性の低下が著しいことから，MalT がイソマルトース生成に関与する主要な細胞内 α-グルコシダーゼであると考えてよいであろう（市川ら，未発表）。以上の結果をもとに，麹菌におけるマルトース存在下でのアミラーゼ系酵素生産の制御メカニズムに関して現状で考えられるモデルを図3に示した。上述のように，*A. nidulans* の AmyR と麹菌の AmyR の機能自体には大きく異なることはないものの，AmyR の転写活性化に至る過程には両者で特徴的な違いが認められ，同じ *Aspergillus* に属しているカビであっても種によってデンプン分解・資化に関わる遺伝子発現の制御機構が異なることは分子進化的にも興味深いものがある。

5 固体培養特異的に発現するグルコアミラーゼB遺伝子（*glaB*）の発現制御に関わる転写因子

　麹菌のアミラーゼ系酵素の誘導生産には転写因子 AmyR と MalR の両者が関与していることにほぼ間違いはないが，これらの転写因子だけでは十分でない酵素遺伝子も存在する。それは，清酒製造で最も重要と考えられているグルコアミラーゼ遺伝子である。グルコアミラーゼは α-アミラーゼの作用でデンプンが分解されて生じるデキストリンやマルトオリゴ糖からグルコースを生成するのに重要な役割を果たす。麹菌は2種類のグルコアミラーゼ（GlaA, GlaB）を生産するが，清酒製造で主要な働きをしているのは GlaB であり，この GlaB の遺伝子の発現様式は非常に特徴的である。α-アミラーゼや α-グルコシダーゼ，グルコアミラーゼの一方の GlaA はデンプンやマルトースを含む液体培養でも生産されるが，GlaB は液体培養ではほとんど生産されず，米麹のような固体培養で高生産されるのである[28]。*glaB* 遺伝子の発現制御については月桂冠（株）のグループが精力的に研究を行い，固体培養で高発現するための環境要因について，(1) 菌糸成長阻害ストレス，(2) 低水分活性，(3) 高温ストレス，の3条件が重要であることを明らかにしている[29]。また，*glaB* 遺伝子プロモーター解析から，AmyR のシスエレメント以外に GC box と熱ショックエレメントに類似した配列が固体培養条件下での発現に重要であることが示されている[30,31]。麹菌の *amyR* 破壊株では固体培養においても GlaB は生産されない[32]ため，遺伝子発現に AmyR は必須であるものの，AmyR 以外にも何らかの転写因子が固体培養での発現に必要であると考えられる。GlaB ほどではないが，プロテアーゼも液体培養より固体培養のほうが圧倒的に多量に生産される[33]ことが，清酒や醤油製造で古来より固体培養（麹培養）が用いられている一番の理由であるが，固体培養における遺伝子発現制御機構の詳細については謎である。そこで，筆者らは（公財）野田産業科学研究所が麹菌ゲノム情報を利用して作製した転写因子破壊株ライブラリーを用いて，*glaB* 遺伝子発現制御に関与する転写因子を探索した。

　転写因子破壊株ライブラリーの約400株をそれぞれ固体培養して，そのグルコアミラーゼ生

第10章　麹菌におけるアミラーゼ生産の制御メカニズム

産量を調べることは時間と労力がかかることから，上述した*glaB*遺伝子発現の環境要因を寒天培地で再現させることで，より簡便で迅速なスクリーニングを行う方法を考案した。すなわち，低水分活性を維持するために50％マルトースを含んだ培地を用い（マルトースによるAmyRの転写活性化も可能），菌糸成長阻害ストレスを与える目的で寒天の上にナイロンメンブレンを敷き，その上でコロニーを形成させることとした。ちなみに，高温では生育が遅れてスクリーニング効率が良くないため，今回は2条件のみを満たす培養条件を設定した。ナイロンメンブレン上に転写因子破壊株をスポットして，30℃で3～4日間培養し，培地中に分泌生産されたGlaBを含む酵素タンパク質を新しいナイロンメンブレンに吸着させ，抗GlaB抗体を用いて生産性を調べた。その結果，生育が野生株とほとんど変わらず，GlaB生産性が顕著に低下した株を10数株得ることができた。これらの株の中には*amyR*破壊株も含まれていたことから，スクリーニング方法が適切であることも示された。次に，小麦フスマを基質に用いて固体培養した後に培地抽出液のα-アミラーゼとグルコアミラーゼ活性を測定したところ，α-アミラーゼの活性に対してグルコアミラーゼ活性が*glaB*破壊株と同程度に低下していた株が1株得られた。この株の固体培地抽出液を用いたウェスタン解析では，抗GlaB抗体で検出されるシグナルは野生株に比べてきわめて弱く，*glaB*破壊株と同程度であった。また，ノーザン解析によっても*glaB*遺伝子の発現はほとんど認められなかった（吉村ら，未発表）。したがって，この株で破壊されている遺伝子は固体培養特異的な発現を示す*glaB*遺伝子の発現を正に制御する新規の転写因子をコードしているものと考えられ，ゲノム情報から麹菌や*A. nidulans*で分生子形成に関与すると報告されているC2H2タイプの転写因子FlbC[34,35]であることが分かった。FlbC以外にも同様の経路で分生子形成に関わる転写因子が報告されている[36]が，これらの転写因子破壊株の固体培養におけるGlaB生産は正常であったことから，FlbCは分生子形成とは別に培養環境に応答してGlaB生産に関与しているものと予想される。FlbCが*glaB*遺伝子プロモーター領域のGC boxなどに直接結合して転写を制御しているのか，それとも間接的に*glaB*遺伝子の発現を制御しているのかは今後の解析を待つ必要があるものの，これまで謎であった固体培養に特異的な発現を示す*glaB*遺伝子の転写制御機構の一端が明らかになってきたと言えるであろう。なお，*flbC*破壊株では酸性プロテアーゼの生産も減少していたが，GlaBと同じように固体培養特異的と考えられているチロシナーゼ[37]の生産には影響が見られなかったため，FlbCが固体培養で特異的に高発現する遺伝子の制御に共通に関与しているわけではなさそうである。

6　おわりに

最後に紙面の関係から本章では説明を省略したが，デンプンの最終分解物であるグルコースによるアミラーゼ遺伝子の転写抑制には，カーボンカタボライト抑制に関わる転写因子CreAが関わっていることが知られている。*A. nidulans*における古典遺伝学的ならびに分子生物学的な解析から，CreAの機能制御には脱ユビキチン化酵素複合体であるCreB/CreCとユビキチンリガー

ゼ HulA のアダプタータンパク質 CreD が関与しているというモデルが提唱されている[38〜41]。筆者らは，麹菌においてカーボンカタボライト抑制制御マシナリーの遺伝子破壊によるアミラーゼ生産への影響を調べたところ，*creA* と *creB* の二重遺伝子破壊によって α-アミラーゼの生産量が著しく向上することを見出した[42]。この *creA/creB* の二重破壊ではアミラーゼだけでなく，キシラナーゼなどのバイオマス分解酵素の生産性も上昇しており，酵素タンパク質の高生産用宿主として有用ではないかと期待される。

謝辞

　本章の3節以降で述べた研究については，農林水産業・食品産業科学技術研究推進事業ならびにJSPS科研費の助成を受けて実施したものである。

文　　献

1) K. Tonomura *et al., Agric. Biol. Chem.*, **25**, 1 (1961)
2) M. Yabuki *et al., Appl. Environ. Microbiol.*, **34**, 1 (1977)
3) Y. Iimura *et al., Agric Biol. Chem.*, **51**, 325 (1987)
4) K. Gomi *et al., Agric. Biol. Chem.*, **51**, 2549 (1987)
5) S. Tada *et al., Agric. Biol. Chem.*, **53**, 593 (1989)
6) N. Tsukagoshi *et al., Gene*, **84**, 319 (1989)
7) S. Wirsel *et al., Mol. Microbiol.*, **3**, 3 (1989)
8) M. J. Gines *et al., Gene*, **79**, 107 (1989)
9) A. J. Hunter *et al., Fungal Genet. Biol.*, **48**, 438 (2011)
10) Y. Hata *et al., Gene*, **108**, 145 (1991)
11) T. Minetoki *et al., Biosci. Biotechnol. Biochem.*, **59**, 1516 (1995)
12) S. Tada *et al., Agric. Biol. Chem.*, **55**, 1939 (1991)
13) K. Tsuchiya *et al., Biosci. Biotechnol. Biochem.*, **56**, 1849 (1992)
14) Y. Hata *et al., Curr. Genet.*, **22**, 85 (1992)
15) T. Minetoki *et al., Curr. Genet.*, **30**, 432 (1996)
16) T. Minetoki *et al., Biosci. Biotechnol. Biochem.*, **59**, 2251 (1995)
17) K. Gomi *et al., Biosci. Biotechnol. Biochem.*, **64**, 816 (2000)
18) M. Machida *et al., Nature*, **438**, 1157 (2005)
19) K. L. Petersen *et al., Mol. Gen. Genet.*, **262**, 668 (1999)
20) S. Tani *et al., Biosci. Biotechnol. Biochem.*, **65**, 1568 (2001)
21) T. Ito *et al., Biosci. Biotechnol. Biochem.*, **68**, 1906 (2004)
22) S. Hasegawa *et al., Fungal Genet. Biol.*, **47**, 1 (2010)
23) K. Suzuki *et al., Appl. Microbiol. Biotechnol., in press* (doi: 10.1007/s00253-014-6264-8)

第10章 麹菌におけるアミラーゼ生産の制御メカニズム

24) N. Kato *et al., Curr. Genet.*, **42**, 43 (2002)
25) N. Kato *et al., Appl. Environ. Microbiol.*, **68**, 1250 (2002)
26) T. Makita *et al., Biosci. Biotechnol. Biochem.*, **73**, 391 (2009)
27) Y. Murakoshi *et al., Appl. Microbiol. Biotechnol.*, **94**, 1629 (2012)
28) Y. Hata *et al., Gene*, **207**, 127 (1998)
29) 秦洋二，石田博樹，生物工学，**78**, 120 (2000)
30) H. Ishida *et al., Curr. Genet.*, **37**, 373 (2000)
31) H. Hisada *et al., Appl. Microbiol. Biotechnol.*, **97**, 4951 (2013)
32) J. Watanabe *et al., J. Biosci. Bioeng.*, **111**, 408 (2011)
33) H. Kitano *et.al., J. Biosci. Bioeng.*, **93**, 563 (2002)
34) N. J. Kwon *et al., Mol. Microbiol.*, **77**, 1203 (2010)
35) M. Ogawa *et al., Fungal Genet. Biol.*, **47**, 10 (2010)
36) H.S. Park and J. H. Yu, *Curr. Opin. Microbiol.*, **15**, 669 (2012)
37) H. Obata *et al., J. Biosci. Bioeng.*, **97**, 400 (2004)
38) P. Kulmburg *et al., Mol. Microbiol.*, **7**, 847 (1993)
39) R. A. Lockington and J. M. Kelly, *Mol. Microbiol.*, **40**, 1311 (2001)
40) R. A. Lockington and J. M. Kelly, *Mol. Microbiol.*, **43**, 1173 (2002)
41) N. A. Boase and J. M. Kelly, *Mol. Microbiol.*, **53**, 929 (2004)
42) S. Ichinose *et al., Appl. Microbiol. Biotechnol.*, **98**, 335 (2014)

第11章 麹菌ホスホリパーゼ A_2
―そのユニークな性質と機能―

有岡 学*

1 はじめに

ホスホリパーゼ A_2（phospholipase A_2; PLA_2）はグリセロリン脂質の sn-2位のエステル結合を加水分解し，遊離脂肪酸と1-アシルリゾリン脂質を産生する酵素群の総称である（図1）[1,2]。一般にリン脂質の sn-1位には飽和脂肪酸が，sn-2位には（多価）不飽和脂肪酸が結合しているため，PLA_2 が作用すると膜から（多価）不飽和脂肪酸が遊離することになる。哺乳類では，遊離した（多価）不飽和脂肪酸，特にアラキドン酸はシクロオキシゲナーゼやリポキシゲナーゼなどの酸素添加酵素群によって様々な生理活性脂質に変換され，細胞間および細胞内での情報伝達に働くことが知られている。このため，その合成の初発段階を担う PLA_2 は盛んに研究が行われている。一方，微生物においては，PLA_2 遺伝子が出芽酵母や分裂酵母などのモデル微生物には存在しないことから，その研究はほとんど行われていなかった。筆者らは，麹菌 Aspergillus oryzae の持つ PLA_2 に着目し，最近そのユニークな性質を明らかにしたので，本稿で紹介する。

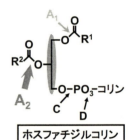

図1 ホスホリパーゼ類はグリセロリン脂質（この例ではホスファチジルコリン）のどの結合を加水分解するかによってA〜Dの名称で区別される。このうちグリセロール骨格（網掛け部分）の sn-2位のエステル結合を加水分解し，脂肪酸とリゾリン脂質を遊離する酵素をホスホリパーゼ A_2（PLA_2）と呼ぶ。

2 麹菌の持つ2つの $sPLA_2$：sPlaA と sPlaB

PLA_2 はその酵素学的性質，局在，一次配列の相同性，予想される生理機能などから分泌型（secretory PLA_2; $sPLA_2$），細胞質型（cytosolic PLA_2; $cPLA_2$），カルシウム非依存型（Ca^{2+}-independent PLA_2; $iPLA_2$），血小板増殖因子（PAF）アセチルヒドロラーゼなどに大別される。$sPLA_2$ は分子量が比較的小さく（13〜19 kDa），ジスルフィド結合に富み，活性に mM オーダーのカルシウムを要求することを一般的な特徴とする。哺乳類では，細胞質型の $cPLA_2\alpha$ がアラキドン酸を特異的に遊離するのに対し，$sPLA_2$ は脂肪酸に対する特異性が低く，ア

---

* Manabu Arioka　東京大学大学院　農学生命科学研究科　応用生命工学専攻　微生物学研究室　准教授

第 11 章　麹菌ホスホリパーゼ A_2

ラキドン酸以外の脂肪酸も遊離する。sPLA$_2$ は哺乳類のみならず，溶血作用や筋肉毒・神経毒作用を示すタンパク質として古くからヘビ毒やハチ毒液中にも見出されていた。筆者らが麹菌ゲノムデータベース DOGAN（http://www.bio.nite.go.jp/dogan/project/view/AO）を検索したところ，sPLA$_2$ 相同遺伝子が 2 個見いだされ，それぞれを splaA および splaB と命名した[3]。splaA は炭素源枯渇条件下で培養した麹菌の EST 配列中にも見出され，イントロンを持たず，N 末端に 18 アミノ酸の予想シグナル配列を持つ全長 222 アミノ酸からなるタンパク質をコードすると予測された。一方，splaB は EST 配列には認められなかったことから，DOGAN で予測された開始コドンから，停止コドンよりも 75 塩基下流までの配列を増幅し，麹菌用高発現ベクターに連結後，麹菌を形質転換し，形質転換株から splaB cDNA を取得した。その結果，splaB が 110 bp のイントロンを一つ持ち，16 アミノ酸の予想シグナル配列を含む全長 160 アミノ酸からなるタンパク質をコードすることが示唆された。

sPlaA，sPlaB とも sPLA$_2$ の活性中心に共通して認められる His-Asp（HD）ペア配列を有していた（図2）。また，他の糸状菌および放線菌ゲノムを探索したところ，興味深いことに sPLA$_2$ 遺伝子が見出された生物のうちいくつかの種では 2 つずつ sPLA$_2$ 遺伝子を有していた。その一次構造を比較すると，中央部の約 90 アミノ酸は保存性が高く，ここによく保存された 4 つのシステイン残基が見出された。筆者らが行った別種の糸状菌由来の sPLA$_2$ である p15 においては，これらがタンデムに並ぶ 2 個のジスルフィド結合を形成することが明らかとなっている[4]ことから，sPlaA および sPlaB でも同様であると予想される。

これらが機能的なタンパク質をコードしていることを確認するため，予想成熟体部分の N 末端に His$_6$ タグを連結した組換えタンパク質（His$_6$-sPlaA，His$_6$-sPlaB）を大腸菌で生産した。両タンパク質とも封入体を形成したため，可溶化，精製およびリフォールディングを行い，活性

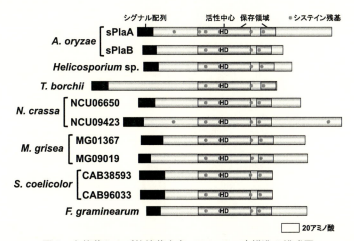

図2　糸状菌および放線菌由来 sPLA$_2$ の一次構造の模式図

sPlaA, sPlaB: *Aspergillus oryzae*; p15pre, *Helicosporium* sp.; TbSP1, *Tuber borchii*; NCU06650, NCU09423: *Neurospora crassa*; MG01367, MG09019: *Magnaporthe grisea*; CAB38593, CAB96033: *Streptomyces coelicolor* A3（2）; Fusarium: *Fusarium graminearum*

のあるタンパク質として取得することに成功した。[^{3}H] オレイン酸標識した大腸菌の膜画分を用いた活性測定を行った結果，His_6-sPlaA は至適 pH が酸性側で，mM オーダーの Ca^{2+} 存在下で高い活性を示すことがわかった。また，麹菌 splaA 高発現株を作製し，その培養上清から精製した sPlaA (native sPlaA) についても調べたところ，His_6-sPlaA と類似の至適 pH，Ca^{2+} 依存性を示した。また，この native sPlaA の N 末端アミノ酸シークエンスを行った結果，sPlaA がシグナルペプチドの他に 18 アミノ酸のプロ配列を持つことがわかった。一方，sPlaA と異なり，His_6-sPlaB は Ca^{2+} 濃度が mM 以下でも高い活性を有し，またアルカリ性に至適 pH を持つことがわかった。これらの結果から，sPlaA と sPlaB が酵素として異なる性質を持つことが分かった。

2.1 sPlaA と sPlaB は異なる局在性を示す

上述の splaA, splaB 高発現株を培養し，培養上清と菌体破砕画分について PLA_2 活性を測定した（図 3）。その結果，培養上清には splaA 高発現株にのみ活性が認められたが，菌体画分には splaA, splaB 両方の高発現株に活性が確認された。このことから sPlaA は主に分泌されて菌体外で働き，sPlaB は細胞壁を含めた菌体内で働くことが示唆された。この点をより詳細に調べるため，sPlaA, sPlaB それぞれに対する抗体を作製し，それらを用いて高発現株の培養上清と菌体画分に対してウエスタン解析を行った。その結果，活性測定の結果と一致して sPlaA は大部分が培地中に分泌され，sPlaB は菌体画分に存在することが確かめられた。続いてより詳細に局在を調べるため，間接蛍光抗体法による観察を行った。その結果，sPlaA は一般的な分泌タン

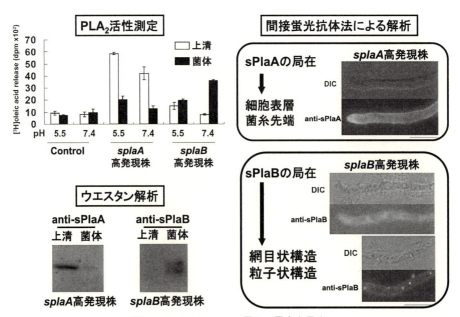

図 3　sPlaA と sPlaB は異なる局在を示す

第11章　麹菌ホスホリパーゼ A_2

パク質と同様に細胞表層に局在したのに対して，sPlaBは小胞体様の網目状構造，またはlipid bodyに似た粒子状の構造体に局在することが分かった。さらにC末端にEGFPを連結した融合タンパク質を麹菌に発現させ，その局在を調べたところ，間接蛍光抗体法の結果とほぼ同様の結果が得られた。これらの結果から，sPlaA，sPlaBは単に重複して存在するのではなく，局在を含めて互いに異なる独立した機能を持つことが強く示唆された。

2.2　sPlaAとsPlaBの発現プロファイルと高発現株・遺伝子破壊株の性質

遺伝子の発現プロファイルはその機能と密接な関係を有している。*splaA*と*splaB*が発現する条件の検討を行ったところ，*splaA*は炭素源枯渇のみならず窒素源の枯渇，温度変化，酸化ストレスに応答して発現することが分かった。また，*splaA*は分生子形成時にも発現していた。一方，*splaB*は弱い発現が恒常的に見られ，特に低温培養時に発現が増加することがわかった。

続いて*splaA*および*splaB*高発現株，遺伝子破壊株の表現型の解析を行った。その結果，*splaA*，*splaB*高発現株では分生子形成が抑制されること，それが*splaB*高発現株においてより顕著に観察されることが分かった。一方，遺伝子破壊株の生育を様々な培地でのプレート培養を行って検討したところ，*splaA*破壊株の分生子が酸化ストレスに対して高感受性を示すこと，また*splaB*破壊株においては発芽後の菌糸が酸化ストレスに対してより高い感受性を示すことを見出した。

2.3　sPlaBはホスホリパーゼ A_1 か？

これまでsPLA$_2$はその一次配列の相同性からPLA$_2$であることが無条件に受け入れられてきた。糸状菌由来のsPLA$_2$についても，活性中心付近の配列はよく保存されている。実際，これまで筆者らが行ってきた解析においても，上記の通り組換え生産した麹菌sPLA$_2$は[^{3}H]オレイン酸で標識した大腸菌膜画分から[^{3}H]オレイン酸を遊離する活性を有していた。このアッセイは厳密な意味でPLA$_2$活性を証明するものではないが，PLA$_2$活性を測定する際に用いられるルーチンな手法であり，ここで活性が認められればその酵素がPLA$_2$であることが示されたと解釈して差支えないものであった。

ところが最近，より厳密にPLA$_2$活性を証明するために行ったアッセイである，sn-1位にパルミチン酸を有し，sn-2位のみが[^{14}C]オレイン酸で標識された1-パルミトイル-2-[^{14}C]オレオイル-ホスファチジルコリン（PC）を基質とした活性測定では，予想外にもsPlaBを用いた反応において2-[^{14}C]オレオイル-リゾPCのスポットがより強く検出された。これは，sPlaBがPLA$_2$ではなく，sn-1位のエステル結合を切断するPLA$_1$活性を持つことを示唆する。一方，sPlaAや代表的なsPLA$_2$であるハチ毒PLA$_2$では予想通り[^{14}C]オレイン酸のスポットが検出された。

この点をさらに検証するため，マススペクトロメトリー（MS）による検証を行った。その結果，sPlaAやハチ毒PLA$_2$では1-アシルリゾPCのピークが検出されたが，sPlaBではPLA$_1$活

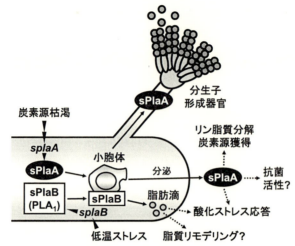

図4 sPlaAとsPlaBに関する知見のまとめ

性を示す2-アシル型のリゾPCのピークが検出された。また，同様の結果は，ヘッドグループの異なるホスファチジルエタノールアミンを用いても得ることができた。このことから，sPlaBがPLA$_1$活性を持つことがより明確になった。

以上の結果をまとめ，現在までに明らかになっている麹菌sPlaA，sPlaBに関する知見を図4に示す。sPlaAとsPlaBは酵素学的に異なる性質を持ち，またその局在や発現条件も異なっていることから，独立した機能を持つものと推定される。破壊株の表現型解析から，どちらも酸化ストレス応答に関与することがわかり，アシル鎖の交換を促進することでリン脂質リモデリングに関わる可能性が考えられた。また，驚くべきことにsPlaBがPLA$_1$活性を示すことも明らかとなった。従来の多くのsPLA$_2$のアッセイでは，PLA$_1$活性の有無を考慮しない検出法が用いられてきた。その意味で，この発見を契機としてsPLA$_2$によるリン脂質加水分解部位の特異性に関する再評価が行われ，もしもいくつかの酵素についてそれがPLA$_1$活性を持つことが示されれば，これまでの研究を大きく見直すことにつながると考えられる。特に，sPLA$_2$遺伝子を2つ持つ他の糸状菌においてそれらがPLA$_2$とPLA$_1$のペアであるかどうか興味が持たれる。いずれにしても，麹菌においてsPlaAとsPlaBが持つPLA$_2$およびPLA$_1$活性がその生理機能とどのように関連するのか，今後解明したいと考えている。

3 麹菌の持つcPLA$_2$相同遺伝子：*AoplaA*

cPLA$_2$は主に哺乳類において研究が進んでおり，cPLA$_2\alpha$，cPLA$_2\beta$，cPLA$_2\gamma$，cPLA$_2\delta$，cPLA$_2\varepsilon$，cPLA$_2\zeta$の6つのcPLA$_2$アイソザイムが存在することが分かっている。これらの遺伝子産物の間ではリパーゼモチーフなどは良く保存されており，またcPLA$_2\gamma$を除く5個のcPLA$_2$ではCa^{2+}に依存してリン脂質に結合するC2ドメインと呼ばれるドメインが保存されて

第11章　麹菌ホスホリパーゼ A_2

いる[5]。cPLAα は様々な炎症性，受容体刺激に応じて速やかに活性化し，生体膜リン脂質からアラキドン酸を選択的に遊離する。その活性化には主に 2 つの要素が必要であると考えられている。1 つ目は Ca^{2+} シグナリングであり，$cPLA_2α$ は細胞質 Ca^{2+} の濃度上昇に応じて細胞質から小胞体膜，ゴルジ膜および核膜に移動する。2 つ目はリン酸化である。$cPLA_2α$ にはリン酸化部位となるセリン残基が少なくとも 3 ヶ所存在し，これらがそれぞれ異なるキナーゼによってリン酸化されることで立体構造が変化し，PLA_2 活性が上昇する[6]。

　麹菌ゲノムには $cPLA_2$ 相同遺伝子が 1 個見出され，筆者らはこれを *AoplaA* と命名した。AoPlaA は $cPLA_2α$ とアミノ酸レベルで約 40％の相同性を有しているが，C2 ドメインは存在しない。近縁の糸状菌である *A. nidulans* においては *AoplaA* のオルソログである *plaA* に関する研究が行われており，出芽酵母で発現させた PlaA タンパク質が PLA_2 活性を示すことが報告されているが[7]，その生理機能の詳細については明らかにされていなかった。筆者らは，まず AoPlaA の細胞内での局在を調べるため，AoPlaA-EGFP を発現する麹菌株を作製し観察を行った（図 5）[8]。その結果，AoPlaA は細胞内の動的な線状構造体に局在することが分かった。ミトコンドリア染色試薬である MitoTracker™ との共染色を行ったところ，蛍光が一致し，AoPlaA がミトコンドリアに局在することが示された。局在予測プログラムにより AoPlaA の配列を調べたところ，N 末端の 65 アミノ酸がミトコンドリア局在シグナルであると予測された。そこでこの配列に EGFP を融合したタンパク質を麹菌に発現させ，その局在を観察したところ，ミトコンドリアに局在することが分かった。また，麹菌に発現させた AoPlaA-HA-His_6 タンパク質を精製し，その N 末端アミノ酸配列解析を行ったところ，72 番目のバリン残基が N 末端であることが分かった。以上の結果から，AoPlaA は N 末端にミトコンドリア局在配列を持ち，ミトコ

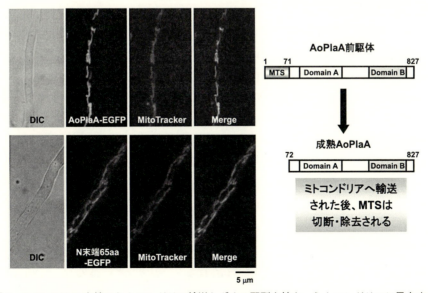

図 5　AoPlaA は N 末端にミトコンドリア輸送シグナル配列を持ち，ミトコンドリアに局在する

ンドリアへ輸送された後，それが切断・除去されて成熟体となることがわかった。

次に，AoPlaAのミトコンドリア内部でのより詳細な局在を調べるため，ミトコンドリア細分画実験系の確立された出芽酵母においてAoPlaA-EGFPを発現させ，ミトコンドリアの精製を行った。精製ミトコンドリアを用いて様々な条件下でのプロテアーゼ消化実験を行ったところ，AoPlaA-EGFPはミトコンドリア内膜と外膜の間の膜間スペースに局在することが示唆された。さらに単離ミトコンドリアを低浸透圧処理して外膜を破壊したのち，内膜とマトリクスからなるmitoplastを遠心で沈降させたところ，AoPlaA-EGFPも一緒に沈降した。このことからAoPlaAがミトコンドリア内膜にassociateしている可能性が考えられた。上述した通り哺乳類cPLA$_2\alpha$は非刺激時には細胞質に局在し，刺激に応じて細胞内のオルガネラ膜に移動することが知られている。このようにAoPlaAとcPLA$_2\alpha$はその局在が大きく異なっており，AoPlaAは哺乳類では知られていない新規な役割を担っているものと考えられた。

3.1 AoPlaAの持つユニークな酵素活性と生理機能

AoPlaAの持つ生理的役割解明への手がかりを得るため，麹菌*AoplaA*遺伝子破壊株および高発現株を作製した。これらについて，種々の炭素源，温度，酸化ストレスや薬剤などを含む培地での生育比較を行ったところ，15℃においてポテトデキストロース培地で培養した*AoplaA*高発現株の生育が部分的に阻害されることが見出された。これがAoPlaAの持つ酵素活性によるものかどうかを調べるため，ホスホリパーゼ触媒ドメインにおける予想活性中心残基である266番目のセリンをアラニンに置換したAoPlaA（S266A）を高発現する株を作製し，生育比較を行った。その結果，AoPlaA（S266A）高発現株では生育阻害が起こらないことがわかった。このことから，生育阻害はAoPlaAの活性によるものであり，その活性には266番目のセリン残基が関与している可能性が強く示唆された。

AoPlaAの高発現がミトコンドリアのリン脂質に対してどのような影響を与えるかを調べるため，野生株および*AoplaA*高発現株からミトコンドリア膜リン脂質を調製し，MSによる解析を行った。その結果，高発現株においてホスファチジルエタノールアミン（PE）が減少しており，特に長鎖脂肪酸からなるPEがより大きく減少していることが明らかとなった。この結果から，AoPlaAによるミトコンドリアPEの分解・減少が*AoplaA*高発現株の生育阻害の原因であることが示唆された。

この点を確認するため，成熟体AoPlaAを大腸菌で生産し，精製したタンパク質を用いて酵素活性測定を行った。様々なリン脂質に対する加水分解活性を調べたところ，AoPlaAはPC，ホスファチジルセリン（PS）やホスファチジルイノシトールに対しては活性を示さず，PEに対してのみPLA$_2$活性を示すことがわかった。また，S266A変異体ではPEに対する分解活性も認められなくなった。これらの結果は上述した*AoplaA*高発現株のリン脂質組成および生育阻害の結果と非常によく一致する。以上より，AoPlaAはミトコンドリアに局在し，そのPEの代謝に関わる働き，あるいは脂肪酸の遊離を介して脂質メッセンジャーの生成を促進する役割を果たし

第11章　麹菌ホスホリパーゼ A_2

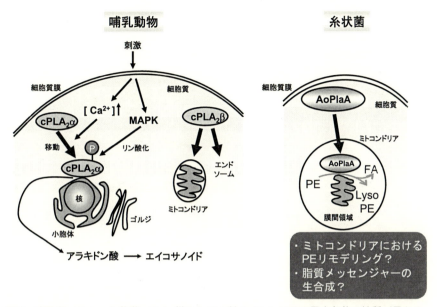

図6　哺乳類 $cPLA_2\alpha$ と麹菌 $cPLA_2$ 様タンパク質 AoPlaA はその局在部位や性質が異なる

ている可能性が考えられた（図6）。

　哺乳類 $cPLA_2\beta$ はミトコンドリアやエンドソームに局在するとの報告があるが[9]，詳しい局在はわかっていない。また，$cPLA_2\beta$ はリゾPCに対する分解活性が強く，PCに対しても活性を示すが，PEに対する活性は弱く，AoPlaAとはその性質が異なる。出芽酵母においては，PSからPEを生成する酵素PSデカルボキシラーゼPsd1pはミトコンドリアの内膜に存在することが知られている[10]。AoPlaAもまたミトコンドリア内膜に近接した位置に存在すると考えられることから，Psd1pとAoPlaAによるPE合成/分解のバランスが糸状菌特異的なミトコンドリア機能に密接にかかわっているのかもしれない。

　以上のように，麹菌の持つ PLA_2 は一次配列上は既知の PLA_2 と類似しているものの，その性質はかなり異なることが明らかになってきた。今後はその生理機能解明により重点を置いた研究を進め，糸状菌に固有の PLA_2 の役割を明らかにしたいと考えている。

文　献

1) Kudo, I., and Murakami, M. Phospholipase A enzymes. Prostaglandins Other Lipid Mediat. **68-69**, 3-58 (2002)
2) Murakami, M., Taketomi, Y., Miki, Y., Sato, H., Hirabayashi, T., and Yamamoto, K. Recent progress in phospholipase A_2 research: from cells to animals to humans. *Prog.*

Lipid Res. **50**, 152-192 (2011)

3) Nakahama, T., Nakanishi, Y., Viscomi, A.R., Takaya, K., Kitamoto, K., Ottonello, S., and Arioka, M. Distinct enzymatic and cellular characteristics of two secretory phospholipases A_2 in the filamentous fungus *Aspergillus oryzae*. *Fungal Genet. Biol.* **47**, 318-331 (2010)

4) Wakatsuki, S., Arioka, M., Dohmae, N., Takio, K., Yamasaki, M., and Kitamoto, K. Characterization of a novel fungal protein, p15, which induces neuronal differentiation of PC12 cells. *J. Biochem.* **126**, 1151-1160 (1999)

5) Kita, Y., Ohto, T., Uozumi, N., and Shimizu, T. Biochemical properties and pathophysiological roles of cytosolic phospholipase A_2s. *Biochim. Biophys. Acta* **1761**, 1317-1322 (2006)

6) Tucker, D.E., Ghosh, M., Ghomashchi, F., Loper, R., Suram, S., John, B.S., Girotti, M., Bollinger, J.G., Gelb, M.H., and Leslie, C.C. Role of phosphorylation and basic residues in the catalytic domain of cytosolic phospholipase $A_2\alpha$ in regulating interfacial kinetics and binding and cellular function. *J. Biol. Chem.* **284**, 9596-9611 (2009)

7) Hong, S., Horiuchi, H., and Ohta, A. Identification and molecular cloning of a gene encoding phospholipase A_2 (*plaA*) from *Aspergillus nidulans*. *Biochim. Biophys. Acta* **1735**, 222-229 (2005)

8) Takaya, K., Higuchi, Y., Kitamoto, K., and Arioka, M. A cytosolic phospholipase A_2-like protein in the filamentous fungus *Aspergillus oryzae* localizes to the intramembrane space of the mitochondria. *FEMS Microbiol. Lett.* **301**, 201-209 (2009)

9) Ghosh, M., Loper, R., Gelb, M.H., and Leslie, C.C. Identification of the expressed form of human cytosolic phospholipase $A_2\beta$ (cPLA$_2\beta$): cPLA$_2\beta$3 is a novel variant localized to mitochondria and early endosomes. *J. Biol. Chem.* **281**, 16615-16624 (2006)

10) Voelker, D.R. Phosphatidylserine decarboxylase. *Biochim. Biophys. Acta* **1348**, 236-244 (1997)

【第Ⅱ編 醸造微生物の最新技術】

第12章 清酒酵母の高発酵性原因変異とその応用

渡辺大輔[*1], 高木博史[*2], 下飯 仁[*3]

1 はじめに

清酒醸造に用いられる「清酒酵母」と呼ばれる菌株群は, 分類学上はパン酵母などと同じく出芽酵母 Saccharomyces cerevisiae に属するが, 他の菌株には見られない高いエタノール生産能を示す（図1A）。この特性は, 清酒という, 世界でも他に類を見ない高いアルコール度数の醸造酒を造り出す上で欠かすことのできない性質である。一方で, 酵母によるアルコール発酵は, 清酒以外の酒類の醸造に加え, パン生地の発酵やバイオエタノールの製造などにおいても重要な微生物機能であり, 清酒酵母の高発酵性に関する研究から得られる知見を他の酵母菌株にも応用することで, 醸造・食品・エネルギー産業などへの貢献が期待される。

筆者らは以前に, 最も代表的な清酒酵母菌株として知られるきょうかい7号（K7）のゲノム

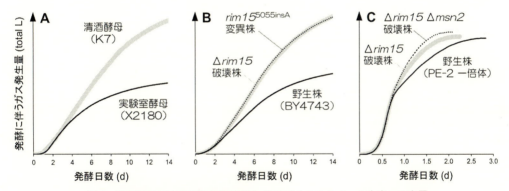

図1 清酒酵母の高発酵性原因変異とそのバイオエタノール生産への応用
（A）清酒もろみにおける清酒酵母および実験室酵母の発酵性, （B）清酒もろみ中での発酵における Δrim15 変異および rim15^{5055insA} 変異の影響。清酒発酵試験はいずれも一段仕込み, 15℃で実施した。（C）サトウキビ由来の糖蜜を用いた発酵試験における Δrim15 変異および Δrim15 Δmsn2 変異の影響。いずれのグラフも, 横軸は発酵日数, 縦軸は発酵に伴うガス発生量を示す。

---

*1 Daisuke Watanabe　奈良先端科学技術大学院大学　バイオサイエンス研究科　統合システム生物学領域　ストレス微生物科学研究室　助教
*2 Hiroshi Takagi　奈良先端科学技術大学院大学　バイオサイエンス研究科　統合システム生物学領域　ストレス微生物科学研究室　教授
*3 Hitoshi Shimoi　岩手大学　農学部　応用生物化学課程

解析[1]およびトランスクリプトーム解析[2,3]の結果を端緒として，K7およびその近縁株が，ストレス応答において中心的な役割を果たす転写因子Msn2p, Msn4p (Msn2/4p)[3]およびHsf1p[4]を介した遺伝子発現に欠損を示し「ストレスに弱い」酵母であること[5]，また，そのことが高発酵性と密接に関連することを明らかにしていた[6]。本稿では，このような清酒酵母に固有の性質を生み出す原因変異の同定と，そのメカニズムに関する考察，さらに，それらの知見を他の実用酵母菌株の発酵性向上に応用する試みについて紹介する。

2 GreatwallプロテインキナーゼRim15pにおける清酒酵母特異的な機能欠失変異

清酒酵母ではMsn2/4pとHsf1pのいずれも発酵過程において抑制されていることから，これらに共通の上流活性化因子に機能欠失変異が存在する可能性を想定し，K7のゲノム配列情報を基に探索を開始した。その結果，遺伝学的にMsn2/4pおよびHsf1pの上流に位置し，栄養シグナリングや胞子形成，ストレス応答，休止期への移行などに関与することが報告されていたRim15pプロテインキナーゼ[7〜10]上のホモ接合型変異 ($rim15^{5055insA}$) が見出された[11]。$S.\ cerevisiae$標準株である実験室酵母S288Cの$RIM15$遺伝子配列と比較すると，K7では，アデニンが1塩基挿入されることによってフレームシフトが引き起こされ，推定上の遺伝子産物ではカルボキシル末端側の75アミノ酸が欠失することになる（図2）。同じ変異を実験室酵母の$RIM15$遺伝子に導入すると，$\Delta rim15$遺伝子破壊株と同一の表現型を示したことから，機能欠失変異であることが示された。興味深いことに，この変異はK7およびその近縁株である清酒酵母にのみ共通に保存されており，他の菌株には存在していなかった。さらに，K7に実験室酵母由来の$RIM15$遺伝子を導入すると，低ストレス耐性や休止期移行欠損の表現型が抑圧された。以上の結果から，$rim15^{5055insA}$変異が，清酒酵母におけるMsn2/4pとHsf1pを介したストレス応答欠損の原因であると結論づけられた。

筆者らは以前に，Msn2/4pとHsf1pを介したストレス応答欠損が高発酵性と密接に関連することを明らかにしていた[3,4]。そこで，実験室酵母の$\Delta rim15$遺伝子破壊株および$rim15^{5055insA}$変異株を用いて清酒発酵試験を実施したところ，Rim15pの機能欠損により発酵速度が著しく向上し（図1B），20日間の発酵試験終了後のアルコール度数も約11％から約17％へと飛躍的に向上することを明らかにした[11]。これは，元々発酵性が低かった実験室酵母が，わずか1遺伝子の破壊または1塩基の挿入により，清酒酵母に匹敵する高い発酵性を獲得したことを意味している。したがって，この清酒酵母に特異的な$rim15^{5055insA}$変異が，清酒酵母の高発酵性を生み出した主要な原因変異の一つであるという結論に至った。

その後，Rim15pの分子機能に関する解析も進展し，Rim15pがMsn2/4pおよびHsf1pを直接的にリン酸化することも示され[12]，Rim15pがMsn2/4pとHsf1pを介した遺伝子発現誘導を介してアルコール発酵を抑制するモデル（図3）を支持する知見も得られた。また，Rim15p

第 12 章　清酒酵母の高発酵性原因変異とその応用

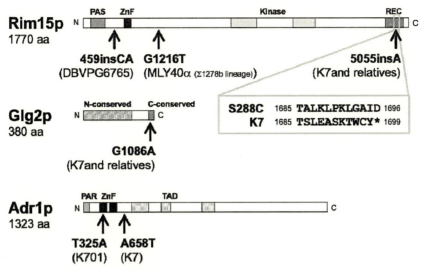

図2　清酒酵母などにおいて見出された機能欠失変異
アルコール発酵の抑制に重要と考えられる Greatwall プロテインキナーゼ Rim15p（上段），グリコーゲン合成の初発反応である核形成に必要なグリコゲニン Glg2p（中段），グルコース脱抑制を誘導する転写因子 Adr1p（下段）の模式図と，機能欠失変異の部位を示す。PAS；Per-Arnt-Sim ドメイン，ZnF；ジンクフィンガーモチーフ，Kinase；プロテインキナーゼドメイン，REC；レシーバードメイン，N（または C）-conserved；N 末端（C 末端）保存領域，PAR；N 末端隣接領域，TAD；転写活性化ドメイン。

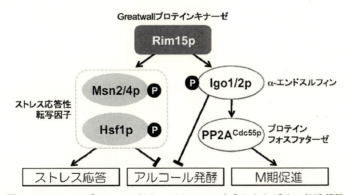

図3　Greatwall プロテインキナーゼ Rim15p を介したシグナル伝達経路
Rim15p は，ストレス応答性転写因子 Msn2/4p および Hsf1p をリン酸化することにより活性化し，ストレス応答に関連する遺伝子発現を誘導すると共に，α-エンドスルフィン Igo1/2p をリン酸化することで，プロテインフォスファターゼ 2A（PP2A^{Cdc55p}）を介した M 期の調節にも関与する。筆者らは，Msn2/4p および Hsf1p の不活性化や，IGO1/2 遺伝子の破壊はいずれも発酵性を向上させることを報告している[3, 4, 11]。

が，哺乳類に至るまで広く保存されている Greatwall プロテインキナーゼの酵母オルソログであり，その下流で α-エンドスルフィンのリン酸化を介してプロテインフォスファターゼ 2A の活性を調節し，細胞周期の M 期への移行を制御するシグナル伝達経路全体も，出芽酵母において保存されていることが明らかになった（図3）[13]。筆者らは，α-エンドスルフィンをコードす

る *IGO1* および *IGO2*（*IGO1/2*）遺伝子の破壊も発酵速度を向上させることをすでに見出しているが[11]，その具体的なメカニズムは現在のところ未知であり，本経路を介した新規な代謝調節機構の発見につながるのではないかと期待される。

3 炭素源代謝に関与する遺伝子発現がアルコール発酵に及ぼす影響

3.1 グルコース同化経路

では，Rim15p による Msn2/4p と Hsf1p の活性化は，どのようにしてアルコール発酵を抑制するのだろうか。その有力な可能性の一つとして，Msn2/4p と Hsf1p がグルコース同化経路の遺伝子発現を誘導する点を挙げることができる。*S. cerevisiae* の場合，ストレスのない環境では，酸素の有無に関わらず解糖系によってグルコースを分解し，増殖のためのエネルギーを得る。そして，分解産物であるピルビン酸はエタノールの生産に用いられる。一方で，酵母がストレスを感知して増殖を停止する際に，グルコースは，トレハロースやグリコーゲンといった貯蔵性糖質の合成によって栄養を蓄えるため，あるいは，細胞壁の β-グルカンを肥厚させることで細胞を保護するために用いられるようになる。このようなグルコースの同化に関連する代謝経路の関連遺伝子の発現の多くが，Msn2/4p や Hsf1p と関連したストレス応答機構により誘導されることが報告されている[14]。したがって，Rim15p の活性化を介した遺伝子発現が，アルコール発酵に用いられるはずのグルコースを，他の細胞成分の生合成へと分散させる役割を持っているのかもしれない。実際に，Rim15p の機能が欠損した清酒酵母では，グルコース同化に関連した遺伝子の発現が発酵中の清酒もろみにおいて抑制されており（図4）[3]，実験室酵母由来の *RIM15* 遺伝子を導入すると，定常期におけるトレハロースやグリコーゲンの合成誘導が回復することも明らかになった[11]。また筆者らは，K7 およびその近縁株に特異的なグリコゲニン遺伝子 *GLG2* 上の機能欠損変異 *glg2^{G1086A}*（図2）[15]も見出しており，アルコール発酵が亢進した清酒酵母において Glg2p を介したグリコーゲン合成反応の必要性が低いことを裏付けている（*GLG2* と相同な *GLG1* 遺伝子も存在するため，これらの株が完全にグリコーゲン合成能を失っているわけではない）。

3.2 グルコース脱抑制経路

グルコース同化の抑制がアルコール発酵の効率を高めるということは，グルコースからエタノールを生産する経路に特化することの重要性を示唆しているのかもしれない。そこで次に，グルコース以外の炭素源を資化するための遺伝子発現に着目した。*S. cerevisiae* では，環境中にグルコースと他の炭素源が共存している場合，まず他の炭素源の代謝関連遺伝子の発現が抑制されてグルコースが優先的に資化され（グルコース抑制），その後グルコースが枯渇すると，この抑制が解除される（グルコース脱抑制）[16]。筆者らは，発酵中の清酒もろみや YPD 培地での定常期において，清酒酵母が実験室酵母と比べて，グルコース脱抑制の誘導に関わる転写因子

第 12 章　清酒酵母の高発酵性原因変異とその応用

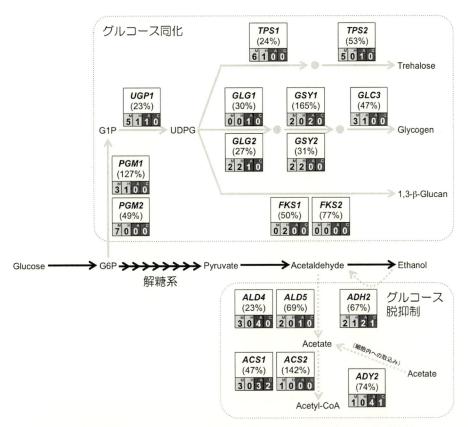

図 4　清酒酵母におけるグルコース同化／グルコース脱抑制遺伝子の発現抑制
グルコース代謝経路のうち，解糖／アルコール発酵を黒の矢印，グルコース同化経路をグレー・実線の矢印，グルコース脱抑制経路をグレー・点線の矢印で示す。各遺伝子名の下のかっこ書き内は，清酒もろみ 5 日目における実験室酵母に対する清酒酵母の発現レベル[3]を示す。下段の数字は，左から順に，各遺伝子上流 1 kb の領域内における Msn2/4p の認識配列，Hsf1p の認識配列，Adr1p の認識配列，Cat8p の認識配列の個数をそれぞれ示す。

Adr1p および Cat8p を介した遺伝子発現に欠損を示すことを明らかにした（図 4）[3, 17]。さらに，*ADR1* および *CAT8* 遺伝子の二重破壊が発酵速度を有意に上昇させることも見出した[17]。以上の結果から，発酵中の清酒酵母細胞では，グルコース脱抑制に関連した遺伝子の発現が抑制されており，そのことが高い発酵速度を生み出す新たな要因であると結論づけられた。ただし，発酵中の清酒もろみでは米デンプン由来のグルコースがたえず供給されるから，グルコース枯渇により引き起こされるグルコース脱抑制と全く同じ現象がアルコール発酵においても引き起こされているのかどうかについては引き続き検討が必要である。

　以上のように，グルコースが豊富な環境では，アルコール発酵に不要なマシーナリーは抑制されることが望ましいと考えられるが，転写レベルでの抑制よりも，ゲノム上の変異の方がより確実に無効化することができるかもしれない。そこで，グルコース脱抑制に関連する遺伝子発現誘

導の欠損を引き起こす原因変異を探索したところ[17]，K7では，*ADR1*遺伝子上の一塩基置換（*adr1*^{A658T}）により生じたナンセンス変異により，転写活性化ドメインを含むカルボキシル末端側を大きく欠損していた（図2）。この機能欠失変異は，*rim15*^{5055insA}変異や*glg2*^{G1086A}変異とは異なり，他の近縁な清酒酵母菌株には保存されていなかったが，別の代表的な清酒酵母菌株の一つであるK701では，同じく*ADR1*遺伝子上の一塩基置換（*adr1*^{T325A}）により，DNAとの結合に必須なジンクフィンガーモチーフのシステイン残基（Cys109）がセリンに置換されていた。このように，複数の清酒酵母菌株で独立した*ADR1*遺伝子上の機能欠失変異が見出されたということは，清酒酵母が人為的に選抜される過程でAdr1pを介した遺伝子発現の減少が有利に働いたことを示す強力な証拠となるのではないかと考えられる。

4　清酒酵母以外の菌株におけるRim15p機能欠損

清酒酵母の高発酵力を生み出す主要な要因であるRim15pの機能欠損に話を戻すと，本知見を清酒酵母以外の菌株にも応用することによって，発酵性の改善に資することができるかもしれない。バイオ燃料分野における研究例を含め[18, 19]，一般的には，酵母のストレス耐性を高めることによって発酵環境における生存率を維持し発酵効率を高めるストラテジーが主流であるため，従来とは逆の，不要なストレス応答／代謝調節機構の除去を鍵とする新たな発酵性改善育種技術の確立につながるのではないかと期待される。

筆者らは，ブラジルにおいてバイオエタノール生産に用いられる酵母菌株PE-2を用いて，サトウキビ由来の糖蜜を用いたアルコール発酵に及ぼす影響を評価したところ，*RIM15*遺伝子と*MSN2*遺伝子の二重破壊により，発酵終了までに要する時間が最大で25.1％短縮することを示した（図1C）[20]。清酒もろみは，通常15℃以下の低温で発酵させるのに対し，上述の糖蜜発酵試験は35℃で実施している。また，清酒もろみ中の発酵性糖質は主にグルコースであるのに対し，糖蜜にはグルコースだけでなくフルクトースやスクロースも多く含まれている。このような発酵環境の違いや，清酒酵母とバイオエタノール酵母の間の遺伝的な差異にも関わらず，Rim15pを介したストレス応答経路の機能欠損が発酵速度を向上させたことは特筆に値するものであり，本知見が様々な実用酵母菌株の発酵性改変に応用可能であることを実証することができた。

さらに，近年，清酒酵母に特異的な*rim15*^{5055insA}変異以外にも，*RIM15*遺伝子に機能欠失変異を有する菌株が発見されている（図2）。例えば，実験室酵母Σ1278b系統の一倍体株MLY40αでは，一塩基置換*rim15*^{G1216T}により終止コドンが生じ，推定上の遺伝子産物はC末端側を大きく欠失することが示された[21]。Σ1278bは栄養環境に応答してコロニー形状が変化させることが知られているが，MLY40αでは栄養条件に関わらずスムーズなコロニー形状が維持されており，Rim15pの機能欠損がその一因であった。また，ワイン酵母の一種であるDBVPG6765でも2塩基の挿入変異（*rim15*^{459insCA}）が見出され，胞子形成の欠損と関連がある

第 12 章 清酒酵母の高発酵性原因変異とその応用

ことが報告された[22]。スムーズなコロニー形状（凝集しにくく実験に用いやすい）や胞子形成能の低さ（有性生殖による遺伝的変動を防ぐ）は，酵母自身の環境適応能力を低下させるだけでなく，人間による菌株の取り扱いやすさとも密接に関連している。筆者らが明らかにした Rim15p の機能欠損による発酵性向上という有用な性質も，酵母自身を死滅させるエタノールの生産を促進するという意味では，酵母の立場から考えると必ずしも望ましいものではない。したがって，*RIM15* 遺伝子上の機能欠失変異は，決して酵母自身のために有利ではないが，人間による飼い馴らしの結果として頻繁に生じ得る変異なのかもしれない。今後も，多様な実用酵母菌株において Rim15p の機能欠損が見出され，人間にとって有用な特性との関連が明らかになるのではないかと期待される。

5　おわりに

本研究を通して，清酒酵母に特異的な高発酵性原因変異 $rim15^{5055insA}$ を初めて特定するに至った。この変異は意外なことに酵母のストレス応答機能を欠損させるものであったことから，アルコール発酵にとって不要なストレス応答が存在する，という新たな知見を得ることができた。酵母のストレス応答とは酵母自身の生命を守るためのメカニズムであることを考えると，清酒酵母はまさに「自らの身を削ってエタノール生産能を高めた酵母」であり，清酒醸造を行う人間にとって都合の良いように育種されてきたことが憶測される。さらに，この知見を応用して，清酒酵母以外の実用酵母菌株の発酵性向上も可能であることを実証することができた。

今後の課題としては，Rim15p がアルコール発酵を抑制する詳細な分子メカニズムを明らかにすることが急務である。上述のように，Rim15p を介したグルコース同化関連の遺伝子発現誘導が解糖／アルコール発酵に対して負に作用する可能性をまず検証していくが，Rim15p のオルソログである哺乳類 Greatwall プロテインキナーゼを介したシグナル伝達経路の構成因子や機能が近年急速に解明されつつあることから[23]，このような知見を筆者らの研究成果と融合させることにより，真核生物において保存された新規代謝調節経路の発見に繋げていきたい。また，筆者らは，Rim15p の機能欠損以外にも，清酒酵母の高発酵性をもたらす新規なメカニズムが潜んでいると考えている。その理由として，$rim15^{5055insA}$ 変異は清酒もろみでのエタノール生産を大幅に向上させるが，この変異単独ではまだ清酒酵母の域に完全には達することができない点，さらに，$rim15^{5055insA}$ 変異を有していない非 K7 タイプの清酒酵母の中にも，良好な発酵性を有する菌株が多数存在する点を挙げることができる。$rim15^{5055insA}$ 変異の同定は，清酒酵母の高発酵性の原因を探求する上でのほんの端緒にすぎないと考えており，これを足掛かりとしてさらに広く（新規な高発酵性原因変異の同定），そしてさらに深く（Rim15p によるアルコール発酵抑制経路の解析），研究を進展させていきたい。そのことにより，人類にとって最も馴染みの深い微生物機能の一つである，酵母によるアルコール発酵のメカニズムに関する全体像を理解し，我々の日常生活やさまざまな発酵産業に貢献できる知見に辿り着くことができると信じている。

文　　献

1) T. Akao *et al.*, *DNA Res.*, **18**, 423 (2011)
2) H. Wu *et al.*, *Appl. Environ. Microbiol.*, **72**, 7353 (2006)
3) D. Watanabe *et al.*, *Appl. Environ. Microbiol.*, **77**, 934 (2011)
4) C. Noguchi *et al.*, *Appl. Environ. Microbiol.*, **78**, 385 (2012)
5) H. Urbanczyk *et al.*, *J. Biosci. Bioeng.*, **112**, 44 (2011)
6) 渡辺大輔, 下飯仁, 発酵・醸造食品の最新技術と機能性II, p.150, シーエムシー出版 (2011)
7) S. Vidan and A. P. Mitchell, *Mol. Cell. Biol.*, **17**, 2688 (1997)
8) I. Pedruzzi *et al.*, *Mol. Cell*, **12**, 1607 (2003)
9) E. Cameroni *et al.*, *Cell Cycle*, **3**, 462 (2004)
10) H. Imazu and H. Sakurai, *Eukaryot. Cell*, **4**, 1050 (2005)
11) D. Watanabe *et al.*, *Appl. Environ. Microbiol.*, **78**, 4008 (2012)
12) P. Lee *et al.*, *FEBS Lett.*, **587**, 3648 (2013)
13) M. A. Juanes *et al.*, *PLoS Genet.*, **9**, e1003575 (2013)
14) A. P. Gasch, "Topics in current genetics, vol. 1: yeast stress responses", p.11, Springer-Verlag (2003)
15) J. Mu *et al.*, *J. Biol. Chem.*, **271**, 26554 (1996)
16) H.-J. Schüller, *Curr. Genet.*, **43**, 139 (2003)
17) D. Watanabe *et al.*, *Biosci. Biotechnol. Biochem.*, **77**, 2255 (2013)
18) F. H. Lam *et al.*, *Science*, **346**, 71 (2014)
19) L. Caspeta *et al.*, *Science*, **346**, 75 (2014)
20) T. Inai *et al.*, *J. Biosci. Bioeng.*, **116**, 591 (2013)
21) J. A. Granek and P. M. Magwene, *PLoS Genet.*, **6**, e1000823 (2010)
22) A. Bergström *et al.*, *Mol. Biol. Evol.*, **31**, 872 (2014)
23) T. Lorca and A. Castro, *Oncogene*, **32**, 537 (2013)

第13章 アルコール発酵時の清酒酵母におけるミトコンドリアを介した代謝

佐藤友哉[*1], 澤田和敬[*2], 浜島弘史[*3], 北垣浩志[*4]

1 はじめに

アルコール発酵の主要な化学的過程は酵母の細胞質で起きるグルコース→エタノール＋二酸化炭素の反応である。一方，酸素呼吸を司るミトコンドリアも酵母細胞の中で大きな空間，代謝的位置を占めるが，産業的なアルコール発酵においては酸素がほとんど存在しないため，酸素呼吸を司るミトコンドリアがアルコール発酵でどのような代謝的役割を持つかについての研究は世界的にも少なかった。しかしながら，もしアルコール発酵の代謝においても酵母ミトコンドリアが一定の役割を持つとすれば，最終的な発酵産物の組成に大きな影響があることから，より精緻な発酵制御のためにはミトコンドリアの役割を明らかにする必要があると考えられる。

2 アルコール発酵時のミトコンドリア活性が及ぼす有機酸代謝への影響

ミトコンドリアがアルコール発酵中の酵母の中でも代謝的にも重要な役割を持つことは以前から考えられていたようである。しかし，ミトコンドリアを解析する直接的な手法がなかったため，間接的な手法でアルコール発酵におけるミトコンドリアの役割は研究されてきた。例えば1980年代から2000年代前半にかけてミトコンドリアに局在することが発見されている酵素の遺伝子破壊株を使った研究が発表されてきた[1〜16]。このとき，これらの酵素が本当にアルコール発酵環境下で，どれくらいミトコンドリアに局在しているかという情報はなかったものの，ミトコンドリアのTCA回路の酵素の遺伝子破壊株である fum1 や kgd1, idh1, idh2 破壊株を使った有機酸生成の結果から，細胞質とミトコンドリアの局在や割合は不明朗なまま，コハク酸は清酒醸造前半には主にミトコンドリア内のTCA回路を通じて生成するが，清酒醸造後半には酸素がなく還元的な環境になるため，ミトコンドリア内のTCA回路の還元的経路，ピルビン酸→オキサロ酢酸→リンゴ酸→フマル酸→コハク酸の経路で生成され，リンゴ酸についてはほぼピルビン酸→オキサロ酢酸→リンゴ酸の還元的経路で生成すると提唱されるようになった。

しかし，こうした研究はオルガネラの「場」を考慮していなかった。例えばピルビン酸→オキ

[*1] Tomoya Sato 佐賀大学 農学部
[*2] Kazutaka Sawada 鹿児島大学大学院 連合農学研究科；佐賀県工業技術センター
[*3] Hiroshi Hamajima 佐賀大学 農学部
[*4] Hiroshi Kitagaki 佐賀大学 農学部 准教授；鹿児島大学大学院 連合農学研究科

サロ酢酸は細胞質で起きると考えられている[17]が，オキサロ酢酸は細胞質からミトコンドリアへH^+依存的に輸送されることからオキサロ酢酸からリンゴ酸への還元は細胞質だけではなくミトコンドリアの中でも起きることが実験室条件での^{13}C-NMRを使った代謝フラックス解析の研究[18]では指摘されている。こうした研究はアルコール発酵条件では行われておらず，アルコール発酵における酵母ミトコンドリアの役割に関する知見は限られたままであった。

これに対して，我々の研究[19〜21]によりアルコール発酵においても酵母ミトコンドリアが存在することが明らかにされたことから，アルコール発酵において酵母ミトコンドリアで起きる代謝を峻別する必要が示されたと言えよう。

そこでアルコール発酵時に有機酸がミトコンドリアの外でできるのか，中でできるのかについての直接の定量的なエビデンスを得るため，ミトコンドリア内膜電位の「差」と有機酸生成能の関係を調べることのできる実験系を考案した（図1）。

まず呼吸状態にある清酒酵母を調整する方法を設定した。ミトコンドリアを可視化した清酒酵母きょうかい7号を非発酵性培地（炭素源はグルコースなし，グリセロール）で撹拌・通気培養した。このときミトコンドリアを観察すると，ミトコンドリアは発達し，体積自体が増えるとともに互いに接続してネットワーク状の形態をとるようになっていた（図1）。ミトコンドリアの酸素呼吸はミトコンドリア内のH^+を外に汲み出して電位差を作る仕組みである。ミトコンドリア電子伝達系の活性が強く，ミトコンドリア内のH^+が多く汲み出されてしまえばそれ以上電位差を生み出すことができない。そこでミトコンドリア同士を接続してH^+を融通しあって不足を解消していると考えられ，相互に接続したミトコンドリアはミトコンドリアの高い電子伝達系の活性を示していると考えられる。従って相互に接続したミトコンドリアを持った酵母は高い呼

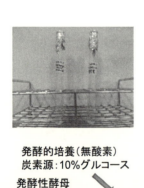

発酵的培養（無酸素）
炭素源：10％グルコース
発酵性酵母

呼吸的培養（振盪/酸素あり）
炭素源：3％グリセロール
呼吸性酵母

図1　発酵性酵母と呼吸性酵母の調整

第 13 章　アルコール発酵時の清酒酵母におけるミトコンドリアを介した代謝

吸活性を持っていると考えられたことから，これを「呼吸性酵母」と名付けた（図 1）。

次に清酒酵母を発酵性培地（グルコース 10％）で撹拌せずに静置培養した（流動パラフィンを上層することで酸素をシャットアウト）。このときミトコンドリアの形態を調べると体積自体が減り，相互の接続も少なくなって細胞の表面を数本のミトコンドリアが這うような形態に変化していた（図 1）。ミトコンドリア電子伝達系の活性が弱く，ミトコンドリア内の H^+ が多く汲み出す活性が低ければ，ミトコンドリアの体積が大きすぎると電位差が小さくなるため，エネルギーを生み出すことができない。そこでミトコンドリアの相互接続を少なくして H^+ が自由拡散できる体積を減らし，表面の酸素のある場所では H^+ の電位差を作りエネルギーを作っているようにしていると考えられる。従って相互接続の少ないミトコンドリアを持った酵母は低い電子伝達系の活性を持つようになっていると考えられることから，これを「発酵性酵母」と名付けた（図 1）。

こうして調整した呼吸性酵母，発酵性酵母をその直後にアルコール発酵（グルコース 10％，嫌気）に供し，その有機酸組成を調べた。その結果，呼吸性酵母に比べて発酵性酵母ではリンゴ酸が多くなっていることが確認できた（図 2A）。

次にミトコンドリアの内膜電位差を解消する uncoupler（FCCP）を呼吸性酵母に加えてその効果を調べた。その結果，FCCP を加えた呼吸性酵母では加えなかった呼吸性酵母に比べてリンゴ酸が 5.4 倍に増加していた（図 2B）。これらの知見から，リンゴ酸の主要な生成経路はミトコンドリア外，細胞質で起きること，清酒醸造中期以降に酸素が完全になくなりミトコンドリアの内膜電位がなくなる状態では，ミトコンドリア外の細胞質で還元的に生成されるリンゴ酸の生成経路が主要なリンゴ酸の生成経路であると考えられた（図 3）。

以上の結果は以下のように解釈できる。アルコール発酵条件下では電子受容体として機能する

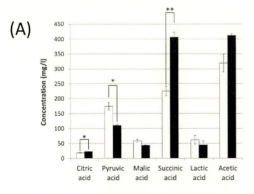 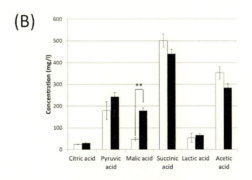

白：発酵性酵母，黒：呼吸性酵母　　　　　　　白：呼吸性酵母
　　　　　　　　　　　　　　　　　　　　　　黒：呼吸性酵母+FCCP（ミトコンドリア電位阻害剤）

図 2　ミトコンドリア活性が清酒酵母による有機酸生成に及ぼす影響
(A) 発酵性酵母と呼吸性酵母の有機酸組成，(B) ミトコンドリア脱共役剤 FCCP を呼吸性酵母に添加したときの有機酸組成，(C) 呼吸性酵母を発酵環境下に置いた時の有機酸組成
酵母を 1×10^6 cells/ml の濃度で 10％ グルコースを含む最少培地に加え，48 時間培養した後の培養上清の有機酸組成を測定した。* は 5％ 危険率，** は 1％ 危険率で統計的有意差があったものを示している。

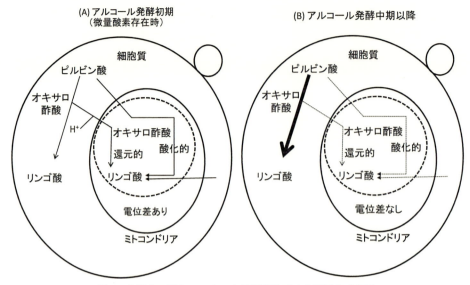

図3 本研究で明らかになった清酒醸造時の有機酸生成経路
(A) アルコール発酵初期（微量酸素存在時），(B) アルコール発酵中期以降

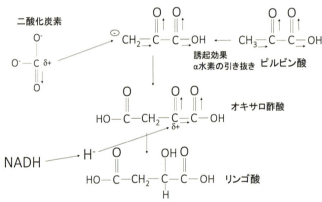

図4 細胞質で起きていると考えられるピルビン酸からリンゴ酸への生化学反応

酸素がないため，電子伝達系の電子供与体として機能するコハク酸を途中に持つ，ミトコンドリア内のTCA回路の働きが低下する。そのため，ミトコンドリア内のピルビン酸の濃度が上昇し，細胞質のピルビン酸がミトコンドリア内へ輸送される速度が低下すると考えられる。ピルビン酸がミトコンドリアへ輸送されなければ細胞質にピルビン酸が滞留し，炭酸ガス，HCO_3^- 及び還元力（NADH）が過剰にあるアルコール発酵条件ではピルビン酸がオキサロ酢酸にカルボキシ化され，オキサロ酢酸がリンゴ酸へと還元される反応が容易に起き，ピルビン酸が細胞質でリンゴ酸に速やかに変換されると考えられる（図4）[22]。

第13章 アルコール発酵時の清酒酵母におけるミトコンドリアを介した代謝

3 栄養の不足したアルコール発酵条件下での酵母におけるミトファジーを介した炭素代謝

　発酵業界で栄養成分不足の時に起きる酵母の発酵不良は大きな技術課題である。これは、栄養成分の少ない状態で行われる状態では、酵母は通常とは異なる代謝を行い、こうした状態の酵母を使って醸造物を作ると例えば硫化水素が生成したり発酵不良が起きたりするからである。この問題に対処するため、栄養成分の少ない条件でアミノ酸がどのように取り込まれるかの研究が清酒、ワイン、ビールなどで行われてきた[23~27]。一方、栄養成分不足時に酵母細胞内で何が起きているかを調べた研究は少ないが、最近、ワインの発酵において、栄養分が少ないときには酵母で細胞内のオルガネラの分解、オートファジーが起きること[28,29]や、ビール醸造においては好まれないアミノ酸であるプロリンが残るためNitrogen catabolite repressionが起き、*Lg-FLO1*の遺伝子が誘導されることが報告された[30]。しかし、このような条件で細胞内のオルガネラごとにどんなイベントが起きているかについての知見はこれまでなかった。

　細胞は栄養が不足したときあるいは不要物ができたときに、オルガネラを脂質二重膜でまるごと包み込んで分解する。これをオートファジーという[31]。ミトファジーはオートファジーのひとつであり、特にミトコンドリアを分解する選択的オートファジーである。ミトコンドリアはERから出芽してできる[32]が、栄養の少ない条件やミトコンドリアの内膜電位が低下する条件ではミトファジーによって分解される[33]。酒類醸造では最終電子受容体である酸素がないのでミトコンドリア内膜電位は低下するし、吟醸酒や発泡酒の製造条件は酵母にとって栄養不足の状態であると考えられ、ミトファジーの起きる条件と一致していると考えられるが、アルコール発酵においてミトファジーが起きるかどうかについてこれまで一切の知見はなかった。そこでミトコンドリアと液胞を清酒酵母で可視化して観察する系を構築し、清酒醸造において清酒酵母でミトファジーが起きているかを観察した。その結果、一部のミトコンドリア（緑）が液胞膜（赤）と融合して黄色のシグナルを呈しており、ミトファジーが起きていると考えられた。ミトファジーは栄養の少ない条件で起きることが報告されている。吟醸酒醸造条件ではアミノ酸が30％程度少ないため、吟醸酒醸造条件の清酒酵母でミトファジーが起きているかを調べた。その結果、吟醸酒製造時の清酒酵母では多くのミトコンドリア（緑）が液胞膜（赤）と融合し黄色のシグナルを呈しており、ミトファジーが盛んに起きていることが確認された。これらのミトファジーは、ミトファジー機能を司るAtg32の遺伝子を破壊した清酒酵母では起きなくなることから、確かにミトファジーであることが確認できた。

　次に清酒醸造中に起きるミトファジーが発酵にどのような影響を及ぼすかを調べるため、*atg32*遺伝子破壊株の清酒醸造特性を調べた。Atg32はミトコンドリアの表面に結合し、ミトファジーを誘導する因子であり、この遺伝子破壊株ではミトファジーが起こらない。*atg32*破壊株では発酵速度、最終エタノール濃度も増加していていた（実験室酵母で効果が大きく、清酒酵母では吟醸酒条件のみ効果あり）。なぜ*atg32*破壊株で発酵能が増加するかを調べるため、最少

113

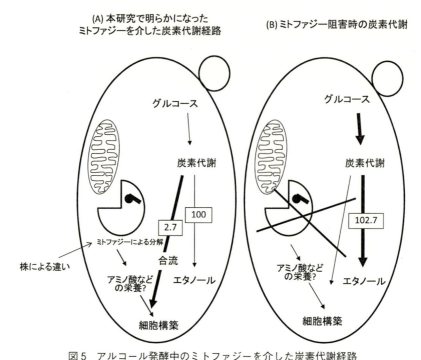

図5　アルコール発酵中のミトファジーを介した炭素代謝経路
（A）本研究で明らかになったミトファジーを介した炭素代謝経路，（B）ミトファジー阻害時の炭素代謝

培地でのアルコール発酵時の細胞や炭素フラックスを解析した。その結果，atg32破壊株ではそもそも細胞の大きさが小さくなっており，バイオマス（細胞構築）に向かう炭素フラックスは小さくなりエタノールに向かう炭素フラックスが大きくなっていた。この結果は，栄養の少ない条件ではミトコンドリアのミトファジーにより細胞はアミノ酸などの栄養を得て，グルコースからの炭素フラックスと合流させて細胞の構築を行っていること，そしてこの炭素フラックスはエタノールに向かう炭素フラックスと競争的に拮抗していることを示している（図5）[34]。醸造酵母によってミトファジーの起こりやすさが違うことが分かったことから，ミトファジーの弱い株を選抜，あるいは低栄養条件で植え継いでミトファジーの起こりにくい株を選抜することでエタノール生産性の高い醸造株を得ることができることも考えられる。低栄養条件下での酵母の発酵制御は栄養分の少ないバイオエタノールのみならず，吟醸酒や発泡酒などでも共通の課題であることから，ミトファジーが発酵全般の新たな制御ターゲットとして初めて明らかになったと言える。

謝辞

本研究は農林水産業・食品産業科学技術研究推進事業の助成により行われたものである。

第 13 章　アルコール発酵時の清酒酵母におけるミトコンドリアを介した代謝

文　　献

1) 若井芳則，嶋崎孝行，原昌道：醗酵工学，**58**, 363-368（1980）
2) 相川元庸，水津哲義，市川英治，川戸章嗣，安部康久，今安聰：発酵工学，**70**, 473-477（1992）
3) 若井芳則：醸協，**83**, 579-583（1998）
4) 小金丸和義，大浦有実，神田康三，村田晃，加藤富民雄：醸学，**96**, 275-281（2001）
5) 蟻川幸彦：清酒酵母の研究 90 年代，122-126（2002）
6) 小金丸和義，神田康三，安田正昭，加藤富民雄，田代康介，久原哲：醸学，**98**, 303-309（2003）
7) 浅野忠男：生物工学，**85**, 63-68（2007）
8) 大場孝宏，末永光，一松時生，羽田野雄大，満生慎二，鈴木正何：醸学，**103**, 949-953（2008）
9) 吉田清，稲橋正明，中村欽一，野白喜久雄：醸学，**88**, 645-647（1993）
10) T. Magarifuchi, K. Goto, Y. Iimura, M. Tadenuma, and G. Tamura: *J. Ferment. Bioeng.*, **80**, 355-361（1995）
11) Y. Arikawa, K. Enomoto, H. Muratsubaki, and M. Okazaki: *FEMS Microbiol. Lett.*, **165**, 111-116（1998）
12) H. Muratsubaki, and K. Enomoto: *Arch. Biochem. Biophys.*, **352**, 175-181（1998）
13) Y. Arikawa, T. Kuroyanagi, M. Shimosaka, K. Enomoto, H. Muratsubaki, R. Kodaira, and M. Okazaki: *J. Biosci. Bioeng.*, **87**, 29-37（1999）
14) Y. Arikawa, T. Kobayashi, M. Shimosaka, K. Enomoto, H. Muratsubaki, R. Kodaira, and M. Okazaki: *J. Biosci. Bioeng.*, **87**, 28-36（1999）
15) T. Asano, N. Kurose, N. Hiraoka, S., Kawakita: *J. Biosci. Bioeng.*, **88**, 258-263（1999）
16) Y. Kubo, H. Takagi, and S. Nakamori: *J. Biosci. Bioeng.*, **87**, 619-24（1999）
17) H. van Urk, D. Schipper, G. J. Breedveld, P. R. Mak, W. A. Scheffers and J. P. van Dijken: *Biochim. Biophys. Acta*, **992**, 78-86（1989）
18) H. Maaheimo, J. Fiaux, Z. P. Cakar, J. E. Bailey, U. Sauer and T. Szyperski: *Eur. J. Biochem.*, **268**, 2464-2479（2001）
19) H. Kitagaki: *Biotechnol. Appl. Biochem.*, **53**, 145-53（2009）
20) H. Kitagaki and H. Shimoi: *J. Biosci. Bioeng.*, **104**, 227-30（2007）
21) H. Kitagaki, T. Kato, A. Isogai, S. Mikami and H. Shimoi.: *J. Biosci. Bioeng.*, **105**, 675-678（2008）
22) S. Motomura, K. Horie and H. Kitagaki: *J. Inst. Brew.*, **118**, 22-26（2012）
23) M. Jones and J. S. Pierce: *J. Inst. Brew.*, **70**, 307-315（1964）
24) 横塚弘毅：ワインの製造技術，64 山梨日日新聞社（1994）
25) 北本勝ひこ，高橋康次郎，戸塚昭，吉沢淑；醸工，**63**（4），289-295（1985）
26) 布川弥太郎，飯塚尚彦，岩野君夫，斉藤和夫：醸協，**76**（4），267-271（1981）
27) 小杉昭彦，小泉幸道，柳田藤治，鵜高重三：醸学，**94**, 141-149（1999）
28) E. Cebollero and R. Gonzalez: *Appl. Environ. Microbiol.*, **72**, 4121-4127（2006）

29) E. Cebollero, A. V. Carrascosa, R. Gonzalez: *Biotechnol. Prog.*, **21**, 614-616 (2005)
30) T. Ogata: *Yeast*, **29**, 487-94 (2012)
31) Takeshige K, Baba M, Tsuboi S, Noda T, Ohsumi Y.: *J. Cell Biol.*, **119**, 301-11 (1992)
32) B. Kornmann, P. Walter: *J. Cell Sci.*, **123**, 1389-1393 (2010)
33) K. Okamoto, N. Kondo-Okamoto and Y. Ohsumi: *Dev. Cell*, **17**, 87-97 (2009)
34) S. Shiroma, L. N. Jayakody, K. Horie, K. Okamoto and H. Kitagaki: *Appl. Environ. Microbiol.*, **80** (**3**), 1002-1012 (2014)

第 14 章　清酒酵母の網羅的ゲノミクス
―系統，進化，育種―

赤尾　健*

1　清酒酵母の菌株

　清酒製造において，酵母はエタノールや清酒を特徴づける多くの香味成分を生成する。酵母の菌株ごとの醸造特性の違いによって，最終的なエタノール濃度や残糖分は様々である。香味成分の生成バランスも同様であり，酵母の菌株によって得られる清酒の官能特性も左右される。こうした酵母の特性の違いはもろみの管理方法にも影響する。したがって，酵母の選択は清酒製造の最重要ファクターのひとつであり[1]，酵母に対する現場の関心も高い。

　清酒製造に用いられる酵母菌株は広く清酒酵母と呼ばれているが，いずれも *Saccharomyces cerevisiae* に属するものである。明治期以降，多くの菌株が実用に供されてきたが，いずれも元を辿ればもろみや新酒など清酒製造環境から分離された「蔵付き酵母」か，それらから派生したものである[2]。発酵力と香味バランスに優れた菌株は，日本醸造協会を通じ，「きょうかい清酒酵母」として広く頒布されてきた（表 1）。代表的な菌株は「きょうかい 7 号」（K7）であるが，優良菌株としては，K7 以外に，K6，K9，K10 及びこれらの菌株からの派生株が実用に供されている。これらは，清酒酵母の中でも特に近縁の関係で，互いに容易には識別できないことから，「K7 グループ」と呼ばれている[1,3]。きょうかい酵母ではないが，地方公設試や酒造会社などで K7 グループの菌株を親株として，育種された菌株も多い[4~9]。これらは「きょうかい酵母」ではないが，当然ながら系統的には K7 グループに該当する。K7 グループの菌株は，低温でよく発酵し，最高で 20％以上の高濃度エタノールを生産する能力を有し，清酒らしさを構成する香味成分をバランスよく生成するなど，「清酒酵母らしさ」の根本をほぼ共有している。だが，近縁とはいえ，それぞれに個性的な醸造特性を有しており，出来る清酒も様々であるので，製造現場では造りの種類に応じて酵母の菌株を使い分けている。これら菌株間の遺伝的な差異については，ゲノム間の SNP レベルの多様性が主と考えられてきたが[1]，実態は不明であった。

2　自然突然変異による醸造特性の変化

　実用酵母の育種においては，優良菌株の系統が確立されたとしても安泰ではなく，培養ごと，継代ごとに，一定の確率でゲノムに突然変異が生じるのは不可避である。世代を経るごとに醸造

---

　*　Takeshi Akao　㈱酒類総合研究所　情報技術支援部門　副部門長

発酵・醸造食品の最前線

表1 主なきょうかい清酒酵母の菌株とその由来

菌株	分離源、由来等	醸造特性	実用年	備考
K1	醸造環境（兵庫・桜正宗）	濃醸強健、低温発酵（20℃）、香気は平凡	1916	1906年に分離；1940年まで頒布
K2	醸造環境（京都・月桂冠）	くい切りよく濃い酒、香気優良	1917	1912年に分離；1939年まで頒布
K3	醸造環境（広島・酔心）		1914	頒布中止
K4	醸造環境（広島県内）	経過良好	1924	頒布中止
K5	醸造環境（広島・賀茂鶴）	発酵力旺盛、果実様芳香、中低温に適す	1925	1936年頃に頒布中止
K6	醸造環境（秋田・新政）	発酵力が強く、香りはやや低く淡麗な酒質に最適	1935	分離は1930年頃
K7	醸造環境（長野・真澄）	華やかな香りで広く吟醸用及び普通醸造用に適す	1946	1946年に分離
K8	[K6の変異株]	やや高温性、多酸、濃醸酒向き	1963	実際はK6とは別系統の野生清酒酵母：1960年に分離；1976年まで頒布
K9	醸造環境（熊本・香露保有株：熊本酵母）	短期もろみで華やかな香りと吟醸香が高い	1968	1953年に熊本酵母として実用化
K10	醸造環境（明利・小川酵母）	少酸性、低温発酵で吟醸酒向き	1977	東北地方もろみ由来：1952年に分離され1958年頃に分譲開始
K11	K7のエタノール耐性変異株	やや多酸、りんご酸多い、もろみが長期になっても切れがよく、アミノ酸が増えない	1978	自然変異体：1975年に分離
K12	醸造環境（宮城・浦霞）	芳香高く吟醸酒向き、低温発酵	1985	K9添加もろみ由来：1966年に分離。1995年まで頒布
K13	K9とK10の交配株	K9とK10の長所を併せ持つ	1985	変異処理なし：旧MK9；頒布中止
K14	醸造環境（金沢国税局保有株：金沢酵母）	酸少なく低温中期型もろみ経過をとり、吟醸香の高い特定名称清酒に適す	1995	1991年に保存株からの自然変異：分離年は不明；K9系添加もろみ由来の自然変異体
K1501	醸造環境（秋田県醸造試験場保有株：秋田流・花酵母AK1）	低温長期型もろみ経過をとり、吟醸香の高い特定名称清酒に適す	1995	1990年に分離；K7添加もろみ由来の自然変異体
K1601	K7とK1001の交配株	エステル（カプロン酸エチル）高生産性かつ少酸性	1994	変異処理あり：旧No.86、2001年からK1601として頒布
K1701	K1001の変異株	エステル（カプロン酸エチル、カプロン酸エチル）高生産性で発酵力が強い	2001	変異処理あり
K1801	K1601とK9の交配株	尿素非生産性、K1801よりカプロン酸エチル生成、酢酸イソアミル生成、酸度がやや高い	2006	変異処理あり
K1901	K1801の尿素非生産性変異株	尿素非生産、少酸でカプロン酸エチル生成、酢酸イソアミル生成が緩やか	2014	変異処理あり
K601	K6の泡なし変異株	もろみで高泡を形成しない	1973	自然変異体
K701	K7の泡なし変異株	もろみで高泡を形成しない	1969	自然変異体
K901	K9の泡なし変異株	もろみで高泡を形成しない	1975	自然変異体
K1001	K10の泡なし変異株	もろみで高泡を形成しない	1984	自然変異体
K1401	K14の泡なし変異株	もろみで高泡を形成しない	1998	自然変異体
KT901	K901の多酸性変異株	K901よりりんご酸、コハク酸が多い	2009	自然変異体
KArgX	KXの尿素非生産性変異株（X=7, 9, 10, 701, 901, 1001）	尿素を生成しない	1992〜	自然変異体

実用年は、きょうかい酵母としての頒布開始年を示す。K1〜K5、K8以外はK7グループと呼ばれる。
文献2、4、18、日本醸造協会のパンフレットの記載などを基に作成。

第14章　清酒酵母の網羅的ゲノミクス

特性も少しずつ変化していくことになる。元々は単一の菌株でも，異なる試験管で独立したストックとして継代されるうちに，少しずつ違う特性を示すようになるのは，ごく自然なことである。その意味で優良菌株の優良たる所以である個性，菌株固有の醸造特性の維持には，相応の努力を必要とする。現在，日本醸造協会をはじめとする菌株分譲機関等では，毎年，同じ菌株に由来する多数のストックから，その菌株を名乗るのに相応しい特性を持つストックを選抜して分譲したり，良好な特性を有するストックを多数冷凍保存し突然変異による影響を最小限に抑えたりするなどの努力がなされている。

　他方で，こうした継代に伴う自然突然変異を積極的に利用するという発想も可能である。清酒酵母の継代の過程では，醸造特性を安定に維持する工夫として，単コロニー分離を行わないことも多いとされる。その場合は，集団中には遺伝的に一様ではなく，様々な突然変異が蓄積しているであろう。そのような集団から改めて，単コロニー分離を行えば，元の菌株と異なる系統も取得不可能ではないと期待できる。実際の清酒酵母菌株の育種においては，変異処理を施さずにポジティブ選択により分離された変異株，あるいは，優良菌株を添加した発酵もろみから分離された新たな醸造特性を有する菌株など，自然突然変異を利用して得られた菌株は意外なほど多い（表1)[4～7]。自然突然変異の積極利用は育種プログラムの一つとして定着しているといえる。

　このように，清酒酵母では表現型に影響する自然突然変異の頻度は，菌株の管理において醸造特性の維持に努力を要するほど，また，育種において積極的に利用できるほどに高い。このことは，清酒酵母を扱う者が以前から経験的に受け入れてきたことだが，それが何故なのか，どんな変異が生じているのかということについては，十分な検討がなされてきたわけではない。

3　清酒酵母の系統と進化のゲノミクス

　清酒酵母，特に非常に近縁な関係にあるK7グループのような菌株群を産業的に取扱う上で，K7グループの優良清酒酵母としてのアイデンティティ，各菌株の固有の醸造特性の遺伝的要因，それぞれの菌株の系統が生じてきたメカニズム，及び菌株が遺伝的に変化していくメカニズムについては，醸造学だけでなく酵母遺伝学上の興味深い問題である。我々は，こらの問題へのアプローチの端緒として，ゲノム変異解析という手法により，様々な菌株間のゲノム配列の差異を明らかにすることとした。具体的には，K7グループの株だけでなく，K7グループ以外の清酒酵母，焼酎酵母，日本産のその他醸造酵母も対象として，それぞれのゲノムをイルミナ社の次世代シーケンサーで解読した。得られた長さ約100塩基ほどの短いリードを，リファレンス配列（サンガー法で解読され，*de novo*でアセンブリされたK7のゲノムコンセンサス配列[8]）の対応する部分にマッピングし，リファレンスに対する塩基レベルのミスマッチ部分を変異点として抽出することで，菌株ごとのK7に対するSNPリストを得た。

　これらのSNPリストから，菌株相互の間のゲノムワイドな塩基の不一致率を計算し，系統樹を作成したところ，清酒・焼酎酵母，ワイン酵母はそれぞれクラスターを形成した。特に，清

酒・焼酎酵母の分布はある程度の範囲に広がっていたが，K7 グループでは，その全体が極めて狭い範囲に集中して分布しており，遺伝的に極めて近縁であることがゲノムレベルで確かめられた（図1）。ここでの系統樹は，報告されている S. cerevisiae の系統樹と整合のとれたものであった[9]。

清酒酵母はヘテロザイガスな二倍体である。したがって，リファレンス配列に対してリードをマッピングした場合，検出される変異はホモザイガスなものかヘテロザイガスなものである。ヘテロな SNP は相同染色体間のヘテロザイゴシティを意味する。K7 グループの大部分の菌株では，ホモ SNP は 200〜500 個，ヘテロ SNP は 1500〜2000 個程度と少数だった。これらについて，染色体座標上での 10 kb あたり SNP 密度としてゲノムワイドな可視化を行った（図2）。興味深いことに，K7 グループの各菌株の SNP は染色体全体にわたって均一なものではなく，大多数が一部の領域に偏っていた。更に，これらの SNP の偏りには K7 グループの菌株間で高い共通性が見られたものの，ある領域の SNP 群が，菌株によってホモザイガスなものとヘテロザイガスなものがあり，結果的に菌株により固有のパターンを有していた[10]。

このような菌株ごとに似て非なる分布パターンが生じてきた理由については，次のようなシナリオによりうまく説明できる。①直前の交配により 2 つの一倍体が接合してヘテロ二倍体が生じ，そこからヘテロザイゴシティの喪失（Loss of Heterozygosity: LOH）が繰り返して生じて起こることで部分的なホモザイガス化が徐々に進行し，結果的に虫食いの跡のようにヘテロザイガスな領域が不均一に残った株が生じた。②この株を共通祖先として，そこから各系統が隔離され，系統ごとに独立して LOH が起こったことにより，SNP の分布領域は共通するが，それらのホモまたはヘテロの組合せにおいて固有の SNP 分布パターンを有する K7 グループの主系統

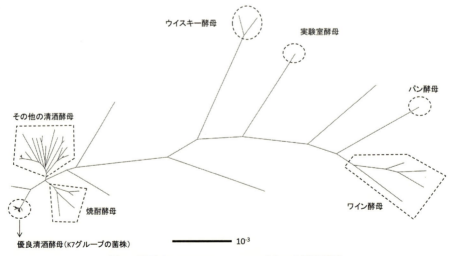

図1 酵母 Saccharomyces cerevisiae の系統関係
次世代シーケンサーによって，清酒酵母をはじめとする日本産の酵母菌株の全ゲノム配列を解読した。得られたリードを参照配列（K7 のコンセンサス配列）にマッピングし，各菌株の SNP 情報を抽出し，菌株間の塩基配列の不一致率（置換率）に基づいて系統樹を作成した。

第 14 章　清酒酵母の網羅的ゲノミクス

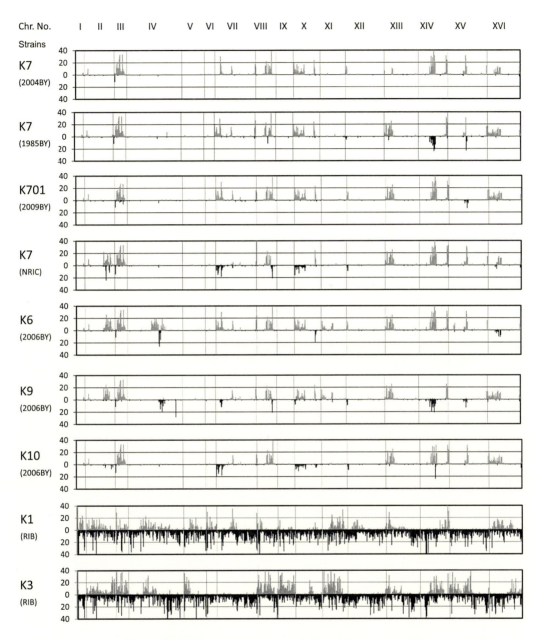

図 2　清酒酵母菌株のゲノムワイドな SNP の分布パターンの例

グラフの左側に菌株名を示した．カッコ内は，たとえば 2006BY の場合は日本醸造協会から 2006 年に頒布された株を示す．RIB は酒類総合研究所，NRIC は東京農業大学の保存株を示す．横軸は 16 本の染色体を番号順にタンデムにつなげた染色体座標を，縦軸は 10 kb あたりの SNP の個数を示す．縦軸中央のゼロ点から上側（灰）がヘテロザイガスな SNP であり，下側（黒）がホモザイガスな SNP である．K7 の全ゲノム解析[1,8]によるコンセンサス配列（K7 はヘテロ二倍体なので，多型がある部分は 2 本の相同染色体のどちらかの塩基が多数決で採用されたキメラ状の疑似ホモザイガスな状態になっている）が参照配列となっているため，K7 のリシーケンス結果をマッピングした場合は，ヘテロ SNP が検出される．

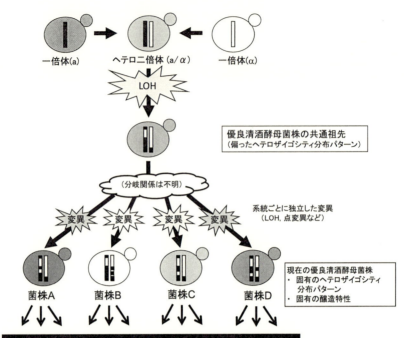

図3　優良清酒酵母の系統分化

優良清酒酵母の系統（ここでは系統A～Dとしている）は，それらの共通祖先から，現在につながる系統に分岐後，系統ごとに独立したLOHが起こり，あるいは点突然変異が導入されることで生じたと考えられる。それぞれの系統は，固有なヘテロザイガスな領域の組合せとSNPを有する菌株（K6，K7，K9，K10）が生じたと考えられる。現在の菌株も継代を繰り返すごとに同様に変異が蓄積し，更なる系統分化が現在進行形で起こっている。

の菌株（＝K6，K7，K9，K10）が形成された（図3）。

　菌株の系統分化におけるLOHの寄与については，同じ原株からの継代により生じたことが明らかなK7（泡なし変異体K701も含む）のストック間でのSNPパターンの違いを見れば明らかである（図2）。このことは，共通祖先からK6，K7，K9，K10が生じる過程でもLOHの寄与があったことを大きく支持するものである。

　なお，②における共通祖先からの分化による系統の形成過程では，LOHの他にも，菌株あるいはストックごとに固有の点突然変異が導入されているであろうことはいうまでもない。図からは少し分かりにくいが，SNPが多く分布する領域の狭間に孤立して存在するSNPの多くがこれらに相当すると考えられる（図2）。

4　清酒酵母の点突然変異とLOHの意義

　点突然変異と相同染色体間のLOHは，いずれも酵母にSNPレベルの変化をもたらす変異である。改めて整理すると，点突然変異では，DNAの複製ミスや変異原の存在によって塩基レベ

第 14 章　清酒酵母の網羅的ゲノミクス

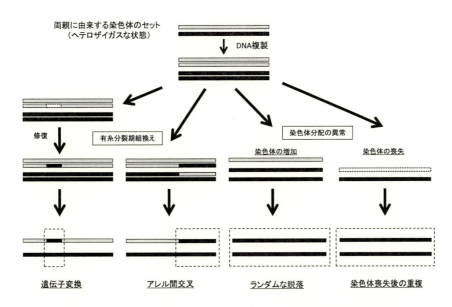

図4　Loss of heterozygosity（LOH）の諸様式
様々な細胞内イベントの結果としてLOHが起こる。それらがヘテロザイガスな領域で生じれば，LOHを招くが，ホモザイガスな領域で生じたときは，何も変わらない。

ルの置換，欠失，挿入が生じる。自発頻度は塩基・世代当たり 10^{-9} 程度[11]と低い。しかし，新たな遺伝子型が導入される点で，LOHとは本質的に異なっている。

　一方のLOHは，その原因となるイベントは，遺伝子変換，アレル間交叉，染色体分配の異常など多様であり，その規模も小規模なものから染色体レベルまで様々である（図4）。自発頻度は遺伝子座・世代当たり 10^{-5} 程度と見積もられている[12,13]。LOHは二倍体細胞であればどのような生物でも起こりうるが，細胞レベルの現象ゆえ，多細胞生物ではガンのようなケースを除いて個体全体に影響が及びにくい。しかし，単細胞生物である酵母では細胞すなわち個体であるので，その個体と子孫にとってLOHが大きなインパクトとなる可能性は常に存在する。ひとたびLOHが起これば，その領域ではハプロタイプの一方が失われ，もう一方に置換される。どちらが選択されるかでその領域のディプロタイプは異なったものとなる。発酵力や香味特性などに関する遺伝子座でLOHが起こった場合には，菌株の醸造特性に影響するケースも少なくないだろう。実際，現在の優良菌株はこのようにして生じてきた側面がある（図3）。

　ここで，清酒酵母にとっての点突然変異とLOHのそれぞれの意義を考えてみたい。K7グループのように有性生活環をほぼ失った系統にとっては，LOHは交配に代わって，ディプロタイプの再構成（多型の喪失とも言えるが）によって，菌株の多様化，系統分化を促す大きな推進力だといえる。同時にLOHの進行によって，集団はどんどん系統分化し，ホモザイガス化も進行する。LOHの頻度や範囲からみて，点突然変異を考慮しても，究極的にはゲノム全体がほぼホモザイガスな状態，「純系」に近い状態になるだろう。これは細胞の集団としては，様々なディプ

ロタイプを持つ無数の系統に分化していくことである。これは，酵母にとっては，ニッチへの適応に賭けた集団の遺伝的な多様化の方策として有効なのではないか。そのような中から，好ましい系統を選抜していく行為は，まさに菌株の家畜化と考えることができる。

5　ゲノミクスがもたらした育種の視点

多数の菌株のゲノミクスの結果，清酒酵母の二倍体である清酒酵母の遺伝的変化の要因として，点突然変異のほかに，LOHの重要性が示唆されたのは，上に述べたとおりである。これまでの清酒酵母の育種においては，限られたケース[13~16]を除いて，あまり意識されることがなかった点である。そこで，菌株あるいは菌株の集団に起こる遺伝的変化を踏まえ，清酒酵母の育種において意識すべき事柄について，より大局的な視点から再整理を試みたい。

5.1　LOHに利用した育種の可能性と限界

単純化のため，2アレルの一方が他方に対して完全優性の場合を想定する。ある系統でLOHにより何か新しい表現型が現れたとする。このときアレル上の原因となる変異点の遺伝子型は劣性ホモである。この劣性変異はLOH以前から既にアレル上に存在したものであり，アレルの機能がLOHにより顕在化したに過ぎない。同じ劣性アレルをヘテロで持つ株であれば，同じ親株から，同様の表現型を持つ変異体を再分離することも可能ということになる。貴重な変異株を失っても，同じ親株から取り直しも可能と期待出来る。原因変異が既知ならば，その変異をヘテロで持つかどうか調べることで育種の可能性を予測できるということでもある。また，同じ菌株から，似た変異体がいくつも取れるような場合は，原因変異が同じ劣性変異である可能性も考えられ，原因変異の効率的なスクリーニングに有効な場合もある[17]。反対に，求める表現型の原因となる変異が元のゲノム中に存在しない場合などには，偶然に同じ点突然変異が生じない限り，どれだけスクリーニングを行っても無駄ということである。これがLOHを利用した育種の限界である。

5.2　点突然変異の役割

一方，LOHの限界を補完するのが，点突然変異であるといえる。二倍体酵母はLOHにより徐々に多型が失われていく。そのため，新たな表現型の獲得には，確率的に低くとも新たな点突然変異の導入は欠かせない。K7グループのように極めて近縁な関係にあっても，系統ごとに固有な点突然変異が導入されているはずである。K7グループのように遺伝的多様性が少ない場合，それぞれの菌株や系統が維持されてきたことの価値のいくらかは，固有の点突然変異の蓄積にあるともいえる。

第 14 章　清酒酵母の網羅的ゲノミクス

5. 3　ヘテロ SNP の運命（消失と固定，変異処理）
　点突然変異は相同染色体の一方にしか導入されずヘテロザイガスであるが，いずれ LOH が起これば，ホモ SNP として固定するか，失われるかである。従来の変異処理により育種を行う場合には，目的の変異の導入された株を取得した後，LOH により変異が失われないよう維持管理が重要となる。一方，変異処理により目的外の変異や好ましくない変異が導入されること珍しくないが，それらが点変異であれば，目的とする表現型が失われないように注意深く継代しながら再選抜を行えば，LOH によって不要な変異がゲノム中から脱落した系統を得ることも不可能ではない。変異処理による積極的な点突然変異の導入については，予想外の変異の悪影響を懸念し敬遠する向きもあるが，再選抜を繰り返していく必要性はあるものの，育種方法としてのポテンシャルの高さを認識し直すことは無駄ではないだろう。

5. 4　株分けストックの利用
　例えば，K7 は日本醸造協会から酒造会社への頒布が続けられているが，醸造特性の観点から，「K7 の名にふさわしい株」として毎年選抜をされながら適切に維持管理されている。一方，国内外の多数の菌株保存機関でも K7 がストックされている。いわば株分けであるが，別機関のストックとなった後は，独立した系統として独自に進化していることになる（このことは K6, K9, K10 なども同様である）。これらの K7 の様々なストックは，図 2 に示したもの以外も含めて「K7」として保存はされてきたものだが，「K7」としての選抜はされていない。それぞれ SNP の分布パターンも異なり，事実上別の菌株と捉えるべきである。しかし，これらのストックは育種の親株としての大きなポテンシャルを期待できる。

5. 5　ヘテロ接合度と LOH の頻度
　かつての優良菌株である K1 から K5 は，系統的には清酒酵母であるが，K7 グループではなく，図 1 の「その他の清酒酵母」の枠内に位置している。このうち，K1 と K3 の SNP の分布を図 2 に例示した。ここではヘテロ SNP に注目すると，その分布の偏りから，これらの菌株の成立にも LOH の寄与があったことがうかがえる。ただ，K1 と K3 では K7 グループよりもヘテロ SNP の数も多く，分布範囲も広範である。これらは明治末期から大正期にかけて優良菌株として分離・実用化されたが，実際に使用された期間は短く，保存中の性質の変化によりいずれも昭和初期には頒布されなくなった[18]。一方でよりヘテロ SNP の少ない K7 グループでは，K6 が昭和 5 年，K7 が昭和 21 年に分離されて以来，半世紀以上に渡り安定的に使用されている。LOH の原因となるイベントがゲノム上でランダムに生じると仮定すると，ヘテロ SNP の分布が広範な菌株ほど，LOH が起こりやすいことになり，これらの菌株が短期間で変性した原因について，部分的にでも説明がつくのではないだろうか。かつては実際にどのような醸造特性を持っていたのか今となってはわからないが，元が優良菌株として分離された株であるので，これらの継代（または変異処理）と再選抜により，好ましくない性質が抑圧されるなどして，再び実

125

用に耐える菌株が得られるかもしれない。実用清酒酵母はほぼK7グループという現状にあって，K7とは別の系統の優良清酒酵母へのニーズへ応えるための一つの選択肢と考えられる。

6　総括

点突然変異とLOHを中心とした遺伝的変化の様式に着目し，育種との関わりについて述べてきた。実際の育種を行う際には，それぞれの方法論の可能性と限界とを絶えず念頭に置くことで，よりよい見通しを得られるはずである。また，ここでの議論は，育種だけでなく，継代，維持，保存などにも菌株管理全般に関連するものであるし，また，清酒酵母ばかりでなく，同様に二倍体である他の実用酵母にも拡張できるだろう。

謝辞

下飯仁博士（現・岩手大学農学部），渡辺大輔博士（現・奈良先端科学技術大学院大学バイオサイエンス研究科）菅野洋一朗氏（現・大関㈱）をはじめとする共同研究者の皆様に深謝いたします。

文　献

1) 赤尾健，醸協，**107**，366（2012）
2) 吉田清，清酒酵母の研究－80年代の研究－，p.101，清酒酵母研究会（1992）
3) 後藤奈美，清酒酵母の研究－90年代の研究－，p.63，日本醸造協会（2003）
4) 石川雄章，清酒酵母の研究－90年代の研究－，p.194，日本醸造協会（2003）
5) 大場孝宏，醸協，**103**，510（2008）
6) 原昌道，醸協，**73**，701（1978）
7) 北本勝ひこほか，醸協，**87**，598（1992）
8) T. Akao, et al., DNA Res. **18**, 423 (2011)
9) G. Liti et al., Nature, **458**, 337 (2009)
10) 赤尾健ほか，平成22年度日本生物工学学会大会講演要旨集，p. 43，日本生物工学会（2010）
11) M. Lynch et al., Proc. Natl. Acad. Sci. USA, **105**, 9272 (2008)
12) M. Hiraoka et al, Genetics, **156**, 1531 (2000)
13) A. Kotaka et al, Appl. Microbiol. Biotechnol., **82**, 387 (2009)
14) 小高敦史，生物工学，**90**，66（2012）
15) S. Hashimoto et al., Appl. Environ. Microbiol.,**71**, 312 (2005)
16) S. Hashimoto et al., Appl. Microbiol. Biotechnol., **69**, 689 (2006)
17) 森中和也ほか，第65回日本生物工学会大会講演要旨集，p. 198（2013）
18) 灘酒研究会編，改訂 灘の酒用語集，p.104，灘酒研究会（1997）

第15章　新しい清酒用酵母 きょうかい酵母®尿素非生産性1901号（KArg1901）の育種

蓮田寛和[*1], 稲橋正明[*2]

1　はじめに

　清酒醸造における，カルバミン酸エチルの前駆物質の多くは酵母が生成する尿素であり，火入れや貯蔵中に尿素がエタノールと反応してカルバミン酸エチルを生成する。尿素は，酵母のアルギナーゼによってアルギニンがオルニチンと尿素に分解されることで生成する。また，その他の酒類では，核果（ウメやサクランボなど）の種に含まれるシアン配糖体の分解により生じるシアン化物とエタノールが反応することでカルバミン酸エチルが生成する。

　カルバミン酸エチルは，国際がん研究機関によって2007年にグループ2A（おそらく発がん性がある）に分類された物質であり，食品の成分等に関する国際規格を定めているコーデックス委員会等でカルバミン酸エチルについて議論され，2011年の第34回コーデックス総会で核果蒸留酒中のカルバミン酸エチル汚染防止・低減のための実施規範が採択された[1]。

　1986年にカナダで基準値以上にカルバミン酸エチルを含む酒類の中に清酒が含まれていた。そこで，日本酒造組合中央会の研究部会と国税庁醸造試験所（現在の㈱酒類総合研究所）などが解決策を検討した。研究の結果，清酒醸造においては，尿素を低減することでカルバミン酸エチル生成を抑制することが可能であると結論付けた。尿素の低減方法として，原料処理による低減[2,3]，ウレアーゼ処理による尿素の分解[4]，火入れ後の急冷や低温貯蔵[5]等の方法がある。また，酵母の生成する尿素を低減する方法として，尿素生成の低い酵母の育種[6]や尿素非生産性株の育種方法[7,8]がある。

　遺伝子組み換えを用いない尿素非生産性酵母の育種方法は，北本らによって報告されている[7]。この方法を用いることでアルギナーゼ欠損株が単離でき，酵母によるアルギニンの分解が抑制されることで尿素が生成されず，尿素に起因するカルバミン酸エチルの抑制が可能となった。この方法により，様々な優良清酒酵母の尿素非生産性株を育種され実用化されてきた。現在までに，きょうかい酵母®尿素非生産性7号（KArg7），701号（KArg701），9号（KArg9），901号（KArg901），10号（KArg10）および1001号（KArg1001）の清酒用酵母が北本らによって育種され頒布されている。

---

*1　Hirokazu Hasuda　（公財）日本醸造協会　研究室　技術員
*2　Masaaki Inahashi　（公財）日本醸造協会　研究室　上席技師　研究室長

発酵・醸造食品の最前線

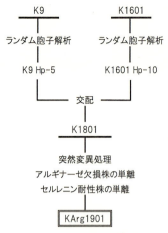

図1 きょうかい酵母®尿素非生産性1901号
（KArg1901）の育種方法の概要

近年，吟醸酒において吟醸香の主要成分の傾向は，酢酸イソアミル（バナナ様の吟醸香）からカプロン酸エチル（リンゴ様の吟醸香）に変わりつつある。1992年にカプロン酸エチルを高生産するきょうかい酵母®1601号[9]（K1601，旧名No.86号）を頒布して以来，2006年にはきょうかい酵母®1801号[10]（K1801）を頒布している。

尿素非生産性酵母の育種方法の概略とK1801について図1に示す。K1801は，きょうかい酵母®9号（K9）およびK1601のランダム胞子解析により得られた一倍体の掛け合わせにより育種された酵母で，カプロン酸エチル高生産性に加えて，少酸性およびイソアミルアルコール低生産性という吟醸酒に適した醸造特性を示すことから多くの酒造場で使用されている。一方，カプロン酸エチル高生産性の尿素非生産性清酒酵母は現在まで得られていなかったので，実用化を目的にカプロン酸エチル高生産性尿素非生産性酵母の育種を試みた。

2 尿素非生産性酵母の育種

尿素非生産性酵母の単離は，北本ら[7]の方法を一部改変して行った。カプロン酸エチル高生産性酵母のK1801を親株に用い，メタンスルホン酸エチル（EMS）により変異処理後，CAO培地を用いてアルギナーゼ欠損株の単離を行った結果，約10^{-8}の出現頻度で9株が出現した。

アルギナーゼ欠損の確認は，Arg培地およびOrn培地を用いた。CAO培地に出現した9株をグルコースTTC下層培地[11]上に生育させて，Arg培地およびOrn培地にレプリカした。Arg培地で生育せず，Orn培地で生育するコロニーがアルギナーゼ欠損株の候補となる。その結果，Arg培地で生育せず，Orn培地で生育する株を4株得た。

3 小仕込み試験による選抜

得られた4株からグルコースTTC下層培地を用いて20株単離し，精米歩合60％のα米およびエタノール脱水麹を用いた総米150g，仕込み温度15℃一定での小仕込み試験により選抜を行った。日本酒度，アルコール分，酸度およびアミノ酸度（以後，この4つの分析項目を一般分析と略記する）の分析は，国税庁所定分析法[12]に従い行った。香気成分の分析はヘッドスペースガスクロマトグラフィーを用いて行った。尿素濃度の測定は，J. J. Coulombeらの方法[13]に従った。この方法を用いた尿素の検出限界濃度は2ppmであった。

第15章 新しい清酒用酵母 きょうかい酵母®尿素非生産性1901号（KArg1901）の育種

表1 CAO培地から単離した酵母の小仕込み試験結果

	K1801	EMS45 3-1	EMS45 5-1	EMS45 5-2
日本酒度	−6	−9.5	−5.5	−17
アルコール分（%）	18.8	18.2	18.7	17.4
酸度（ml）	2.85	2.90	3.35	3.30
アミノ酸度（ml）	1.85	1.25	1.20	1.50
尿素（ppm）	15.2	N.D.	N.D.	N.D.
酢酸エチル（ppm）	102.8	149.0	115.2	83.6
イソブチルアルコール（ppm）	66.3	125.0	112.4	76.1
酢酸イソアミル（ppm）	12.80	24.40	15.70	8.26
イソアミルアルコール（ppm）	186.8	227.5	216.9	187.7
カプロン酸エチル（ppm）	11.00	3.28	7.84	13.55

N.D. Not detected

小仕込み試験の結果，発酵速度が良好な3株を得た。一般分析値および香気成分の分析結果を表1に示す。K1801の尿素濃度が15.2 ppmであったのに対して，得られた3株の尿素濃度は検出限界以下であったことから尿素非生産性株が単離されたことが確認された。しかし，得られた3株の一般分析値はそれぞれの株において親株と異なる結果となった。また，香気成分については，K1801と比較してカプロン酸エチルは1株で高く，他の2株で低くなった。一方，酢酸イソアミルは3株とも高くなったが，生老香の主要成分であるイソバレルアルデヒドの前駆物質のイソアミルアルコールはK1801より高くなった。一般分析値および香気成分がK1801と異なる結果となったことは，CAO培地に供する前にEMSによる変異処理を行った影響が考えられた。

K1801よりもカプロン酸エチルが低く，酸度が高いことを除いたその他の醸造特性が親株と類似しているEMS45 5-1株を実用化の候補として選定した。この候補株は，カプロン酸エチル生成がK1801よりも低いことから，カプロン酸エチルを高生成する株の選抜を行うために候補株から再度セルレニン耐性株の取得を試みた。

4　セルレニン耐性株の取得と優良株の選抜

EMS45 5-1株に脂肪酸生合成の阻害剤であるセルレニンを用いてカプロン酸エチルを高生産する株の選抜を試みた[14]。セルレニン2 ppm添加平板培地にEMS45 5-1株を供してセルレニン耐性株を30株単離した。得られた30株を精米歩合60%のα米およびエタノール脱水麹を用いた総米150 g，仕込み温度は1日目から3日目まで18℃一定とし，その後1日あたり0.5℃下げ15.5℃まで降温後15.5℃一定の小仕込み試験を行い，優良株の選抜を行った。また，前述の小仕込み試験と仕込み温度を変え，より前急型の仕込みをすることで実際のもろみ温度経過を考慮した仕込みを行った。

小仕込み試験の結果を表2に示す。仕込み温度の違いから前述の結果（表1）と比較して，一

表2 セルレニン耐性株の小仕込み試験結果

	K1801	EMS45 5-1	EMS45 5-1-30 (KArg1901)
日本酒度	−1	−2	−0.5
アルコール分（％）	19.2	18.7	19.1
酸度（ml）	2.55	2.95	2.55
アミノ酸度（ml）	1.50	1.75	1.35
尿素（ppm）	19.3	N.D.	N.D.
酢酸エチル（ppm）	98.0	112.4	111.9
イソブチルアルコール（ppm）	84.7	124.6	150.4
酢酸イソアミル（ppm）	7.10	9.72	11.42
イソアミルアルコール（ppm）	190.6	237.0	221.7
カプロン酸エチル（ppm）	5.60	3.14	4.79

N.D. Not detected

般分析値および香気成分に違いを生じた。得られたセルレニン耐性株の多くは発酵速度の低下がみられたが，発酵が良好で EMS45 5-1 株よりもカプロン酸エチルを高生産する EMS45 5-1-30 株を単離した。この株は，K1801 の 85％のカプロン酸エチルを生成し，しかも尿素は検出限界以下となった。これに，一般分析値と香気成分の分析結果を評価して EMS45 5-1-30 株を最終的にカプロン酸エチル高生産性の尿素非生産性株として選抜し，きょうかい酵母® 尿素非生産性 1901 号（KArg1901）として平成 26 年 5 月から頒布を開始することとした[15]。

5　総米 2000 kg の大吟醸酒の実地醸造

精米歩合 50％の五百万石を用いた総米 2000 kg の実地醸造を行った。仕込み配合は表 3 に示すとおり，酒母歩合 6％，留め仕込みまでの汲水歩合 140％の大吟醸酒仕込みとした。酵母は KArg1901 と対照として K1801 を使用し，酵母以外は同一条件となるように仕込みを行い一般分析値，酒母経過およびもろみ経過の比較を行った。

中温速醸酒母経過を図 2 に示す。KArg1901 は酒母 3 日目から 4 日目のボーメの切れおよびアルコール生成が K1801 と比較してやや緩やかであったため，品温を維持する経過とした。分

表3 総米 2000 kg の大吟醸酒の仕込み配合

	酒母	添	仲	留	追水	合計
総米（kg）	120	320	590	970		2000
蒸米（kg）	80	240	460	880		1660
麹米（kg）	40	80	130	90		340
汲水（ℓ）	220	320	760	1500	300	3100
アルコール（％）（ℓ）						50％　400 ℓ

K1801 の追水は 400 ℓ で汲水合計は 3200 ℓ の仕込みを行った。

第15章 新しい清酒用酵母 きょうかい酵母®尿素非生産性1901号（KArg1901）の育種

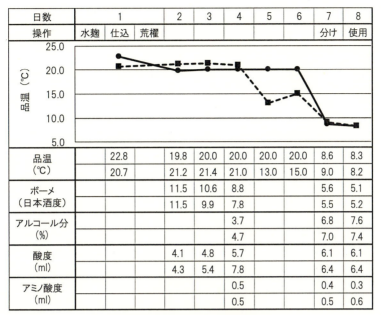

図2 酒母経過（中温速醸酒母）
品温および一般分析値は，上段がKArg1901，下段がK1801を示す。
品温のグラフは，実線（●）がKArg1901，破線（■）がK1801を示す。

け時（7日目）および使用時（8日目）の成分は，KArg1901とK1801はほぼ同じ一般分析値を示したことから，どちらの酵母も健全な酒母が育成された。

もろみ経過を図3に示す。もろみの品温はKArg1901とK1801の仕込みでほぼ同じ品温経過で推移させた。KArg1901とK1801のもろみは，もろみ前半でKArg1901のボーメの切れがK1801よりやや緩やかであったが，もろみ後半はほぼ同じ一般分析値を示した。もろみ28日目にアルコール添加を行い上槽した。上槽後の一般分析値を表4に示す。尿素濃度の測定結果は，K1801は11.2 ppmであったのに対して，KArg1901は検出限界以下であったことから，実地醸造においても尿素非生産性であることが確認された。香気成分分析の結果は，KArg1901はK1801の73%のカプロン酸エチルを生成し，もろみで十分なカプロン酸エチル生成があった。また，酢酸イソアミルもK1801の174%を生成し，小仕込み試験の結果と同じ傾向を示した。実地醸造蔵における官能評価では，香りのバランスが良く酸味が食中酒として良好であるとの結果を得た，一方で酸味においてはやや荒いとの指摘もあった。

アルコール添加前のもろみの一般分析値はKArg1901とK1801でほぼ同じ値であったが，もろみ管理方法であるB曲線およびA-B直線を比較した[16]。B曲線はグラフの縦軸にBMD値（留仕込み後の日数×ボーメ）を，横軸に留仕込み後の日数をとりプロットするもので，ボーメの切れを判断することができる。また，A-B直線は，グラフの縦軸にボーメを，横軸にアルコール分をとってプロットするもので，アルコール生成およびボーメの切れを判断することができる

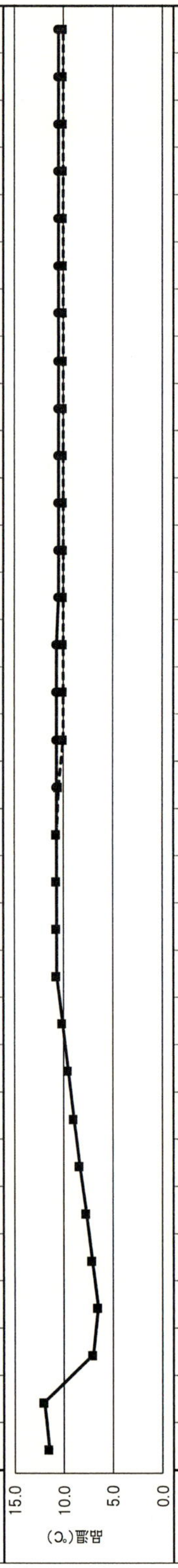

日数	添	踊	仲	留	2	3	4	5	6	7	8	9	10	11	12	13	14	15	16	17	18	19	20	21	22	23	24	25	26	27	28
操作																															
追水(ℓ)								100							100		100														
								100									100					100						100			
品温(℃)	11.5	12.0	7.0	6.5	7.1	7.7	8.3	8.9	9.5	10.1	10.7	10.7	10.7	10.7	10.7	10.7	10.7	10.7	10.5	10.5	10.5	10.5	10.5	10.5	10.5	10.5	10.5	10.5	10.5	10.5	10.5
	11.5	12.0	7.0	6.5	7.1	7.7	8.3	8.9	9.5	10.1	10.7	10.7	10.7	10.7	10.5	10.0	10.0	10.0	10.0	10.0	10.0	10.0	10.0	10.0	10.0	10.0	10.0	10.0	10.0	10.0	10.0
ボーメ 日本酒度								7.8		6.8	6.2				4.1		3.1	−27				−16		−12	−11			−6.7	−5.4	−4.2	−3.5
								7.5		6.3	5.7				3.5		−28	−24				−16		−12	−11			−7.1	−5.7	−4.2	−3.4
アルコール分(%)										5.6	6.5				10.3		11.6	11.9				14.1		14.8	15.2			16.2	16.5	16.6	16.9
										6.0	7.2				11.2		12.5	12.9				14.6		15.2	15.3			16.2	16.5	16.4	16.5
酸度(ml)								1.0		1.2	1.4				1.7		1.7	1.7				1.8		1.9	1.9			1.8	1.9	1.8	1.8
								1.0		1.1	1.4				1.6		1.7	1.7				1.7		1.7	1.7			1.7	1.6	1.6	1.6
アミノ酸度(ml)																	0.6					0.8		0.8	0.9			1.1	1.0	1.1	1.3
								0.3									0.7					0.9		1.0	0.9			1.1	1.1	1.2	1.2

図3　もろみ経過
追水，品温および一般分析値は，上段がKArg1901，下段がK1801を示す。品温のグラフは実線（●）がKArg1901，破線（■）がK1801を示す。

もろみ管理方法である。

KArg1901とK1801のB曲線を図4に示す。KArg1901のB曲線は，もろみ前半でK1801のB曲線よりも高く推移していることから追水の時期の違いはあるが，やや切れが緩やかであると推測された。もろみ後半にかけては，どちらも同じB曲線となったことからもろみ後半の切れは同程度であると推測された。

KArg1901とK1801のA-B直線を図5に示す。ここではK1801のA-B直線を対照とした。A-B直線はKArg1901もK1801もほぼ同じとなりボーメの切れとアルコール生成については同じであることが分かった。A-B直線はほぼ同じ傾きを示したことから，KArg1901とK1801は同程度のアルコール生成能を有していることが分かった。これらの結果から，KArg1901およびK1801は同程度の発酵力があることが確認され，実際に酒造現場ではK1801と同様のもろみ管理が可能であると考えられる。

第15章 新しい清酒用酵母 きょうかい酵母®尿素非生産性1901号 (KArg1901) の育種

表4 上槽後の一般分析値および香気成分

	KArg1901	K1801
日本酒度	+3.6	+4.2
アルコール分（%）	18.4	18.7
酸度（ml）	1.46	1.32
アミノ酸度（ml）	1.07	1.31
尿素（ppm）	N.D.	11.2
酢酸エチル（ppm）	72.4	58.8
イソブチルアルコール（ppm）	57.8	40.6
酢酸イソアミル（ppm）	2.59	1.49
イソアミルアルコール（ppm）	146.5	113.9
カプロン酸エチル（ppm）	6.54	8.87

N.D. Not detected

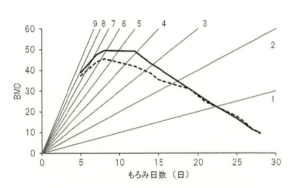

図4 KArg1901およびK1801のB曲線
グラフの実線がKArg1901, 破線がK1801を示す。

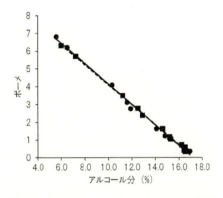

図5 KArg1901およびK1801のA-B直線
グラフの実線（●）がKArg1901, 破線（■）がK1801を示す。

謝辞

KArg1901号酵母の実地試験醸造にご協力頂いた, 月桂冠株式会社にこの場を借りて厚く御礼申し上げます。

文　　献

1) 国税庁ホームページ：http://www.nta.go.jp/shiraberu/senmonjoho/sake/anzen/joho/joho01.htm
2) 吉沢　淑ほか，醸協，**83**, 136（1988）
3) 斉藤　和夫ほか，醸協，**83**, 145（1988）
4) 吉沢　淑ほか，醸協，**83**, 142（1988）
5) 吉沢　淑ほか，醸協，**83**, 69（1988）
6) 原　昌道ほか，醸協，**83**, 351（1988）
7) 北本　勝ひこほか，醸協，**87**, 598（1992）
8) 福田　潔ほか，醸協，**88**, 633（1993）
9) 吉田　清，醸協，**90**, 751（1995）
10) 吉田　清，醸協，**101**, 910（2006）
11) 古川　敏郎ほか，農化，**37**, 398（1963）
12) 西谷　尚道ほか，第4回改訂　国税庁所定分析法注解，p7，日本醸造協会（1993）
13) J. J. Coulombe *et al.*, *Clinical Chemical*, **9**, 102（1963）
14) E. ichikawa *et al.*, *Agric. Biol. Chem.*, **55**, 2153（1991）
15) 蓮田　寛和，醸協，**109**, 576（2014）
16) 石川　雄章ほか，増補改訂　清酒製造技術，p251，日本醸造協会（1998）

第 16 章　醤油酵母 Zygosaccharomyces rouxii の産膜形成機構及び不快臭生成機構の解析

渡部　潤*

1　はじめに

　醤油は穀物原料を発酵させて得られる調味料であり，日本をはじめ，主に東南アジアにおいて盛んに製造されている。日本で醤油の製造がはじまった時期は定かではないが，その原型は3000年前の中国の醤（ひしお）であるといわれている[1]。現代においても機械化などにより醤油製造の効率化が図られているが，基本的には江戸時代に確立された伝統的な発酵醸造技術が現在でも使用されている[1]。醤油の製造工程は大まかに4つに区分することができる。1つ目は，原料処理工程であり，大豆や小麦が熱処理され，後工程での分解を受けやすい状態に加工される。日本のこいくち醤油はほぼ等量の大豆と小麦とが使用される。2つ目は，製麹工程であり，Aspergillus oryzae や A. sojae を用いて麹が製造され，酵素生産が行われる。3つ目は，発酵熟成工程であり，醤油もろみ（麹と食塩水との混合物）中で，乳酸菌や酵母が生育して，醤油らしい風味が徐々に形成される。4つ目は，精製工程であり，醤油の殺菌や清澄化のために火入れや濾過などが行われる。

　発酵熟成工程は醤油の風味に影響を及ぼす重要な工程である。初期もろみでは麹菌が生産したプロテアーゼやアミラーゼの作用により，原料からアミノ酸や糖が遊離する。この遊離した糖を用いてもろみ中でアルコール発酵を主に担うのが，醤油の主発酵酵母とも呼ばれる Zygosaccharomyces rouxii である。Z. rouxii は，アルコール発酵だけではなく，醤油の特徴香成分の1つである 4-hydroxy-2(or 5)-ethyl-5(or 2)-methyl-3(2H)-furanone（HEMF）の生成にも関与しており[2]，醤油の香気形成にとって必須の微生物である。一方で，Z. rouxii の中には，もろみ表面や醤油液面で皮膜状に生育することで不快臭を生成する悪玉酵母が存在し[3]，醤油醸造における問題の1つにもなっている。このように Z. rouxii は正負両面において醤油醸造に深く関わっているにもかかわらず，さまざまな理由からその分子レベルでの研究はほとんど実施されてこなかったが，近年になって，Z. rouxii のゲノム情報[4]や効率的な形質転換系[5,6]が利用可能となり，研究を進展させるための基盤が整ってきた。

　この章では，Z. rouxii の一般的な性質について解説すると共に，筆者らが取り組んできた Z. rouxii の産膜に関する解析について紹介したい。

＊　Jun Watanabe　ヤマサ醤油㈱　製造本部　醸造部　醤油研究室　主任

2 Z. rouxii について

　Z. rouxii はかつて Saccharomyces rouxii として記述されていたが，1983 年に Barnett らにより Zygosaccharomyces 属に再分類された[7]。進化的に Z. rouxii は，全ゲノム増幅（WGD）前に S. cerevisiae の系統から分岐しており（図1），Lachancea 属酵母や Kluyveromyces 属酵母などと共に Protoploid 酵母と呼ばれている[4]。Z. rouxii の醤油醸造への寄与は既に述べたが，その一方で Z. rouxii は同属の Z. bailli と共に食品の変敗菌としても有名である。この不名誉な理由は，これらの酵母が食品の保存性を高めるために使われるさまざまな物質（糖，塩，有機酸）に耐性を有するためである[8]。このような食品産業上あるいは進化上の重要性から Z. rouxii CBS732 のゲノム解析がフランスを中心とするコンソーシアムにより実施され，2009 年にゲノム情報が公開された[4]。

　近年，Z. rouxii にはさまざまなタイプが混在していることが，複数の環境から分離された株の解析の結果から明らかになっており，この複雑な集団を総称して Z. rouxii complex と呼ぶ（図1）[9]。Z. rouxii complex には少なくとも，①ゲノムシーケンスされた CBS732 に代表される株，② Z. pseudorouxii とも呼ばれる NCYC3042 に代表される株，③先にあげた2タイプが異種交雑したと考えられる ATCC42981 に代表される異質倍数体の株，が含まれる。醤油や味噌のような高塩濃度環境から分離される Z. rouxii の大部分は，③の異質倍数体のタイプである[10]。このような種間交雑によってもたらされたゲノムサイズの増大や複雑性は，祖先よりも高いストレス耐性を子孫にもたらすことが知られている[11]。実際に，異質倍数体の ATCC42981 は CBS732 と比較して耐塩性が高いことが報告されており[12]，このことは異質倍数体タイプの株が醤油や味噌のような高塩濃度環境で選択されてきたことを示している。パルスフィールドゲル電気泳動の結果から，異質倍数体の株間において核型に多型が認められており[13]，異種交雑後

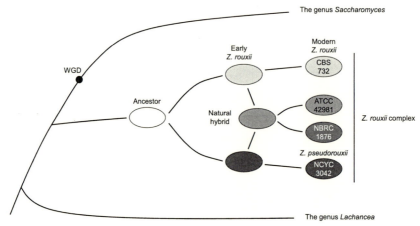

図1　Z. rouxii の模式的な進化系統樹
黒丸は全ゲノム増幅（WGD）を示す。

第16章　醤油酵母 Zygosaccharomyces rouxii の産膜形成機構及び不快臭生成機構の解析

の染色体再編成によりゲノム構造が大きく変化していることが予想される。今後，異質倍数体のゲノム解析が期待される。

3　Z. rouxii の産膜形成機構[13]

既に述べたとおり，Z. rouxii は醤油醸造にとって重要な微生物であるが，特定の株は同じZ. rouxii でありながら，もろみ表面や醤油液面に産膜を形成する（図2A）。このような株は，産膜形成に伴い不快臭成分であるイソ吉草酸やイソ酪酸を生産することで醤油の品質を低下させることから，醤油醸造において悪玉酵母として認識されてきた。特に，中部地方で生産されるたまり醤油の製造工程は産膜酵母による汚染を受けやすく，市販されている製品の中にも前述の不快臭成分が多量に蓄積している醤油が存在する。従って，Z. rouxii の産膜形成メカニズムの解明は，醤油の品質低下を防止する上で重要な課題であると考えられた。また，Z. rouxii の産膜形成は食塩依存的であることが知られており（図2B），このことは食塩非存在下でも起きるS. cerevsiae の産膜形成とは異なる独自の機構が存在することを示唆していた。さらに，耐塩性酵母であるZ. rouxii の産膜形成が食塩依存的であることは，そこに何かしらの生物学的意義が存在することを予感させた。

そこで筆者らは，上記の重要性を鑑み，Z. rouxii の産膜形成機構の解析に着手した。非産膜性の株に，産膜性の株から調製したゲノムライブラリーを導入し，産膜形成能を獲得した株を取得するという古典的なアプローチで，Z. rouxii の産膜形成原因遺伝子をクローニングした。この遺伝子は，N末端側にFlo11ドメイン，C末端にGPIアンカー付加シグナル，中間ドメインにセリンスレオニンリッチリピートを有し，S. cerevisiae の産膜形成に必須なFlo11pと類似した典型的なFlo11様タンパク質をコードしていた。既に，Z. rouxii CBS732のゲノム情報から3つのFLO11様遺伝子（FLO11A, FLO11B, FLO11C）が見出されていたが，今回クローニングした遺伝子はこれらと配列が異なっていたため，FLO11Dとした。FLO11Dは産膜形成株のみが有しており，その発現は産膜を形成した細胞で強く認められた。産膜形成株のFLO11Dをノックアウトした結果，産膜形成能が完全に消失した（図3）。また，S. cerevisiae においてFLO11DをGAL1プロモーターの下流で発現さ

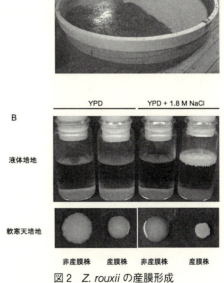

図2　Z. rouxii の産膜形成
(A) 産膜汚染された醤油もろみ
(B) Z. rouxii の食塩依存的産膜形成

せた結果,ガラクトース誘導時に産膜形成が認められた。これらの結果から,*FLO11D* が Z. rouxii の産膜形成に直接的に作用する因子であることが明らかになった。また,ノーザンブロット解析の結果から,*FLO11D* はグルコースにより抑制され,浸透圧により誘導されることが示された。この浸透圧依存的な *FLO11D* の発現が,Z. rouxii の産膜形成が食塩依存的(浸透圧依存的)に起きる理由であると考えられた。

酵母は通常グルコースがリッチな条件では,発酵によりグルコースをエタノールに変換して生育する。グルコースが枯渇すると,今度は自身が生産したエタノールを呼吸により資化して生育を継続するが,この際に産膜を形成することは,呼吸に必要な酸素を獲得する上で好都合である。従って「産膜形成に必須な *FLO11D* が,グルコースが枯渇したときにのみ発現するようにプログラムされている」のは非常に合理的な機構であると言える。*FLO11D* の発現にはグルコールの枯渇に加えて浸透圧が要求される。この意義は定かではないが,仮に Z. rouxii が低浸透圧環境で産膜を形成したとしても,生育環境を争う他の酵母,例えば生育速度に勝る S. cerevisiae との生存競争に勝てる可能性は低い。一方,もともと浸透圧耐性が高い異質倍数体の Z. rouxii が浸透圧環境で産膜を形成することは,その環境下での Z. rouxii の繁栄を保障し,生育環境の独占につながると考えられる。Z. rouxii の浸透圧依存的な産膜形成は高浸透圧環境というニッチを占有するための戦略と考えることができる。

図3 *FLO11D* ノックアウト株の表現型

4 *FLO11D* のコピー数[13]

FLO11D ノックアウト株を作成する過程で,産膜形成株の *FLO11D* のコピー数が1から3と多様であることを発見した。産膜形成という機能を発現するためには,*FLO11D* は1コピーあれば十分であるが,なぜ *FLO11D* を3コピーも有する株が存在するのだろうか。この理由を探るため,コピー数が異なる株の細胞の疎水度を測定したところ,*FLO11D* のコピー数が増加するに伴って細胞の疎水度が上昇することが明らかになった。気液界面に産膜を形成する上で細胞の疎水度は重要であり,*FLO11D* のコピー数の増加は細胞の疎水度を上昇させることで,産膜形成を容易にする働きがあると考えられた。さらに,コピー数の異なる株同士の競合実験の結果,産膜形成可能な静置培養条件では,*FLO11D* のコピー数がより多い株が優勢になった(図4)。この結果は,産膜形成が可能な条件,例えば,醤油や味噌のような高食塩濃度の醸造工程は Z. rouxii の *FLO11D* のコピー数に対して正の選択圧として働くことを示している。この仮定が正しければ,醤油もろみ環境は *FLO11D* のコピー数がより多い株に独占されるはずである

第16章　醤油酵母 Zygosaccharomyces rouxii の産膜形成機構及び不快臭生成機構の解析

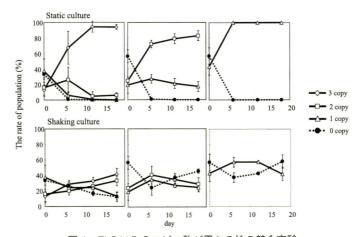

図4　FLO11D のコピー数が異なる株の競合実験
遺伝的背景が同じで FLO11D のコピー数が異なる株を作成し，試験管内で競合実験を行った。

が，実際に醤油もろみから取得される Z. rouxii の FLO11D のコピー数は多様である。この理由は製造者が FLO11D のコピー数に対して負の選択圧を与えているためかもしれない。製造者は産膜汚染による醤油の品質低下を防止するために，カビ消しと称して産膜汚染部位をもろみの中に押し込んだり，除去したりする[1]。また，アルコール発酵を安定化させる目的で，非産膜性の株の添加が一般的に行われている。このようなスターターの添加はもろみ中における産膜株と非産膜株との交雑を誘発することになり，減数分裂により生じた胞子形成の後には多様なコピー数の子孫が生じると考えられる。つまり，高浸透圧による正の選択圧と，製造者が与える負の選択圧とが均衡した結果として，醤油もろみ中では FLO11D のコピー数に多様性が認められるのかもしれない。

5　産膜酵母の不快臭生成メカニズム[14]

FLO11D のノックアウトにより産膜形成能を欠損した株は，不快臭成分を生成するのだろうか。産膜形成に伴って不快臭が発生すると考えられてきた経緯からすると，ノックアウト株は不快臭を生成しないと考えられるが，産膜形成と不快臭生成との間に直接的な関係がないのであれば，ノックアウト株においても不快臭は生成されるはずである。Z. rouxii におけるイソ吉草酸，イソ酪酸の生合成経路は明らかになっていないが，S. cerevisiae では分岐鎖アミノ酸がエーリッヒ経路を介して代謝され，これらの短鎖脂肪酸を生成することが知られている[15]。そこで，産膜性の Z. rouxii においてもエーリッヒ経路を介した短鎖脂肪酸の生成が起きるかどうかを検証するため，さまざまな条件で Z. rouxii を培養し，生成された香気成分を分析した。その結果，分岐鎖アミノ酸を含まない最少液体培地で静置培養した場合は，産膜形成の有無に関わらず，不快臭成分はほとんど生成されなかった。一方，ロイシン含有条件ではイソ吉草酸が，バリン含有条

件ではイソ酪酸が，イソロイシン含有条件では 2-メチルブタン酸が生成されたが，産膜を形成しない *FLO11D* ノックアウト株においては，これらの不快臭成分はほとんど生成されなかった。この結果から，不快臭成分の生成は少なくとも見かけ上は産膜形成と挙動を共にしていることが明らかになった。しかし，産膜を形成した場合，細胞の代謝が発酵から呼吸へと大きく変化すると考えられることから，産膜形成と不快臭生成との間に直接的な関連があるのか，それとも細胞の代謝条件の違いが不快臭生成に影響するのかが依然として不明であった。そこで，産膜形成の有無に関わらず常に細胞が酸素に曝露されるプレート培地で，同様のアッセイを実施した。その結果，分岐鎖アミノ酸を含有する条件では，*FLO11D* の有無に関わらず多量の不快臭成分が培地中に蓄積された。さらに，同様のアッセイを嫌気培養条件と好気培養条件とで比較した結果，嫌気培養条件では，不快臭成分の生成が抑制された。以上の結果から，不快臭成分はエーリッヒ経路を介して分岐鎖アミノ酸から生成されていること，また，産膜形成は好気呼吸が可能な液面に細胞を移動させることで，間接的に不快臭成分の生成に寄与していること，が示唆された。

　この仮説が正しければ，エーリッヒ経路を遮断することで，産膜は形成するが不快臭は生成しない酵母の作出が可能になると考えられた。そこで，分岐鎖アミノ酸からα-ケト酸への変換を触媒する分岐鎖アミノ酸アミノトランスフェラーゼをコードする *BAT1* をノックアウトした。この反応は可逆であり，分岐鎖アミノ酸分解の最初のステップであると同時に，分岐鎖アミノ酸生合成の最後のステップでもあるため，*S. cerevisiae* の *BAT1 BAT2* ダブルノックアウト株は，バリン，ロイシン及びイソロイシン要求性になることが知られている[16]。興味深いことに，*Z. rouxii* の *BAT1* ノックアウト株（*Z. rouxii* は *BAT2* を持っていない）は，バリンとイソロイシンとを要求したが，ロイシンは要求しなかった。これは，*Z. rouxii* において Bat1p 以外の酵素もロイシンの生合成に関わることを示している。様々な検討から，他のアミノトランスフェラーゼである Aro8p が Bat1p と共にこの反応に関与することが予想されたため，*BAT1 ARO8* ダブルノックアウト株を作成した。このダブルノックアウト株は 3 つの分岐鎖アミノ酸を全て要求し，また，親株と同様に産膜を形成するにもかかわらず，不快臭成分の生成は親株の 1/10 以下

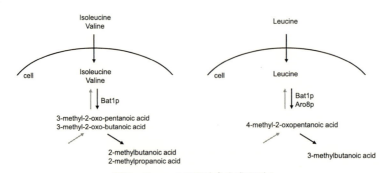

図 5　*Z. rouxii* の不快臭生成モデル
灰色の矢印は分岐鎖アミノ酸の合成経路を，黒色の矢印は分岐鎖アミノ酸の分解経路を示す。

第16章 醤油酵母 Zygosaccharomyces rouxii の産膜形成機構及び不快臭生成機構の解析

であった。以上の結果から考えられる，Z. rouxii の不快臭生成モデルを図5に示した。

6　産膜形成の防止[17]

　筆者らは前述のような基礎的な解析と並行して，一風変わった産膜の防止方法についても検討している。近年，さまざまなイオンを空間に放出する空気清浄機が増加している。例えば，シャープのプラズマクラスターイオンやパナソニックのナノイーイオンがその代表であり，これらのイオン発生装置は空気清浄機の他，エアコン，ヘアドライヤー，テレビ等さまざまな家電に実装され販売されている。これらのイオンは，微生物の不活性化，脱臭，美肌などさまざまな効果があるとメーカーが宣伝する一方，疑似科学であるとの批判も根強く，ほとんど効果が認められないとする報告もある[18]。また，効果があったとしても，その実態はイオン発生に付随するオゾンによるものであるとする報告もある[19]。

　筆者らは上記の是非はともかく，これらのイオン発生装置で産膜の抑制が可能なのではないかと考え，イオン発生装置の産膜形成への影響を調査した。その結果，プラズマクラスターイオン発生装置もナノイーイオン発生装置も，空間に露出した酵母に殺菌的作用を示し，効率的に産膜の生成を阻害した。さらに，実際の醤油もろみを用いた小仕込試験において，もろみタンクのヘッドスペースにイオン発生装置を設置した試験区においては，産膜の形成が抑制されることが確認された。また，試醸した醤油の香気分析や官能評価においても，試験区は不快臭成分の蓄積が抑えられており，官能的にも良好であった。以上の結果から，これらのイオン発生装置は産膜形成の防止に有用であると考えられた。

　この効果が，メーカーの主張するイオンの効果であるかどうかは定かではないが，少なくとも閉鎖空間において Z. rouxii の産膜形成が阻害されることは間違いなさそうである。機器の運転中にはオゾン特有の臭気が感じられ，また，簡易的な測定においてもオゾンの発生が疑われる結果が得られており，今後，現場製造レベルへの適用には，作用分子の特定が必要であると考えられる。一方で，これらのイオン発生装置は消費者が使用経験を有しており，安全性に対する懸念や拒否感は大きくないと考えられる。

7　おわりに

　この章では，近年醤油酵母でも可能となった効率的な遺伝子操作技術を駆使して，醤油酵母の産膜という，どちらかというと負の側面に焦点を当てた解析を紹介した。Z. rouxii の産膜は醤油だけでなく，味噌においても問題となることがあり，今回得られた知見はさまざまな醸造食品のクオリティーコントロールにおいて，意義深いものであると考えている。また，今回は紙面の都合で紹介できなかったが，筆者らは，Z. rouxii の MAT 座の構造多様性[20]や，HEMFを高生産させるための遺伝的基盤[21]についての報告も行っており，醤油酵母の産業応用を図るための基

礎的応用的研究を継続して実施している。今後，醤油酵母のさまざまな形質について分子レベルの理解が進んでいくと思われる。醤油酵母の研究者が国内で増加し，日本の伝統的な調味料である醤油を支える醤油酵母の研究が活発になることを期待している。

文　　献

1) 栃倉辰六郎編著，増補醤油の科学と技術，(財) 日本醸造協会 (1988)
2) T. Yokotsuka et al., Microbiology of Fermented Foods, p 351, Springer US (1997)
3) 富田実ほか，日本醸造協会誌，**92**, 853 (1997)
4) Génolevures consortium, *Genome Res.*, **19**, 1696 (2009)
5) L. Pribylova et al., *J. Microbiol Methods*, **55**, 481 (2003)
6) J. Watanabe et al., *Biosci. Biotechnol. Biochem.*, **74**, 1092 (2010)
7) A. J. Barnett et al., Yeasts: Characteristics and Identification. Cambridge University Press (1983)
8) T. C. Dakal et al., *Int. J. Food Microbiol.*, **185**, 140 (2014)
9) L. Solieri et al., *FEMS. Yeast Res.*, **13**, 245 (2013)
10) Y. Tanaka et al., *Food Microbiol.*, **31**, 100 (2012)
11) L. Morales et al., *Microbiol. Mol. Biol. Rev.*, **76**, 721 (2012)
12) L. Pribylova et al., *Yeast*, **24**, 171 (2007)
13) J. Watanabe et al., *Genetics*, **195**, 393 (2013)
14) 渡部潤ほか，第 66 回日本生物工学会大会講演要旨集，1P-183 (財) 日本生物工学会 (2014)
15) A. L. Hazelwood et al., *Appl. Environ. Microbiol.*, **74**, 2259 (2008)
16) G. Kispal et al., *J. Biol. Chem.*, **271**, 24458 (1996)
17) 渡部潤ほか，公開特許公報，特開 2014-132855
18) H. Nishimura, *Jpn. J. Inf. Dis.*, **85**, 537 (2011)
19) H. Nishimura, *Jpn. J. Inf. Dis.*, **86**, 723 (2012)
20) J. Watanabe et al., *PLOS ONE*, e62121 (2013)
21) K. Uehara et al., *Appl. Environ. Microbiol.*, *in press*

第17章 しょうゆ醸造に寄与する黄麹菌グルタミナーゼ

伊藤考太郎*

1 はじめに

しょうゆはアミノ酸を多く含んだ調味液であり，各種アミノ酸は様々な呈味をもつ。その中でも，グルタミン酸（正確にはそのナトリウム塩）は，強い「旨味」をもつ重要な成分であり，しょうゆの「旨味」の主体成分でもある。しょうゆ中のグルタミン酸は，原料である大豆および小麦のタンパク質が黄麹菌の産生する多種類のタンパク加水分解酵素により分解されることで直接生成する経路と，同様に生成したグルタミンが黄麹菌のグルタミナーゼによりグルタミン酸へ変換される経路とで生じると考えられている。グルタミナーゼとは，グルタミンをグルタミン酸とアンモニアに加水分解する酵素である。グルタミンは比較的速やかに非酵素的な反応によって環状化（ピロ化）し，「旨味」のないピログルタミン酸へと変換する。一方，グルタミン酸はしょうゆ中ではグルタミンに比べて安定に存在し，非酵素的にピロ化する割合は少ない。そのため，グルタミンをグルタミン酸に変換するグルタミナーゼはしょうゆ醸造にとって重要な役割を果たす。本章ではこの黄麹菌グルタミナーゼについて，しょうゆ醸造に寄与するグルタミナーゼの同定に焦点を当てた著者らの最近の知見を交えて述べることとする。

2 黄麹菌（*Aspergillus oryzae*, *Aspergillus sojae*）グルタミナーゼ研究の歴史

2.1 酵素学的研究

しょうゆ中のグルタミン酸とグルタミナーゼに関する報告は，1969年の黒島らの研究に遡る[1]。黒島らは，諸味pHと仕込み温度に着目し，熟成期間中のグルタミン酸は，酸性条件（pH4.5）下で生成が少なく，かつ仕込み温度が高いほど消失し，仕込み後30日でピークに達し，その後減少する。一方で，ピログルタミン酸は同条件下ほど多く生成し，仕込み期間を通じて増加した。初期諸味にグルタミンを添加すると，グルタミンの消失に対応して，中性（pH7.0）下では，グルタミン酸が，酸性下ではピログルタミン酸が増加した。これは，しょうゆ麹（または諸味）のグルタミナーゼ活性の性質，すなわち中性域では活性が高いが酸性域では低く，かつ仕込み後30日で活性が検出できなくなることに起因し，しょうゆ中のグルタミン酸量を高める

---

* Kotaro Ito　キッコーマン㈱　研究開発本部　研究員

には初期諸味でグルタミナーゼを十分に作用させることが重要と結論付けている。

1974年，YamamotoらはA. sojaeの変異株ライブラリーから液体培養液を用いたグルテン分解で，グルタミン酸/可溶性窒素の高い株を選抜し，液体培養におけるグルタミナーゼ生産について検討を行うと共にしょうゆ諸味でのグルタミン酸生成について調べた[2]。その結果，可溶性窒素の量に差はなかったが，グルタミナーゼ高生産変異株では親株に比べグルタミン酸が増えることを明らかにし，しょうゆ諸味中におけるグルタミン酸の生成に黄麹菌グルタミナーゼが関与していることを示した。

四方らはしょうゆ麹のグルタミナーゼを可溶性グルタミナーゼと不溶性グルタミナーゼに分画し，それぞれの酵素の性質を調べたところ，不溶性グルタミナーゼはpH安定性，耐熱性，食塩阻害，プロテアーゼ耐性が高いことを明らかにした[3]。この知見に基づき，それぞれのグルタミナーゼと諸味中のグルタミン酸の溶出の関係を調べたところ，可溶性グルタミナーゼ活性はグルタミン酸の溶出と相関を示さなかったが，不溶性グルタミナーゼは相関を示すことが明らかになった[4]。さらに安井らは高グルタミナーゼ活性の黄麹菌を突然変異により育種し，それを用いてしょうゆを仕込むと，グルタミン酸量が増加することを報告している[5]。

これらの結果から，黄麹菌のグルタミナーゼは不溶画分にその多くが存在することが示唆されたが，その局在は明らかでなかった。そこで，1985年，古屋ら[6]，寺本ら[7]はA. oryzaeのグルタミナーゼの細胞内分布をホモジナイズ法とプロトプラスト法の両方を用いて，詳細に調べた。ホモジナイズ法の結果，黄麹菌グルタミナーゼは菌体内遊離型が約27％，菌体内結合型が約73％であることを示し，細胞内遊離型のうちプロトプラスト画分（細胞質と細胞膜）に存せず，ほとんどが細胞壁画分（ペリプラズマと細胞壁）に局在することを明らかにした。

1988年，Yanoらにより，初めて黄麹菌A. oryzaeの菌体内および菌体外のグルタミナーゼがそれぞれ単一バンドになるまで精製され，両者の酵素学的性質が報告された[8]。その結果，分子量，pHや温度に対する性質，金属塩の活性に対する影響，食塩耐性，基質特異性が両者ともほぼ同じであった。このことから，菌体内と菌体外のグルタミナーゼは同一であると結論付けている。尚，このグルタミナーゼはγ-グルタミルトランスペプチダーゼ（GGT）活性を持つという特徴を示す。Tomitaらは，麹フスマ抽出液を用いてpH8.5下で，大豆タンパク質を消化するとγ-グルタミル化合物が生成し，この時に精製した黄麹菌グルタミナーゼを添加すると，グルタミン酸の増加およびピログルタミン酸の減少と共に，γ-グルタミル化合物も一時的に増加，その後，減少に転じることを示した[9]。このγ-グルタミル化合物の増減は，GGTによる転移反応とグルタミン酸への水解反応と報告している。さらに仕込み後120日のしょうゆ諸味中にもGGT活性が残存し，γグルタミル化合物の存在も示した。このことから，しょうゆ諸味中ではグルタミンからグルタミン酸への加水分解反応だけでなく，GGTによるγ-グルタミル化合物を介したグルタミン酸の生成機構を提唱している。

熊谷らも，A.oryzaeの小麦フスマ培養物からγ-グルタミルトランスペプチダーゼを精製した[10]。この酵素は，大サブユニット（約40kDa）と小サブユニット（約20kDa）からなるオリ

第17章 しょうゆ醸造に寄与する黄麹菌グルタミナーゼ

ゴマーで，18% NaCl存在下で50％以上の加水分解活性または100％のペプチド転移活性を示す。これら2つのサブユニットのN末アミノ酸配列を決定しており，バチルス属細菌のγ-グルタミルトランスペプチダーゼと高い相同性を示した。

2.2 遺伝子の研究

1990年代になると黄麹菌の遺伝子操作が可能となった。黄麹菌グルタミナーゼ遺伝子に関しては，1999年に鯉渕らにより初めて報告された[11,12]。鯉渕らはYanoらの結果から，菌体結合型グルタミナーゼは培養後期になるとSelf-digestionにより細胞壁から切り離され遊離してくると考えた。すなわち，菌体結合型グルタミナーゼと菌体外グルタミナーゼは同一のものであると考え，菌体外グルタミナーゼを精製した。その結果，分子量が約82kDa（Yanoらの報告では分子量約113kDa）の単量体の酵素で，Yanoらが精製した酵素と同様にγ-グルタミルトランスペプチダーゼ活性を持っていた。さらに鯉渕らは部分アミノ酸配列を決定し，それをもとにグルタミナーゼ遺伝子をクローニングした（*gtaA*）。この遺伝子を *A. oryzae* を宿主に用いて発現させたところ，グルタミナーゼ活性は親株の2.6倍に向上したと報告している。その後，北本ら[13]，Thammarongthamら[14]が同様にグルタミナーゼ遺伝子を単離したが，これらは*gtaA*遺伝子と同一であった。

一方，北本ら[15]は，*gtaA*遺伝子とは別に，分子量や酵素の諸性質の異なるグルタミナーゼを単離精製し，その部分アミノ酸配列を基に遺伝子をクローニングした（*ggtA*と命名）。このグルタミナーゼは，分子量や至適pH，至適温度等の諸性質は既知の黄麹菌グルタミナーゼとは異なるものの，γ-グルタミルトランスペプチダーゼ活性を持ち，極めて弱くD-グルタミンに反応する，合成基質γ-グルタミルp-ニトロアニリドへの反応性がL-グルタミンより高いなどの性質は，Yanoらの報告に近い。

2000年代になり，黄麹菌 *A. oryzae* RIB40のExpressed Sequence Tag（EST）解析およびゲノム解析による黄麹菌遺伝子の配列情報が得られると，新しいグルタミナーゼ遺伝子の報告が相次いだ。赤川らは，EST解析情報を基に，黄麹菌 *A. oryzae* RIB40の固体培養特異的に発現する遺伝子群の中から*gtaA*遺伝子と40％アミノ酸相同性を示す*gtaB*遺伝子を見出した[16]。*A. oryzae* にこの遺伝子を多コピー導入した形質転換体では，フスマ麹培養におけるグルタミナーゼ活性の増加が確認された。また，この遺伝子の破壊株では，同培地におけるグルタミナーゼ活性が半分以下に低下したことを報告している。著者らも黄麹菌 *A. oryzae* RIB40のEST解析の配列情報を基に，*Cryptococcus*酵母由来の耐塩性グルタミナーゼ・アスパラギナーゼと約35％のアミノ酸相同性を示す遺伝子を見出し，*A. sojae*より遺伝子を単離した（*gahA*）[17]。パン酵母を宿主にこの遺伝子を発現させ，グルタミナーゼ活性を持つことを確認している。Masuoらは，黄麹菌ゲノム配列から *Micrococcus luteus* 由来の耐塩性グルタミナーゼと約40％のアミノ酸相同性を示すグルタミナーゼ遺伝子を見出した（*gls*）。Masuoらはこの酵素を大量発現させて精製し，諸性質を決定したところ，これまでに報告された黄麹菌グルタミナーゼと異なり，γ-グ

ルタミルトランスペプチダーゼ活性を持たず，17%食塩存在下でも約54%の活性を保持する耐塩性酵素であった[18,19]。また，大橋らは，黄麹菌ゲノム情報を利用し，グルタミナーゼまたはアスパラギナーゼモチーフをもつ5種類の遺伝子（γグルタミルトランスペプチダーゼ2種，アスパラギナーゼ2種，related to glutaminase A（gtaB））を選抜し，A. oryzae を宿主に用いて発現させたところ，どの遺伝子を導入した形質転換体でも菌体抽出物または，培養上清のグルタミナーゼ活性が親株より上昇したと報告している[20]。

このように黄麹菌は，グルタミナーゼ活性をもつタンパク（遺伝子）を複数もつことが明らかとなった。そこで，著者らは，A. oryzae RIB40 のゲノム情報を元に，既知のグルタミナーゼ遺伝子と相同性のある遺伝子を探索したところ，Cryptococcus 酵母由来の耐塩性グルタミナーゼと相同性のある Type Ⅰ（Gahタイプ），B. subtillis 由来のγグルタミルトランスペプチダーゼと相同性のある Type Ⅱ（Ggtタイプ），黄麹菌由来のグルタミナーゼとして初めて報告された gtaA 遺伝子と相同性のある Type Ⅲ（Gtaタイプ），M. luteus 由来の耐塩性グルタミナーゼと相同性のある Type Ⅳ（Glsタイプ）の4つのタイプに分かれ，計12個のグルタミナーゼ遺伝子を見出した（表1）[21]。Type Ⅳ の gls 遺伝子以外は複数のパラログ遺伝子が存在した。しかし，A. oryzae RIB40 の EST Data Base[22] には DOGAN Gene ID AO090003001406，AO090020000289，AO090003000638（独立行政法人 製品評価技術基盤機構のデータベース番号）の3種類しか存在せず，その他の遺伝子は EST 解析に用いた条件では発現していないことが推測された（表1）。

2011年にもう一つの黄麹菌である A. sojae のゲノム配列が明らかとなったため，著者らは，A. oryzae で見つかった12個のグルタミナーゼ遺伝子が A. sojae も全て持つのかを調べた。その結果，A. sojae には，A. oryzae と同様に4つのタイプに分かれるが，10個の遺伝子しか持た

表1 黄麹菌のグルタミナーゼ遺伝子

	BLAST サーチに利用した遺伝子	Gene ID	(A. oryzae RIB40)	EST 解析 (A. oyrzae)	A. sojae NBRC4239 におけるホモログ遺伝子の有無
Type Ⅰ	glutaminase-asparaginase (Cryptococcus nodaensis)	gahA	AO090003001406	+	+
		gahB	AO090011000310	−	+
		gahC	AO090011000138	−	−
		gahD	AO090701000634	−	+
Type Ⅱ	γ-glutamyl transpeptidase (Bacillus subtilis)	ggtA	AO090005000169	−	+
		ggtB	AO090023000537	−	−
		ggtC	AO090113000029	−	+
		ggtD	AO090009000211	−	+
Type Ⅲ	glutaminase (Aspergillus oyrzae)	gtaA	AO090020000289	+	+
		gtaB	AO090003000638	+	+
		gtaC	AO090001000625	−	+
Type Ⅳ	glutaminase (Micrococcus luteus)	gls	AO090010000571	−	+

第 17 章　しょうゆ醸造に寄与する黄麹菌グルタミナーゼ

ないことを明らかにした（表 1）[21]。

2. 3　しょうゆ醸造へ効果のある黄麹菌グルタミナーゼ（遺伝子）の探索研究[21, 24, 25]

　黄麹菌はそのゲノム中に複数のグルタミナーゼ遺伝子を持つことが明らかとされたが，どのグルタミナーゼがしょうゆ醸造に効果があるのかは不明であった。そこで，著者らは，これを明らかにするため，各グルタミナーゼ遺伝子の単独破壊株を作製し（Δ 遺伝子名で表記），各破壊株で試醸したしょうゆのグルタミン酸含量を比較した。黄麹菌 A. sojae のグルタミナーゼ活性は A. oryzae よりも高いことが知られているため[23]，しょうゆ醸造におけるグルタミナーゼの効果が見易いと判断し，宿主には A. soaje を用いた。各グルタミナーゼ破壊株のグルタミナーゼ活性を測定したところ，Type I の gahB 遺伝子を破壊するとグルタミナーゼ活性が 1/10 以下に低下した（図 1）。これは，A. oryzae を宿主に用いても同様であったことから，しょうゆ麹における主要なグルタミナーゼは，gahB 遺伝子由来であることが明らかとなった。しかし，この破壊株を用いて試醸したしょうゆのグルタミン酸量は低下しなかった。これら 10 個の遺伝子は全てグルタミナーゼ活性をもつと予想されるため，単独遺伝子破壊では，その他の遺伝子由来のグルタミナーゼ活性により補完され，遺伝子破壊の効果が見えない可能性が考えられた。

　そこで，4 タイプ 10 個のグルタミナーゼ遺伝子について，タイプ別に多重に破壊した株，それぞれのタイプを組み合わせて多重に破壊した株，さらに全てのグルタミナーゼ遺伝子を破壊した株を作製し，活性測定およびしょうゆの試醸を行った[24]。Type I，Type II および Type IV を同時に破壊した 7 重遺伝子破壊株および全グルタミナーゼ遺伝子破壊株はグルタミナーゼ活性が 1/100 以下に低下し，それらを用いたしょうゆでは，グルタミン酸含量が 60％低下し，同時にピログルタミン酸含量が上昇した。このグルタミン酸の減少量は，著者らが推定したグルタミナーゼ反応により生成される量とほぼ一致した。さらに，7 遺伝子の中から様々な組み合わせで多重に破壊した株を作製した結果，Type I の gahA, gahB，Type II の ggtA および Type IV の gls の 4 遺伝子を同時に破壊すると同様の結果が得られたため，しょうゆ醸造のグルタミン酸生成には，タイプの異なる 4 つのグルタミナーゼが関わっていることが明らかとなった（図 2）。

　次に，この 4 つのグルタミナーゼの中で 2 重，3 重遺伝子破壊株を作製し，しょうゆの試醸を

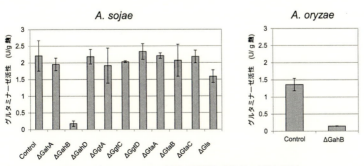

図 1　グルタミナーゼ遺伝子単独破壊株の酵素活性

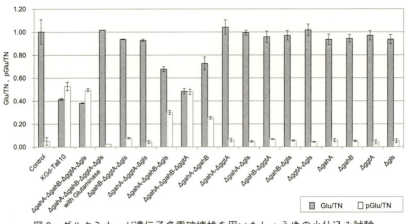

図2 グルタミナーゼ遺伝子多重破壊株を用いたしょうゆの小仕込み試験

行った。その結果，GahB または GahA のどちらか一方が残存する ΔgahA-ΔggtA-Δgls および，ΔgahB-ΔggtA-Δgls の3重遺伝子破壊株ではグルタミン酸含量の低下は観察されなかったが，これらの遺伝子を同時に破壊した ΔgahA-ΔgahB の2重破壊株では20～30%のグルタミン酸含量の低下が観察された（図2）。これら2種には共通した性質をもつことが推測されたため，高発現株を作製して，酵素精製し，諸性質を決定した[21,25]。これらの酵素がしょうゆ醸造に適した性質（例えば耐塩性が高い，至適 pH が低いなど）を持っていると予想したが，これまでの報告と同様にしょうゆ醸造で作用し易い性質ではなかった。そこで，基質特異性を詳細に調べたところ，これらの酵素は，遊離のグルタミンやアスパラギンだけでなく，ペプチドのC末端に位置するグルタミンやアスパラギンにも作用するペプチドグルタミナーゼ・アスパラギナーゼであることが明らかとなった。しょうゆ醸造で高いグルタミン酸量を得るには，このペプチドの状態でグルタミンを加水分解し，グルタミン酸に変換する反応（第3の経路）が重要であることが明らかとなった（図3）。

しょうゆ醸造に寄与するグルタミナーゼ（遺伝子）を表2にまとめた。4つのグルタミナーゼのうち，3つ（GahA，GahB および Gls）はゲノム情報が明らかになって初めて見出されたものである。黄麹菌グルタミナーゼとして初めて単離報告された GtaA がしょうゆ醸造では機能していないことから，酵素活性を持っていたとしても必ずしも醸造で効果を発揮するとは限らないことも明らかとなった。しょうゆ醸造では不溶性（菌体結合型）のグルタミナーゼが重要と考えられていたが，主に作用した GahA，GahB，GgtA は，アミノ酸配列情報から菌体外酵素と予測され，強制発現株でも分泌酵素として局在した。しかし，強制発現株の菌体結合型のグルタミナーゼ活性は高く維持されていたことから，菌体表面にトラップされて留まることが予想される。そのため，鯉渕らが予想した通り，遊離型と菌体結合型のグルタミナーゼは同一で self-digestion により遊離しているのかもしれない。一方で，アミノ酸配列情報および強制発現株でも菌体内酵素として局在した Gls がしょうゆ醸造で機能していることも明らかとなった。この

第17章　しょうゆ醸造に寄与する黄麹菌グルタミナーゼ

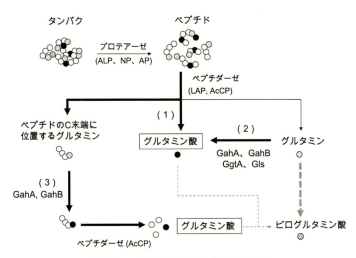

図3　しょうゆ中のグルタミン酸の生成
(1)タンパク分解により直接遊離する経路，(2)グルタミナーゼ反応によってグルタミン酸に変換される経路，(3)ペプチド末端のグルタミンをグルタミン酸に変換する経路。○は各種アミノ酸を表し，◎はグルタミンを，●はグルタミン酸を表している。ALP：アルカリプロテアーゼ，NP：中性プロテアーゼ，AP：酸性プロテアーゼ，LAP：ロイシンアミノペプチダーゼ，AcCP：カルボキシペプチダーゼ
グルタミンやグルタミン酸は，非酵素的な反応により，旨み成分ではないピログルタミン酸◎へと変換されるが，グルタミンの方が容易に変換される。

表2　しょうゆ醸造に寄与する黄麹菌グルタミナーゼの諸性質

	GahA	GahB	GgtA[15]	GlsA[18,19]	GtaA[12]
起源	*A. sojae*	*A. sojae*	*A. sojae*	*A. oryzae*	*A. oryzae*
分子量（kDa）	137 （2量体）	259 （2量体）	71 （単量体）	100 （2量体）	82 （単量体）
至適 pH	9.5	9.0	8.5	8.0-9.0	9
pH 安定性	3.5-9.0	5.0-10.0	5.0-10.0	7.5-8.0	6.5-8.0
至適温度	50℃	50℃	45℃	30℃	37-45℃
耐熱性	45℃以下	45℃以下	40℃以下	35℃以下	45℃以下
耐塩性（塩阻害性）	14%	4%	n.d.	54%	20%
Km（l-glutamine）	5.3 mM	9.0 mM	n.d.	4.5 mM	1.2 mM
$Kcat$（l-glutamine）	417 sec^{-1}	6249 sec^{-1}	n.d.	617 sec^{-1}	n.d.
アスパラギナーゼ活性	+	+	−	−	n.d.
γ-グルタミルトランスペプチダーゼ活性	−	−	+	−	+

灰色で示しているグルタミナーゼがしょうゆ醸造で効果のあるグルタミナーゼ
n.d.：not determined

酵素は，寄与率は低いものの他の酵素とは異なり，耐塩性をもつため，菌体内から徐々に漏れ出て醸造後期に効果を発揮するのかもしれない。ゲノム情報を活用することで，真にしょうゆ醸造でのグルタミン酸生成に寄与する酵素を明らかにすることができ，しょうゆ醸造で効果のある酵

素活性を強めた黄麹菌の育種が可能となる。今後は，タンパク加水分解酵素等の様々な酵素に対して，しょうゆ醸造で真に作用する酵素遺伝子を明らかにし，醸造過程で効果のある酵素を必要量作る黄麹菌の育種を目指していく必要があるだろう。

文　　献

1) 黒島ら，*J. Ferment.Technol.*, **47**（11），693-700（1969）
2) S Yamamoto, H Hirooka　*J. Ferment. Technol.*, **52**（8），564-569（1974）
3) 四方ら，醤研，**4**（2），48-52（1978）
4) 四方ら，醤研，**5**（1），21-25（1979）
5) 安井ら，醤研，**8**（3），117-122（1982）
6) 古屋ら，醤研，**11**（3），109-114（1985）
7) 寺本ら，日本農芸化学会誌 **59**（3），245-251（1985）
8) T Yano *et al. J. Ferment. Technol.*, **66**（2），137-143（1988）
9) K Tomita *et al. Agri. Biol. Chem.*, **53**（7），1873-1878（1989）
10) 熊谷ら，特開 2001-211880
11) 鯉渕ら，日本農芸化学会 1999 年度大会　大会講演要旨集 212
12) K Koibuchi *et al. Appl. Microbiol.Biotechnol.*, **54**, 59-68（2000）
13) 北本ら，特開 2000-166547
14) Thammarongtham *et al. J. Mol. Microbiol. Biotechnol.*, **3**（4），611-617（2001）
15) 北本ら，特開 2002-218986
16) 赤川ら，醤研，**29**（3），133-134（2003）
17) 伊藤ら，特開 2003-33183
18) N Masuo *et al. Prot. Express. Purifi.*, **38**, 272-278（2004）
19) N Masuo *et al. J. Biosci. Bioeng.*, **100**, 576-578（2005）
20) 大橋ら，兵庫県産学官連携ビジネスインキュイベート事業，15-16,（2005）
21) K Ito *et al. Appl. Microbiol. Biotechnol.*, **97**, 8581-8590,（2013）
22) http://nribf2.nrib.go.jp/EST2/index.html
23) 林ら，醤研，**7**（4），166-172（1981）
24) K Ito *et al. Biosci. Biotechnol. Biochem.*, **77**（9），1832-1840（2013）
25) K Ito *et al. Appl. Environ. Microbiol.*, **78**: 5182-5188（2012）

第18章 ゲノム情報を活用した麹菌の新たな分子育種の可能性

志水元亨[*1], 小林哲夫[*2], 加藤雅士[*3]

1 はじめに

『麹菌を国菌に認定する』。平成18年10月12日に日本醸造学会大会においての決議である。麹菌 Aspergillus oryzae は味噌, 醤油, みりんなど日本の食に必要な調味料や清酒の醸造に欠くことが出来ない微生物である。このように我が国の醸造産業に重要な麹菌の全ゲノム解析は日本の産学官共同の麹菌ゲノム解析コンソーシアムを中心として行われた。2005年12月に解析は完了し, その解析結果は Nature 誌に発表された。麹菌のゲノムサイズは約3,800万塩基対であり, 約12,000の遺伝子を有することが明らかとなった[1]。

他の Aspergillus 属糸状菌のうち, モデル糸状菌として研究が進められている A. nidulans および 病原糸状菌として知られる A. fumigatus も同時期に解析が完了され, Nature 誌の同じ号に解析結果が発表された[2,3]。これら近縁種のゲノムとの比較によると, 麹菌のゲノムは約3割大きいことが明らかとなった。また, 麹菌のゲノムにはタンパク質や多糖類などを分解する酵素および一部のアミノ酸の代謝に関わる遺伝子の遺伝子が多く含まれていることが分かり, 麹菌が高い発酵生産能を持つことの科学的な裏付けが得られた。さらに, 転写因子をコードする遺伝子に関しても興味深いことが分かった。様々なファミリーに分類される転写因子の中で, 菌類に特異的な $Zn(II)_2Cys_6$ 型の転写因子が顕著に多く存在していた。酵母 Saccharomyces cerevisiae が約50種類の $Zn(II)_2Cys_6$ 型の転写因子を有するのに対して A. oryzae では200をこえる種類の $Zn(II)_2Cys_6$ 型因子を有する。これらの転写因子の中にはアミラーゼ遺伝子の転写を調節する AmyR やキシラン分解酵素遺伝子群を調節する XlnR も含まれている。多様な加水分解酵素遺伝子群を有することに加えて, それの発現を調節する転写因子の数も顕著に多くなるように進化してきたことは, 外界の環境変化や資化をする栄養分の種類に対応して, きめ細かに分解酵素の生産を行い, 自身の栄養分とする, まさに「カビは悪食である」ことを科学的に証明しているようであった。こうした巧みな制御系の詳細を知り, 麹菌の育種に利用することは, 麹菌の高度利用

[*1] Motoyuki Shimizu　名城大学　農学部　応用生物化学科　助教
[*2] Tetsuo Kobayashi　名古屋大学大学院　生命農学研究科　生物機構・機能科学専攻　教授
[*3] Masashi Kato　名城大学　農学部　応用生物化学科　教授

にも重要なことと思われる。転写制御系研究の応用の実践例を紹介する。

2　トランスクリプトーム解析とその成果のバイオマス分解への応用

キシランは地球上でセルロースに次いで量の多いバイオマスであるが，その構造は複雑である。β-1,4-結合したキシロースの主鎖にアラビノースやガラクトース，グルクロン酸，フェルラ酸，アセチル基などが結合している。キシランを完全に分解するためには主鎖を切る酵素のみでなく，修飾部分を加水分解する酵素が協調して作用することが必要となる。これらのキシラン分解関連酵素群を一挙に制御しているのが前述の転写因子 XlnR である。XlnR を破壊するとキシランを単一炭素源とした培地上での生育が顕著に悪くなることが分かっている[4]。逆に，この転写因子 $xlnR$ 遺伝子を強力なプロモータで過剰発現させることで，キシラナーゼやセルラーゼをコードする遺伝子の発現が転写レベルで顕著に増大することが明らかとなった。麹菌の DNA マイクロアレイを用い，$xlnR$ 遺伝子の破壊株と過剰発現株からそれぞれ RNA を抽出し，トランスクリプトーム解析をすると XlnR により調節される 75 個の遺伝子が浮かび上がってきた。これらの中身をみると 13 種類のセルラーゼ，10 種類のキシラナーゼ，12 種類のキシラン側鎖を分解する酵素群の遺伝子が含まれていた。転写因子を過剰発現して麹菌を分子育種することは，個々の分解酵素遺伝子をそれぞれ過剰発現させるより，一括でしかもバランスよく関連酵素を過剰発現させることが出来る点で，有効な方法であることが分かった[5]。実際に XlnR を増強した株を用いると効果的にキシランを分解できる（図 1）。

前述の通り麹菌は，多様な酵素群とそれを制御する転写因子，特に $Zn(II)_2Cys_6$ 型の転写因子を豊富に有しているので，同様なアプローチにより多様な酵素遺伝子群を一括して過剰生産させ目的物質を分解・代謝させることにより，有用物質の生産に役立てることが可能となるであろう。次に，転写因子研究の中で新たに発見された転写制御ネットワークの仕組みを利用すること

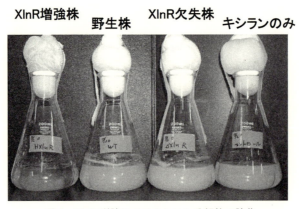

図 1　XlnR 増強によるキシラン分解能の強化

第18章　ゲノム情報を活用した麹菌の新たな分子育種の可能性

により，物質生産につなげる試みを紹介する。

3　複雑な転写制御ネットワークを利用した物質生産

筆者らは麹菌の全ゲノム解析が行われる前より，麹菌の持つ転写因子に興味を持ち解析を続けてきた。ゲノム情報が明らかになると研究は加速された。ここでは広域転写促進因子であるHapB/C/E複合体および，HapB/C/E複合体と相互作用するbZip型転写因子HapXに関する研究と，それらの分子育種への利用について述べる。HapB/C/E複合体は当初，麹菌の主要なα-アミラーゼ（タカアミラーゼA）の転写活性を増大させるアミラーゼ特異的な因子として考えられていたが，研究を進めていくうちに，ペニシリンの生合成やセルラーゼ，キシラナーゼ，アセトアミダーゼ遺伝子をはじめとする多数の遺伝子の発現を促進する広域転写促進因子であることが明らかとなった[6]。HapB/C/E複合体はHapB, HapC, HapEの3つのサブユニットから構成され，3つ揃って初めてDNA結合能を持つことを再構成の実験などで明らかにした。筆者らはさらに，このHapB/C/E複合体と相互作用する菌類に特異的な因子HapXを世界に先駆けて発見した[7]。この因子は当初機能が不明であったが，オーストリアのH. Haas博士とドイツのA. A. Brakhage博士との共同研究により鉄の恒常性に関わるマスター制御因子であることが判明した[8]。この研究においても，ゲノム情報が大きな手がかりとなっていた。機能が明らかになった発端は，鉄関連の遺伝子発現のマイクロアレイによる網羅的解析において，HapX自身の発現が大きく変動していたことであった。ポストゲノム研究が新たな発見に結びついた好例である。HapXは鉄欠乏時にHapB/C/Eとの相互作用を強めることにより，チトクロムcやアコニターゼ等のように鉄を含んだタンパク質遺伝子の発現を抑制することで鉄の消費を抑える。鉄の節約

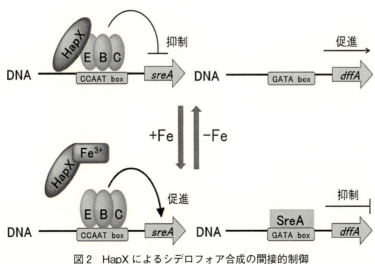

図2　HapXによるシデロフォア合成の間接的制御

機構のみでなく，鉄の獲得の調節機構もまた注目に値する。HapX は，シデロフォア（3価の鉄に結合して鉄の取り込みに関与する低分子）の生産の抑制因子 SreA の転写を抑制する（図2）。したがって，HapX を人為的に増強することで高いシデロフォア生産能を有するような麹菌の分子育種に役立てることが期待された。

麹菌の生産するシデロフォアであるデフェリフェリクリシン（鉄を取り込んだ分子をフェリクリシンと呼ぶ）は，従来清酒の品質を低下させる物質として知られており，それらの生産を抑制する研究が主としてなされてきたが，近年，フェリクリシンには貧血の改善作用や持久力向上作用が，デフェリフェリクリシンには抗炎症・抗酸化・美白作用があることが明らかにされ，その量産にも関心が集まるようになっている[9]。

筆者らは麹菌 *hapX* 遺伝子を誘導的で強力なタカアミラーゼAプロモータの支配下に置いた HapX の過剰発現株を構築した。HapX 過剰発現株をデンプンを炭素源とした培地で培養し，

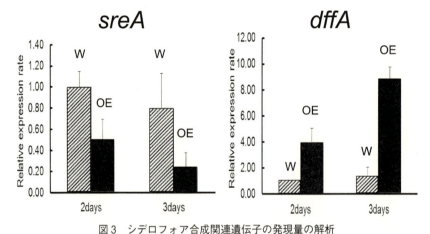

図3　シデロフォア合成関連遺伝子の発現量の解析
野生株（W）および HapX 高生産株（OE）より mRNA を調製し，RT-PCR にて発現量を解析した

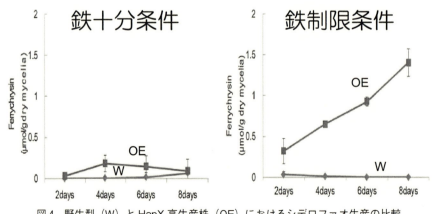

図4　野生型（W）と HapX 高生産株（OE）におけるシデロファオ生産の比較

第18章　ゲノム情報を活用した麹菌の新たな分子育種の可能性

RT-PCRにより sreA の転写を調べてみると有為に減少していた。これに対して，デフェリフェリクリシンの合成系酵素遺伝子の一つ dffA の発現を調べてみると，顕著に転写量が上昇していた（図3）。実際に培地中のフェリクリシン量を，フェリクリシン精製標品（月桂冠㈱より分与頂きました）を用いた HPLC 解析により定量したところ，鉄制限条件下においてフェリクリシンが顕著に蓄積することが明らかになった（図4）[10]。以上の研究は，転写制御機構の理解が実際に麹菌の分子育種に有効であることを示す例でもある。

4　ゲノム情報からの代謝系の予測―ロイシン酸高生産麹菌の開発―

　全ゲノム解析は転写制御のみでなく，物質の代謝に関しても多くの知見をもたらす。最後に紹介するのは，ゲノム情報を基にして，注目する代謝系に絞り，関与する酵素遺伝子を特定し，育種につなげる研究例である。

　日本酒の大吟醸酒などはフルーツのような甘い香りを発する。これを吟醸香といい，酢酸イソアミルやカプロン酸エチルが主要な役割を演じている。この2つのエステルの生合成機構はすでに明らかにされていて，双方とも酵母単独で生成される。現在，これらの成分を多く生産する酵母菌株が開発・多用され，香りのよい清酒が多く醸造されている。一方で，香りが画一化し，消費者の嗜好の多様性に追いついていない側面も見られる。このような状況を打開するために，さらに香りのバリエーションを増やし，個性あふれる商品を開発する必要がある。こうした流れのなかから，筆者らは第3の吟醸香物質，ロイシン酸エチルに着目した。ロイシン酸エチルは酵母単独では生成されず，麹菌が前駆体であるロイシン酸を生成し，その後に酵母がロイシン酸エチルを生成することが示唆されていた[11]。しかしながら，筆者らが研究に着手する以前は，ロイシン酸を生成するのに必要な酵素は不明であった。図5に推定構成経路を示す。

　ロイシンは麹菌のアミノトランスフェラーゼで脱アミノ化され，4-methyl-2-oxopentanic acid（MOA）を生成する。MOA は未知のレダクターゼにより，ロイシン酸を生成し，できたロイシン酸は酵母のエステラーゼの作用によりロイシン酸エチルに変換されると考えられる。筆者

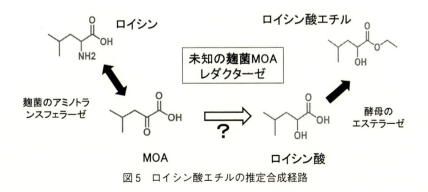

図5　ロイシン酸エチルの推定合成経路

らはMOAレダクターゼを探すべく、麹菌のゲノム情報から候補遺伝子を選抜した[12]。すなわち、MOAレダクターゼは2-ケト酸デヒドロゲナーゼファミリーに属する酵素であると予想し、麹菌のゲノム情報から5種類のMOAレダクターゼ候補遺伝子を選び出した。候補遺伝子をもとに、大腸菌によって組換え酵素を異種発現後、精製して実験に用いた。組換えタンパク質にMOAとNADPHを加え、NADPHの吸光度の減少をモニターすることでMOAレダクターゼ活性を測定した。5つの候補のうち、ひとつの組換えタンパク質がMOAを基質とすることが明らかとなった。反応生成物がロイシン酸であることを質量分析機による解析で確認し、この酵素をMOAR1 (MOAレダクターゼ1) と命名した。新タイプの吟醸酒を製造するための新たな麹菌の分子育種の可能性を探るため、ロイシン酸を大量に生成する試験菌株の構築を行った。本来、吟醸香は香気成分の微妙なバランスの上に成り立っており、必ずしもロイシン酸エチルを大量に作らせればよい訳ではない。しかしながら、最高レベルのロイシン酸の麹を作出することは技術的には意義深い。将来的には段階的に生成量を変化させたり、酢酸イソアミルやカプロン酸エチルとの比率を変化させたりすることで、特徴のある香りの吟醸酒の創出につなげていくことが求められるであろう。ここではセルフクローニング技術を用いて、*moar1*遺伝子を構成的で強いプロモータである*tef1*プロモータの支配下におき、吟醸酒用麹菌に導入することでMOAR1高発現株を構築した。その結果、この高発現株ではmRNAレベルで野生株の約9倍の*moar1*遺伝子が発現しており、生産物であるロイシン酸については、野生株に比べ約100倍量の生産がみられることが明らかとなり、ロイシン酸エチルを多く含む吟醸酒生産の知見を得る基盤が出来上がったと考えられる。現在筆者らは、このロイシン酸高生産麹菌を用いた清酒の試験醸造に着手した段階である。間もなくロイシン酸高生産麹菌についての醸造特性や、出来上がった清酒の品質が明らかになると期待している。実用化までには前述のように、克服しなければならない課題がいくつか残っているが、近い将来、このようにゲノム情報を活用した新しい麹菌育種技術から、次々と新商品が生まれるようになることは想像に難くない。

謝辞

精製フェリクリシン標品を分与頂きました月桂冠株式会社様に感謝致します。

文　　献

1) Machida M. *et al.* Genome sequencing and analysis of *Aspergillus oryzae*. *Nature*, **438** (7071): 1157-1161 (2005)
2) Galagan J. E. *et al.* Sequencing of Aspergillus nidulans and comparative analysis with *A. fumigatus* and *A. oryzae*. *Nature*, **438** (7071): 1105-1115

第 18 章　ゲノム情報を活用した麹菌の新たな分子育種の可能性

3) Nierman W. C. *et al.* Genomic sequence of the pathogenic and allergenic filamentous fungus *Aspergillus fumigatus. Nature*, 438(7071): 1151-116. (2005)
4) Marui J. *et al.* A transcriptional activator, AoXlnR, controls the expression of genes encoding xylanolytic enzymes in *Aspergillus oryzae. Fungal Genet Biol*, 35(2): 157-169 (2002)
5) Noguchi Y. *et al.* Genes regulated by AoXlnR, the xylanolytic and cellulolytic transcriptional regulator, in *Aspergillus oryzae. Appl Microbiol Biotechnol*, 85(1): 141-154 (2009)
6) Kato M. An overview of the CCAAT-box binding factor in filamentous fungi: assembly, nuclear translocation, and transcriptional enhancement. *Biosci Biotechnol Biochem*, 69(4): 663-672 (2005)
7) Tanaka A. *et al.* Isolation of genes encoding novel transcription factors which interact with the Hap complex from *Aspergillus* species. *Biochim Biophys Acta*, 1576(1-2): 176-182 (2002)
8) Hortschansky P. *et al.* Interaction of HapX with the CCAAT-binding complex-a novel mechanism of gene regulation by iron. *EMBO J*, 26(13): 3157-3168 (2007)
9) 日本農芸化学会 2012 年度大会講演要旨集，2B18a11-14.（月桂冠㈱の発表）
10) 中村隼人ら，麹菌転写因子 HapX によるシデロフォア生産調節機構．名城大学総合研究所紀要，19: 33-36 (2014)
11) 鈴木昌治ら，清酒の香気増強に重要なロイシン酸エチルの生成機構．醗酵工学，60: 19-25 (1982)
12) 山本竜也ら，麹菌由来新規 MOA レダクターゼ高発現株の作製とロイシン酸生産能の解析．第 13 回糸状菌分子生物学コンファレンス要旨集，p59 (2013)

第19章 黒麹菌の学名の変遷と分子生物学的データに基づく再分類

山田 修*

1 はじめに

　黒麹菌とは,沖縄（琉球諸島）において泡盛醸造に用いられている分生子が黒色を呈する Aspergillus 属糸状菌であり,製麹中に大量のクエン酸を生産することでもろみを酸性にし,暖地での醸造に適しているとされている。また,平成18年10月12日,日本醸造学会において,黄麹菌 Aspergillus oryzae, 醤油麹菌 A. sojae などとともに我が国を代表する微生物として「国菌」に認定されている[1]。九州でも初めは黄麹菌を利用した焼酎製造が行われていたが,黒麹菌が導入されるや広く使われるようになり,その後は,黒麹菌の変異株とされる白麹菌 A. kawachii が一般的に使われていた[2]。しかし,近年では,黒麹菌を利用した焼酎製造が復活して「黒なんとか」の名称で親しまれている。黒麹菌として報告された菌株は,A. luchuensis を始めとして,10数株にのぼり,その分類には当初より混乱が見られていた。また,黒麹菌は,欧州でクエン酸生産に用いられている A. niger の異名同種とする報告もある。そこで我々は,黒麹菌の分類学的位置を確認するために分子生物学的な解析を行い,黒麹菌は A. niger とは別種の菌株であるという結果を得ることができた。黒麹菌の学名の変遷と分子生物学的データに基づく再分類ついて,最近の知見について紹介したい。

2 黒麹菌の学名の変遷

　黒麹菌は,1901年に乾が A. luchuensis を分離し,「本菌は麹中の主要なる絲状菌にして胞子黒色なるを以て麹をして固有の黒色を帯はしむ澱粉糖化の作用は専ら本菌によるものにして」として報告された[3]。同年,宇佐見は泡盛麹中より2種類の黒色 Aspergillus を分離し,そのうち1つ黒色糸状菌第一を「此菌は乾理学士の發見されたるアスパーギラス リューチューエンシスならん」と報告している。1911年,中澤は琉球産5種及び台湾産1種の泡盛麹から α 菌及び β 菌の2種類の糸状菌を単離し,両菌とも「梗子は再岐し」とメトレの存在を確認し,乾が A. luchuensis について「嚢體上には放射状に密生せる單一の支柱を附着し其尖端には連鎖状をなせる芽生胞子を生ずる」としていることから,「Aspergillus luchuensis Inui と称するものと予の α 菌とは殆ど其の形態同じく只梗子の点に於て異なるを見るのみなり」としながらも,「α 及

---

　　* Osamu Yamada ㈱酒類総合研究所 醸造技術応用研究部門 部門長

第19章　黒麹菌の学名の変遷と分子生物学的データに基づく再分類

びβを新種と認めαは別項に報ずる如く此菌を種麹となして泡盛を作るときは其歩留を増進して全く泡盛製造に欠く可らざるものなるを以て之に*Aspergillus awamori*と命名し」と報告した[4]。一方，Thom and Church 及び Thom and Raper らは，数多くの菌株の分類表を提示し，黒色*Aspergillus*を*A. niger* group とし，メトレの有無により2大別し，*A. awamori* は前者に，*A. luchuensis* は後者に入るとしたが，この際になぜか中澤のα菌ではなくブラジルの研究機関から受け入れた NRRL 4948 株（CBS 557.65）に基づき*A. awamori*を記載している[5,6]。これについて村上は NRRL 4948 株は*A. awamori*ではなく*A. niger*とすべきだと述べている。1951年，坂口らは，沖縄，八丈島，九州南部より1000株を越える黒色*Aspergillus*を分離し，胞子壁に刺を持つ*A. niger*群とその平滑または粗な黒麹菌群に大別し，乾の*A. luchuensis*に相当する株としてほとんどの株にメトレがあるがフィアライドのみの株もある*A. inui*を報告した[7]。また，1979年，村上も，20種の菌学的性質を用いた多変量解析により，*A. niger*群と黒麹菌群とは対立し，黒麹菌群は醸造場の麹由来の株のほとんど全てを含むことを見いだすとともに，黒麹菌を*A. aureus*と*A. awamori*に大別し，*A. awamori*のうち分生子頭がオリーブ色のものを*A. luchuensis*とした（図1）[8]。さらに，1991年 Kustres van Someren らは，RFLP解析から*A. niger* group が形態的には区別できない*A. niger*と*A. tubingensis*とに分類できるとした[9]。Accensi らも ITS-5.8S rDNA RFLP パターンより同様の報告をするとともに，カビ毒 ochratoxin A（OTA）の生産菌6株は全て*A. niger*に属すると報告している[10]。このように黒麹菌を含む黒色*Aspergillus*の分類は混乱しており，その解明には，より広範な分子生物学的な解析が必要と考えられた。

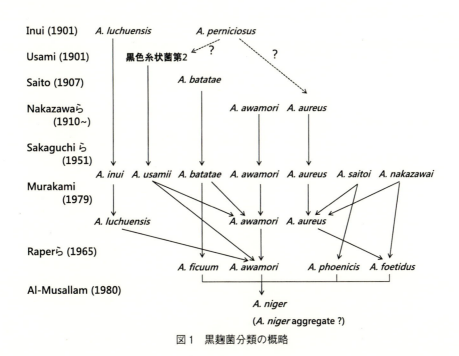

図1　黒麹菌分類の概略

3 黒麹菌の分子生物学的データに基づく再分類

黒麹菌の分類学的位置を確認するため酒類総合研究所保存の37株，㈱トロピカルテクノセンター（沖縄県うるま市）保存の醸造現場由来黒麹菌12株（TTC株），白麹菌 A. kawachii NBRC 4308株，A. niger ATCC 1015株，A. tubingensis ATCC 10550株及びOTA生産性と報告されているNBRC菌株5株，合計57株を解析株とし，まず，顕微鏡によりメトレの有無を観察したところ，全株においてその存在が確認され，形態による分類の難しさが改めて実感された。そこで，Apsergillus 属の分子生物学的解析に有効と報告されている ribosomal DNA internal transcribed spacers（ITS），D1-D2領域，ヒストン3，ベーターチューブリン及びチトクロームb遺伝子部分配列約2500塩基をシークエンス解析し，系統解析を行った。その結果，これまでの分類名とは関わりなく3つの菌群に大別され，醸造現場由来黒麹菌TTC株12株と，白麹菌とは解析した約2500塩基が完全に一致し，白麹菌が沖縄原産の黒麹菌由来であることを裏付ける結果となった（図2）。また，酒類総合研究所の37株中15株も，うち1株が1塩基の違いがあるのみで，ほぼ完全に一致し，その由来を遡ると半分以上が種麹や麹から分離されたことが確認された。現在は A. niger に分類されているが，元は A. luchuensis の標準由来株として保存されていたRIB 2604株もこのグループに含まれた。一方，A. niger ATCC 1015を含む菌群は，TTC株を含む菌群とは別のグループを形成し，当所保存の19株が含まれたが，うち2株のみが麹由来であった。また，OTA生産性と報告されているNBRC菌株5株は全てこのグループに含まれた。A. tubingensis ATCC 10550株を含むグループには，当所保存の3菌株が含まれ，この菌群は A. niger を含む菌群よりは TTC 株を含む菌群により系統的には近いが別の

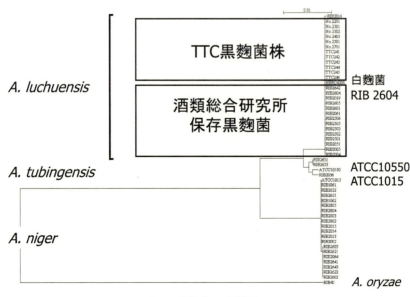

図2　黒麹菌の系統解析

第19章　黒麹菌の学名の変遷と分子生物学的データに基づく再分類

グループを形成した。以上より，沖縄泡盛醸造現場由来黒麹菌 TTC 株，白麹菌及びその半数以上が醸造現場由来と確認された当所保存 15 株を含むグループを，黒麹菌群とすることが妥当と判断し，その学名を A. luchuensis とすることを提案した[11]。

その後，日本国内の菌株保存機関の協力のもとに菌株の探索・解析を続けたところ，中澤のα菌（A. awamori）由来株として保存されていた JCM 2261（IAM 2112）を見出し，同様に解析したところ，その配列は A. luchuensis と完全に一致していた。また，文献調査より宇佐美の黒色糸状菌第一と推定される NBRC 4314（RIB 2604）も A. luchuensis であった。さらに，第2次世界大戦における沖縄戦で失われたと考えられていた戦前の黒麹菌株として坂口らのコレクションから選び出され「幻の泡盛」製造に利用されている JCM 22320（IAM 2351）も，やや生育は遅いものの A. luchuensis に含まれることが確認された。また，1975 年，菅間らが沖縄県泡盛製造場の泡盛麹などから分離した黒麹菌のうちの「Asp. saitoi type」4 株も A. luchuensis であった[12]。これらの菌株は，50 数株が酒類総合研究所に保存されていたが 4 株のみ生育が可能であり，「Asp. awamori type」とされた K1 も死滅はしていたが，PCR 増幅された DNA 断片から A. luchuensis であることを確認している。加えて現在，泡盛の商業生産に最も広く用いられている黒麹菌 ISH1 株及び ISH2 株も，次世代シーケンサによる全ゲノム解析により A. luchuensis に属することが㈱バイオジェットの塚原らにより確認されている。

これらの結果をうけ，韓国 Agricultural Culture Collection の Seung-Beom Hong ら及びオランダ Centraalbureau voor Schimmelcultures（CBS）の Robert A. Samson らと我々は，より広範に黒色 Aspergillus の標準株を収集し表現形型観察，RFLP 解析，シークエンス解析などを行い，黒麹菌は日本を中心に東アジアの醸造に重要な糸状菌であること，A. niger 及び A. tubingensis とは違う独立した種であること，プライオリティからその学名は A. luchuensis とすべきであることを確認するとともに，乾の報告には不備な点がみられることから A. luchuensis をメトレのある株として再記載した[13]。また，Raper らが A. awamori の基準株とした NRRL 4948 株は，A. niger と極めて近縁な A. welwitschiae と表現形型などが完全に一致すること，A. awamori とされている株には A. luchuensis だけでなく A. niger も含まれることなどから，その種名には疑問が残るとして分類学上の混乱を避けるためにもこの学名を廃止することが好ましいとした。

4　黒麹菌の OTA 非生産性の遺伝子レベルでの確認

OTA 生産菌である A. ochraceus において，OTA 生合成に必要な遺伝子はクラスターを形成しており，クラスター内の polyketide synthase 遺伝子（Aoch_pks）の破壊により OTA 生合成能を失うことが報告されていた[14]。一部の A. niger も，OTA を生産することが報告されている。2007 年，A. niger CBS 513.88 株のゲノム解析結果が発表され，そのゲノム中に，Aoch_pks ホモログが見いだされたが，遺伝子発現は見られないという[15]。この pks ホモログが，A.

niger の OTA 生合成に関与するかを解析するために，OTA 生産性の NBRC 6082 株の遺伝子破壊を行った。その結果，破壊株は OTA 生産性を完全に失っており，この pks ホモログ遺伝子が *A. niger* の OTA 生合成に必須であることが示された。そこで，この遺伝子の分布を PCR 及びサザン解析により系統解析に用いた全 57 菌株について検討した。*A. niger* 菌群は，この pks ホモログ遺伝子を持つものと持たないものとが混在していたが，黒麹菌及び *A. tubingensis* グループの菌からは検出されなかった（図2）。なお，*A. niger* CBS 513.88 株のように pks ホモログ遺伝子を有する株が全て OTA 生産性ではないということも興味深い。いずれにせよ，*A. niger* の OTA 生合成に必須な遺伝子が黒麹菌から検出されなかったことは，遺伝子レベルでも黒麹菌が OTA 非生産性であることを強く示唆している。さらに我々は，黒麹菌は，*A. niger* が生産する別のカビ毒 fumonisin B2 も非生産性であることを遺伝子レベルで確認している（投稿準備中）。以上より，黒麹菌の安全性が遺伝子レベルで確認されたものと考えている。

5　おわりに

　分子生物学的系統解析により黒麹菌の学名として *A. luchuensis* が世界的に認められたものと考えている。残念ながら *A. awamori* という種名は「doubtable」で廃止すべきとされたが沖縄の歴史的な呼称である「琉球」にちなむ学名の復活となったことを喜びたい。また，黒麹菌は遺伝子レベルから OTA などのカビ毒非生産性であることが示された。いうまでもなく黒麹菌はその高いクエン酸生産性から暖地における醸造に適していることが既に広く知られているが，さらに高い安全性をも有している沖縄産菌株であることが明らかとなり，このような菌株がどのようにして選択されてきたのか興味が持たれる。また，現在，黒麹菌 *A. luchuensis* RIB 2604 (NBRC 4314) 株のゲノム解析が進展しており形質転換系などのツールも出揃いつつある。今後，我が国由来のユニークで安全かつ有用な黒麹菌について，ゲノム情報や分子生物学的ツールを活用した研究や新しい菌株の育種などが進展することを期待したい。

文　　献

1) http://www.jozo.or.jp/koujikinnituite2.pdf
2) 北原覚雄：糸状菌類の Diastase 組成に関する研究（第3報），醗工, **27**, 162-166（1949）
3) 乾環：琉球泡盛酒醗酵菌調査報告（官報），工化, **4**, 1357-1361（1901）
4) 中澤亮治：泡盛麹菌ニ就テ（第一報），台湾総督府研究所報告第2回，p93-97（1911）
5) C. Thom and M. B. Church: The *Aspergilli*,（1926）
6) C. Thom and K. B. Raper: Manual of the *Aspergilli*,（1945）

第 19 章　黒麹菌の学名の変遷と分子生物学的データに基づく再分類

7) 坂口謹一郎ら：黒麹菌に関する研究（総括），農化，**24**, 138-142（1950）
8) 村上英也：黒アスペルギルスの分類表 麹菌の分類学的研究（第 32 報），醸協，**74**, 849-853（1979）
9) Kusters van Someren, M. A. *et al.*: The use of RFLP analysis in classification of the black *Aspergilli*: reinterpretation of the *Aspergillus niger* aggregate., *Curr. Genet.*, **19**, 21-26（1991）
10) Accensi, F. *et al.*: Distribution of ochratoxin A producing strains in the *A. niger* aggregate., *Antonie van Leeuwenhoek*, **79**, 365-370（2001）
11) Yamada, O. *et al.*: Molecular biological researches of Kuro-Koji molds, their classification and safety., *J Biosci. Bioeng.*, **112**, 233-237（2011）
12) 菅間誠之助ら：泡盛麹に関する調査，醸協，**70**, 595-598（1975）
13) Hong, S. B. *et al.*: *Aspergillus luchuensis*, an Industrially Important Black *Aspergillus* in East Asia., *PLoS ONE*, **8**, e63769（2013）
14) O'Callaghan, J. *et al.*: A polyketide synthase gene requied for ochratoxin A biosynthesis in *Aspergillus ochraceus*, *Microbiology*, **149**, 3458-3491（2003）
15) Pel, H. J. *et al.*: Genome sequencing and analysis of the versatile cell factory *Aspergillus niger* CBS 513.88. *Nature Biotechnol.*, **25**, 221-231（2007）

第20章 ゲノム・ポストゲノム解析により焼酎麹菌らしさを探る

後藤正利[*1], 梶原康博[*2], 高下秀春[*3]

1 はじめに

　麹菌はその安全性と優れた酵素生産能を示すことから，酒類，醤油，味噌など我が国の伝統的発酵食品製造に使用されている。温暖な九州地域でおもに製造される本格焼酎には，原料のでんぷんを加水分解するのに必要なα-アミラーゼやグルコアミラーゼを高生産することに加え，製造時のもろみのpHを低く保ち雑菌の増殖を防ぐためにクエン酸を高生産する焼酎麹菌 *Aspergillus luchuensis* が用いられる[1]。近年のゲノム科学研究の進展により，麹菌のなかでも黄麹菌 *A. oryzae* が最も早くゲノム情報が明らかにされ，黄麹菌の姿が細胞・遺伝子レベルで明らかにされつつある。我々は焼酎麹菌のうち白麹菌（*A. luchuensis* mut. *kawachii*（以降 *A. kawachii* と略す）本書19章参照）を対象として，未だよく解明されていない"白麹菌らしさ"を明らかにしようとしている。すなわち，白麹菌はなぜ安全なのか，どのようなメカニズムで白麹菌がクエン酸を高分泌生産するのか，白麹菌の糖質加水分解酵素にはどのようなものがあり，どのような基質特異性をもっているのかといったことを理解することである。この白麹菌を特徴づけている性質を理解することで，多様な焼酎の開発はもちろんのこと，タンパク質や様々な有機酸の高生産宿主，あるいは糖質加水分解酵素源としての産業利用を期待している。白麹菌らしさを理解するには，白麹菌を実験室で自在に利用できるシステムを構築すること，ゲノム解析やポストゲノム解析が必要である。本章では焼酎醸造に用いられる白麹菌に関するこれまでの我々の研究について紹介したい。

2 白麹菌の研究用宿主の開発

　白麹菌 *A. kawachii* IFO 4308株に高効率相同組換え能及び栄養要求性を付与した研究用宿主菌株の開発を行った。生物には遺伝子修復のために相同組換え系と非相同末端結合系が存在する。2005年にアカパンカビで非相同末端結合系の一部を欠損させると高効率に相同組換えが行

[*1] Masatoshi Goto　九州大学大学院　農学研究院　生命機能科学部門　未来創成微生物学寄附講座　准教授

[*2] Yasuhiro Kajiwara　三和酒類㈱　三和研究所　副所長

[*3] Hideharu Takashita　三和酒類㈱　三和研究所　所長

第20章　ゲノム・ポストゲノム解析により焼酎麹菌らしさを探る

えることが発見された[2]。A. kawachii IFO 4308 株では，非相同末端結合に関与する遺伝子の一つである ligD 遺伝子を ptrA 遺伝子に置換することで，ligD 遺伝子破壊株を構築した[3]。得られた白麹菌 ligD 破壊株は各種寒天培地，30〜40℃で野生株と同様の生育を示し，分生子形成能も野生株と同様であった。野生株を宿主とした場合には，例えば argB 破壊株が取得されない条件下で，ligD 破壊株を宿主とした場合には 100％の頻度で目的の argB 破壊株が取得できた。同様に，極めて高効率に，pyrG 遺伝子，sC 遺伝子を破壊することができた。これまで白麹菌には栄養要求性が付与されていなかったが，これらの破壊株はそれぞれアルギニン要求性株，ウラシル要求性，メチオニン要求性を示した。これらの白麹菌の宿主菌は，白麹菌らしさを探るうえでの分子生物学的解析のための宿主菌として利用できる。

3　白麹菌のゲノム解析

白麹菌 A. kawachii IFO 4308 株のゲノム情報を Roche 454 GS FLX titanium による全ゲノムショットガン，およびペアエンド解析により得た[4]。先にゲノム情報が公開されている A. nidulans FGSC A4[5]，A. fumigatus Af293[6]，A. oryzae RIB40[7]，A. niger CBS 513.88[8] 及び ATCC 1015[9] のゲノムサイズは 28-37Mbp で，コーディング配列（CDS）数は 9,500-14,000 であるが，白麹菌も同様のゲノムサイズと CDS 数で，それぞれ 37Mbp と 11,488 であった。

九州での焼酎製造に用いられる麹菌は，最初は黄麹菌であったが，より生酸能力の高い黒麹菌が導入された。その後，黒麹菌のアルビノ変異株で分生子の色素合成能が失われた白麹菌が利用されている[1,10]。分生子の色素合成については，黒アスペルギルス菌 A. niger で 4 つの遺伝子（fwnA/pksP, pptA, olvA, brnA）の関与が報告されている[11]。また，黒麹菌の色素関連ポリケチド合成酵素をコードする pksP 遺伝子の破壊によって黒麹菌が白色化することが報告されている[12]。黒色胞子を形成する黒麹菌や A. niger と白麹菌における上記 4 つのオルソログについてアミノ酸配列情報を比較したところ，PksP だけに違いが認められた。黒麹菌と A. niger で存在する pksP の 5,885-5,887 番目の C 塩基のいずれかが，白麹菌では 1 塩基欠失していた。そのため，欠失塩基以降でフレームシフトがおこり新たに終止コドンが生じ，C 末端部分を欠失した PksP が合成される。黒麹菌や A. niger の PksP の C 末端には本来チオエステラーゼドメインが含まれており，白麹菌ではこのドメインが欠失したため胞子色素前駆体であるポリケチドの合成能が低下したか消失したため白色化したものと推察した。

黒麹菌，白麹菌に系統的に近縁な A. niger にはオクラトキシンやフモニシンを生産するものが知られている[13]。焼酎製造に用いられる白麹菌は当然ながらマイコトキシンを合成しないことが明らかであるが，どのような要因でマイコトキシン非生産性であるかを比較ゲノムにより調べた。オクラトキシンの合成に関与する多数の遺伝子はクラスターを形成している。オクラトキシン A（OTA）はアセチル CoA とマロン酸を基質としたポリケチド合成酵素（PKS）の触媒によるポリケチド合成反応に始まり，リボソーム非依存性ペプチド合成酵素（NRPS）によるクマリ

ン化合物とフェニルアラニンエステルの縮合反応を経て合成されると推定されている。産業用タンパク質高生産性 A. niger CBS 513.88 株では, OTA 合成に必要な PKS 及び NRPS をコードする遺伝子のクラスターを保有するのに対し, 産業用クエン酸生産株 A. niger ATCC 1015 と白麹菌 IFO 4308 株では, OTA 生合成クラスター領域約 21 kb を欠失している。従って, 白麹菌は遺伝的に OTA を合成できないことが明らかになった。

一方, フモニシンも一部の黒アスペルギルスでも生産されることが報告されている。A. niger ATCC 1015 株ではフモニシン合成に関与する fum 遺伝子クラスターが存在する[14]。A. niger ATCC 1015 株の fum 遺伝子クラスターを構成する個々の遺伝子の相同な配列を白麹菌のゲノムから検索すると, 相同性が比較的高いものはチトクローム P450（AKAW_01714）が 74％, PKS（AKAW_01715）が 69％で, その他の遺伝子は 23〜41％の相同性しか示さなかった。また, これらの遺伝子は白麹菌ではクラスターとして存在せず, ゲノム中に点在しており, フモニシン以外の化合物に作用するものと推察された。J.G. Gibbons と A. Rokas による白麹菌を含めた糸状菌の比較ゲノム解析によって, フモニシン合成遺伝子クラスターは Fusarium 属糸状菌から, 進化の過程において A. niger と A. luchuensis に分かれた後に A. niger に水平伝播して A. niger がフモニシン合成能を獲得したことが示されている[15]。従って, 白麹菌はフモニシン合成が遺伝的に不能であることが推察される。

4　ゲノム解析によるクエン酸高生産要因遺伝子の探索

糸状菌のクエン酸発酵については, A. niger の液体培養を中心に高生産条件が明らかにされている[1]。焼酎製造現場では, 製麹時の前半の 30 時間程度は 40℃ 程度の高温経過をとりアミラーゼを生成させ, 後半に 35 度程度の低温を維持して酸を生成させる品温管理が実践されている[16]。しかし, クエン酸高生産性を示す焼酎麹菌の本質的な遺伝的要因については明らかではない。大麦を用いて白麹菌と黄麹菌で同様の条件で作成した麹のメタボローム解析結果の有機酸量を示す（表1）。白麹菌では麹中にクエン酸を著量蓄積させたが, 黄麹菌では白麹菌の 6％程度のクエン酸量しか蓄積しなかった。これらの有機酸の生産性の違いが白麹菌の特徴を表している。

クエン酸を高生産する白麹菌, A. niger と高生産しない黄麹菌の 3 菌株間で相同性 70％以上を示す遺伝子数を調べた。3 菌株間で共通に保存された遺伝子数は 3,797 存在するが, クエン酸高生産株間で保存され, かつ黄麹菌では保存されていない遺伝子数が 4,852 存在した。これらの 4,852 遺伝子のうち, TCA 回路での代謝に関与すると推定される遺伝子は 4 つ存在し, 細胞質リンゴ酸デヒドロゲナーゼ（AKAW_04056）, ミトコンドリアピルビン酸カルボキシラーゼ（AKAW_08633）, 2 種のクエン酸シンターゼ（AKAW_00170, AKAW_09689）であった。

A. niger の液体培養でのクエン酸生産に関する報告では, クエン酸高生産の要因としてミトコンドリアでの有機酸の輸送系が関与しているのではないかと推定されている[17]。なかでも, 細胞質のリンゴ酸をミトコンドリアに取り込み, 同時にミトコンドリア中のクエン酸を細胞質に対向

第20章 ゲノム・ポストゲノム解析により焼酎麹菌らしさを探る

表1 白麹菌及び黄麹菌で作成した麦麹中の有機酸量

有機酸	濃度（nmol/mg 麹）					割合	
	通常製麹 (25 h)	通常製麹 (26.5 h)	通常製麹 (44 h)	高温製麹 (44 h)	黄麹菌 正常製麹 (44 h)	通常製麹 (26.5 h)／ 高温製麹 (25 h)	通常製麹 (44 h)／ 高温製麹 (44 h)
ピルビン酸	78	55	18	16	27	0.7	1.1
クエン酸	32,444	39,597	139,094	78,370	7,714	1.2	1.8
cis-アコニット酸	509	503	769	826	92	1	0.9
イソクエン酸	371	383	2,644	967	115	1	2.7
α-ケトグルタル酸	885	871	689	813	210	1	0.8
コハク酸	175	163	105	105	398	0.9	1
フマル酸	408	269	259	238	390	0.7	1.1
リンゴ酸	7,865	7,271	4,272	5,041	3,145	0.9	0.8
γ-アミノ酪酸	32	27	26	44	107	0.8	0.6

輸送するクエン酸/リンゴ酸キャリアー（CMC）はクエン酸の培地中への排出に重要な鍵をにぎっているのではないかと予想されている[17]。上記代謝酵素遺伝子と同様に，ミトコンドリア局在性輸送体をコードする遺伝子のうちクエン酸高生産菌間で特に保存されたものには，6つの遺伝子が該当した。推定クエン酸リンゴ酸トリカルボン酸輸送タンパク質（AKAW_10240），3つの推定ミトコンドリア輸送タンパク質（AKAW_00314, AKAW_05736, AKAW_07681），2つの推定 C_4-ジカルボン酸/リンゴ酸トランスポーター（AKAW_02799, AKAW_07440）をコードする遺伝子であった。

5 マイクロアレイ解析によるクエン酸高生産要因の探索

白麹菌を固体培養した麹でのクエン酸生産は，白麹菌自身が生産したアミラーゼにより原料のデンプンを分解して生じるグルコースの一部を利用してクエン酸を生産するもので，高濃度のグルコースを出発原料としてもっぱらクエン酸だけを大量に生産させる A. niger の液体培養とは使用される互いの糸状菌の細胞内の遺伝子発現は異なると推定される。白麹菌の麹中での遺伝子発現変動を調べるために，2つの条件で麹を作成した。白麹菌の胞子を蒸麦に接種後，高いアミラーゼ活性を誘導するために25時間までは36から40℃で培養し，クエン酸を高生産させるために26.5時間後には30℃で44時間まで培養した（通常製麹）[18]。一方，クエン酸生産誘導期に発現変動している遺伝子を同定するため上記製麹において接種後26.5時間，44時間も40℃のまま培養温度を維持した（高温製麹）。これらの麹の有機酸量を調べた（表1）。培養時間44時間後の麹中のクエン酸量は，40℃を維持した高温製麹に比べ，通常製麹において1.8倍であり，30℃への培養温度低下によって確かにクエン酸生産が促進されていることを確認した。イソクエン酸量も通常製麹において2.7倍増加した。一方，リンゴ酸及びオキザロ酢酸については，通常製麹において逆に減少傾向にあった。

麦麹中の白麹菌全遺伝子の転写量をマイクロアレイで推定して，通常製麹サンプルと高温製麹サンプル間の同培養時間における発現変動遺伝子（$\log_2$変動値＞0.5，＜−0.5，q＜0.01）を抽出した。培養温度低下によるクエン酸生産誘導条件下において発現量が上昇した566遺伝子および低下した548遺伝子を同定した。発現変動した遺伝子についてジーンオントロジー（GO）解析を行ったところ，発現変動遺伝子群はGOのBiological Processにおいて42のGOtermに濃縮されていた。それらは主に，EMP経路，TCA回路，ペントースリン酸経路，グリセロール経路，トレハロース経路などを含む"glucose metabolic process（GO:0006006）"，"trehalose metabolic process（GO:0005991）"，"glycerol-3-phosphate metabolic process（GO:0006072）"，"carbohydrate metabolic process（GO:0005975）"，"metabolic process（GO:0008152）"であった。また，amino acid transport（GO:0006865）において，17の発現上昇した遺伝子群が濃縮されていた。一方，Protein folding（GO:0006457）において12の発現減少した遺伝子群が濃縮されていた。GO解析による発現変動遺伝子全体の挙動から，糖化酵素の分泌生産を促すための高温培養は白麹菌にとってストレスであり，細胞をダメージから保護するため，タンパク質の折りたたみに関する機能，ストレス保護剤として働くトレハロースやグリセール生産の活性化が生じていることがわかった。低温培養への移行により，それら活性化した代謝系の抑制に伴う代謝系の変換がクエン酸の高生産に関係しているものと推察された（図1）。

麦麹でのクエン酸生産誘導時におけるグルコースからピルビン酸までの解糖系，TCA回路にかかわる個々の遺伝子の発現変動を調べた。解糖系ではクエン酸高生産時において全体的には遺伝子の大きな発現変動は認められなかったが，一部グリセロール3-リン酸デヒドロゲナーゼ（AKAW_10295）が1/10に発現減少し，ホスホグリセレートムターゼの一つ（AKAW_03245）が2.2倍発現上昇していた。TCA回路とGABA経路を構成する代謝酵素については統計的に有為な2倍以上の発現変動を示す遺伝子は認められなかった。グリオキサル酸経路のイソクエン酸から生成したグリオキサル酸をリンゴ酸に代謝するリンゴ酸合成酵素で唯一2.8倍の発現上昇が認められた（図1）。

ついで，ミトコンドリアに局在する推定輸送体タンパク質をコードする遺伝子についての発現変動に注目した。麦麹中での白麹菌のクエン酸生産誘導後に発現上昇する遺伝子として，推定ジカルボン酸輸送体（AKAW_02096，AKAW_02799，AKAW_05361），推定コハク酸-フマル酸輸送体（AKAW_09113），推定トリカルボン酸輸送体（AKAW_03754），6種の推定輸送タンパク質（AKAW_00314，AKAW_04250，AKAW_04269，AKAW_08131，AKAW_09097，AKAW_09662）をコードする遺伝子が見いだされた。クエン酸はミトコンドリア内で合成され最終的に白麹菌の細胞外へ排出される。ミトコンドリア内でのTCAサイクルを構成する代謝酵素遺伝子については発現変動が少なく，むしろミトコンドリア局在の輸送体遺伝子の発現変動が多いことは，白麹菌によるクエン酸の高生産においては，ミトコンドリアの輸送体が律速になっている可能性を示唆した。糸状菌のほとんどのミトコンドリア輸送タンパク質の実際の輸送物質は明らかではなく，各推定輸送体の輸送化合物を明らかにする必要がある。

第20章 ゲノム・ポストゲノム解析により焼酎麹菌らしさを探る

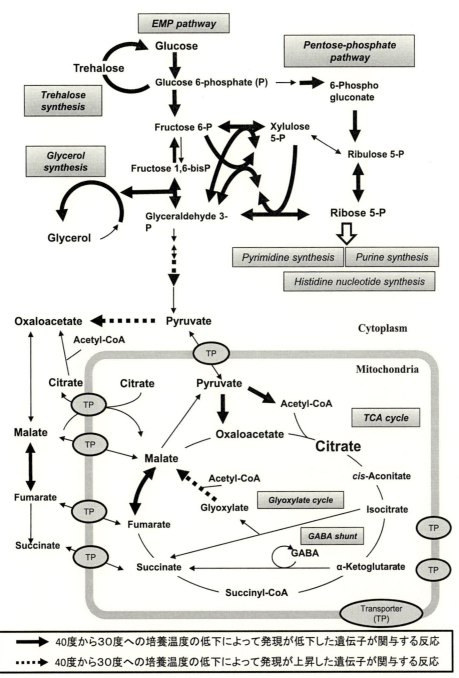

図1 白麹菌の培養温度低下により発現変動した遺伝子が関与する代謝経路

6 糖質加水分解酵素の多様性と機能同定

　白麹菌のもうひとつの特徴的な性質は，多様な糖質加水分解酵素（GH）の存在にある。現在までに多様な生物種のゲノム情報が明らかにされて，膨大な数のGHがCAZY（Carbohydrate active enzyme, http://www.cazy.org/）データベースによって，アミノ酸配列の相同性にもとづいて，133のファミリーとNon-classifiedに分類されている（2014年11月現在）。CAZYのGHファミリー分類と基質特異性は完全には一致せず，実際にGHの活性を測定して基質特異性などの機能を明らかにする必要がある。

　白麹菌ゲノム中には，少なくとも253のGHをコードする遺伝子が存在し，それらは55のGHファミリーとNon-classifiedにわたる[19]。白麹菌わずか一つの生物種で全体の約4割のGHファミリーをカバーしていることになる。白麹菌の253のGHの中には，白麹菌が麹菌としての役割を果たすために重要な耐酸性α-アミラーゼ（GH13），グルコアミラーゼ（GH15）などの原料の糖化に必須なGHも当然含まれている[20~22]。焼酎の香り成分のひとつであるフルフラールは，GHによるペントースの遊離とクエン酸による作用によって生成することが推定されている。また，芋焼酎の特徴香の一つであるモノテルペンアルコールは，麹菌のβ-グルコシダーゼによって生成する。これらのGHの存在が，焼酎醸造に適した性質をもった菌として白麹菌が選抜されてきた要因の一つであるともいえる[23]。

　白麹菌の253のGH遺伝子のうち，白麹菌や類縁菌において，未だ基質特異性が未同定な分泌型GHと推定されるGHは，36種のGHファミリーに属する112の遺伝子にコードされる。マイクロアレイ解析によって，これらの基質特異性未同定の分泌型GHの多くは，麦麹中での発現量が低いか，発現していないことが明らかになった。麦麹中で発現量の低いGHの発現量を上昇させることで，焼酎の香り成分の変化が生じる可能性を秘めている。

7 おわりに

　白麹菌に特徴的な性質であるクエン酸高生産性をもたらす要因を明らかにするために，ゲノム解析，マイクロアレイ解析，メタボローム解析を行った。その要因となるべき候補遺伝子を見いだすことができた。同時に構築した白麹菌宿主を用いて，現在いくつかの遺伝子破壊株を構築して，クエン酸高生産に関与する遺伝子を同定している最中である。これらの候補遺伝子の機能を明らかにして行く過程で，クエン酸高生産のなぞが解けることを願っている。また，白麹菌の多様なGHについては，麹では発現がほとんどされてなく，いわば眠っている状態にあるので，これらを強制的にタンパク質として生産させ機能を明らかにすることで，新たな酵素利用の道が開拓されると願っている。白麹菌の特徴的な性質すなわち白麹菌らしさを明らかにすることで，焼酎製造分野だけではなく，産業界で新たな白麹菌の活躍の場が生まれることを期待している。

第 20 章　ゲノム・ポストゲノム解析により焼酎麹菌らしさを探る

謝辞

　本稿で紹介した研究内容は，九州大学大学院農学研究院の二神泰基助教（現鹿児島大学准教授），竹川薫教授，久原哲教授，田代康介准教授，森一樹博士，三和酒類株式会社三和研究所の研究員によるご協力で得られたものである。この場をお借りして御礼を申し上げます。

文　　献

1) 村上英也編著，麹学，（日本醸造協会）（1986）
2) Y. Ninomiya, K. Suzuki, C. Ishii and H. Inoue. *Proc. Natl. Acad. Sci. U. S. A.*, **101**, 12248-12253（2004）
3) S. Tashiro, T. Futagami, S. Wada, Y. Kajiwara, H. Takashita, T. Omori, T. Takahshi, O. Yamada, K. Takegawa and M. Goto. *J. Gen. Appl. Microbiol.*, **59**, 257-260（2013）
4) T. Futagami, K. Mori, A. Yamashita, S. Wada, Y. Kajiwara, H. Takashita, T. Omori, K. Takegawa, K. Tashiro, S. Kuhara and M. Goto. *Eukaryot. Cell*, **10**, 1586-1587（2011）
5) J. E. Galagan, *et al. Nature*, **438**, 1105-1115（2005）
6) W. C. Nierman, *et al. Nature*, **438**, 1151-1156（2005）
7) M. Machida, *et al. Nature* **438**, 1157-1161（2005）
8) H. J. Pel, *et al. Nat. Biotechnol.*, **25**, 221-231（2007）
9) M. R. Andersen, *et al. Genome Res.*, **21**, 885-897（2011）
10) 山田修．バイオサイエンスとインダストリー，**71**, 499-503（2013）
11) T. R. Jørgensen, J. Park, M. Arentshorst, A. M. van Welzen, G. Lamers, P. A. Vankuyk, R. A. Damveld, C. A. van den Hondel, K. F. Nielsen, J. C. Frisvad and A. F. Ram. *Fungal Genet. Biol.*, **48**, 544-553（2011）
12) T. Takahashi, O. Mizutani, Y. Shiraishi and O. Yamada. *J. Biosci. Bioeng.*, **112**, 529-534（2011）
13) J. C. Frisvad, T. O. Larsen, U. Thrane, M. Meijer, J. Varga, R. A. Samson and K. F. Nielsen. *PLoS One*, **6**, e23496（2011）
14) S. E. Baker. *Med. Mycol.*, **44**, S17-S21（2006）
15) J. G. Gibbons and A. Rokas. *Trends Microbiol.*, **21**, 14-22（2013）
16) 中野成美．製麹，p.87-107，西谷尚道編，本格焼酎製造技術，（日本醸造協会）（1991）
17) W.A. de Jongh and J. Nielsen. *Metab. Eng.*, **10**, 87-96（2008）
18) T. Omori, N.Takeshima and M. Shimoda. *J. Ferment. Bioeng.*, **78**, 27-30（1994）
19) 後藤正利，二神泰基，梶原康博，高下秀春．日本醸造協会誌，**109**, 219-227（2014）
20) A. Kaneko, S. Sudo, Y. Takayasu-Sakamoto, G. Tamura, T. Ishikawa, and T. Oba. *J. Ferment. Bioeng.*, **81**, 292-298（1996）
21) Y. Kajiwara, N. Takeshima, H. Ohba, T. Omori, M. Shimoda and H. Wada. *J. Ferment. Bioeng.*, **84**, 224-227（1997）
22) S. Hayashida, K. Kuroda, K. Ohta, S. Kuhara, K. Fukuda and Y. Sakaki. *Agric. Biol. Chem.*, **53**, 923-929（1989）
23) 太田剛雄．日本醸造協会誌，**86**, 250-254（1991）

第21章 泡盛醸造に関与する微生物の解析とその応用

渡邉泰祐[*1]，塚原正俊[*2]，外山博英[*3]

1 はじめに

　泡盛は沖縄県の伝統的酒類で，約600年の歴史を有する日本最古の蒸留酒である。15世紀前半，発酵や蒸留の基本技術が中国や東南アジアから伝来して以降，沖縄の地で独自の工夫や改良がなされ，伝統文化として現在まで受け継がれている。特に，黒麹菌の使用，全麹仕込み，シー汁浸漬法に代表される発酵管理等，泡盛醸造において特筆すべき技術が発達しつつ継承されてきた。泡盛醸造で中心的な役割を担う「醸造微生物」は，他の酒類と同様にその存在が全く認識されない時代が長く続いたものの，その間も醸造過程で起こる様々な現象や産物としての泡盛の品質をあらゆる側面から「観る」ことにより，発酵全体をコントロールする卓越した泡盛醸造技術が長い年月を経て確立された。さらに，発酵に関わる醸造微生物はそれぞれの酒造所で独自に育てられ，これらの違いが風味の個性化に繋がり，それぞれの時代において嗜好品としての泡盛の付加価値を向上させてきたと考えられる。しかしながら，第二次世界大戦の沖縄での地上戦により，多くの人命や製造のノウハウと共に，泡盛酒造所が保有していた独自の微生物もそのほとんどを消失してしまった。その後，先人たちの努力により，醸造特性が高い微生物が単離され，泡盛醸造に適していると判断された優良菌株が今日の商業醸造に広く用いられているという現状にある。

　泡盛は，米（主にタイ産のインディカ種）のみを原料とし，醸造微生物として黒麹菌および酵母を用いる。泡盛醸造では黄麹菌 *Aspergillus oryzae* ではなく *A. luchuensis*（旧名 *A. awamori*）が製麹に用いられる。また，九州地方の焼酎や清酒などで見られる原料の二次添加（段仕込み）を行わず「全麹仕込み」で醸造される。すなわち，用いられる発酵原料の全てが黒麹に起因していることから，泡盛は他の酒類と比較してその風味が黒麹菌株や麹の品質に強く影響されると考えられる。一方，アルコール生成を担う酵母は，古来より *Saccharomyces cerevisiae* であったと考えられ，現在も泡盛もろみから分離，育種された株が広く用いられている。

---

*1 Taisuke Watanabe　琉球大学　農学部　亜熱帯生物資源科学科　発酵・生命科学分野　助教
*2 Masatoshi Tsukahara　㈱バイオジェット　代表取締役
*3 Hirohide Toyama　琉球大学　農学部　亜熱帯生物資源科学科　発酵・生命科学分野　教授

第 21 章　泡盛醸造に関与する微生物の解析とその応用

2　黒麹菌

　現在，泡盛の商業醸造では，そのほとんどにおいてアワモリ菌およびサイトイ菌と呼ばれる 2 種類の黒麹菌株が混合された「複菌麹」が種麹として用いられている。アワモリ菌とサイトイ菌の特徴はそれぞれ異なり，アワモリ菌は糖化力が高く，サイトイ菌は糖化酵素の生産量は少ないが，腐造防止に重要なクエン酸を大量に生産することが経験的に知られていた。商業醸造において，これらアワモリ菌とサイトイ菌をバランスよく混合した種麹の利用は，順調なもろみ発酵に寄与している。

　我々は，実際の泡盛醸造に使用されている 2 種類の黒麹菌（アワモリ菌 ISH1 株とサイトイ菌 ISH2 株）について，実験室レベルで各株単独で黒麹を調製し，各黒麹における α-アミラーゼ活性および酸度を調べた。その結果，α-アミラーゼ活性は ISH1 株で高く，酸度は ISH2 株で高い値を示した[1,2]。アワモリ菌 ISH1 株とサイトイ菌 ISH2 株の混合利用により適切な α-アミラーゼ活性およびクエン酸濃度がコントロールされることから，「複菌麹」は温暖な沖縄に適した泡盛醸造技術であると考えられる。

　一方，黒麹菌近縁種の分類に関して，*Aspergillus awamori* という名称の種の中に，*A. niger* が含まれているなどの混乱が指摘された[3]。そこで，近年，Black aspergilli の分類について再評価が行われ[4,5]，従来の *A. awamori* という名称を廃し *A. luchuensis* という名称による新たな分類が提唱された（第 19 章参照）。*A. luchuensis* は，分子生物学的解析から *A. niger* とは明ら

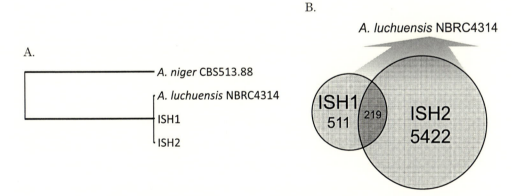

図 1　アワモリ菌 ISH1 株およびサイトイ菌 ISH2 株の近縁種との比較ゲノム解析
MiSeq によって得られた ISH1 株と ISH2 株のシーケンスデータを用いて比較ゲノム解析を行った。
A) *A. luchuensis* NBRC4314 株および *A. niger* CBS513.88 株との系統解析：*A. luchuensis* NBRC4314 株および *A. niger* CBS513.88 株のデータを用いて chr. 1 の 50 kb のゲノム領域を対象とし近隣結合法にて系統解析を行った。その結果，*A. niger* CBS513.88 株と比較すると，NBRC4314 株，ISH1 株，ISH2 株内の差異は極めて近いことが明らかとなった。
B) *A. luchuensis* NBRC4314 株に対する SNV による比較解析：NBRC4314 株，ISH1 株，ISH2 株間の差異を評価するため，NBRC4314 株に対して ISH1 株と ISH2 株のリードをマッピングし，得られた SNV を相互に比較した。その結果，固有の変異が ISH1 株で 511，ISH2 株で 5422 か所コールされ，NBRC4314 株と ISH1 株が相対的に近縁であることが示された。

かに区別されることが示されている[4,5]。これらの経緯から，2013年には酒類総合研究所[6]，2014年には製品評価技術基盤機構（NITE）[7]に掲載されている黒麹菌の名称がA. luchuensisに更新され，現在も近縁種について再分類の検討が続けられている。

　我々は，商業的な泡盛醸造に用いられている黒麹菌について詳細な系統解析を行う目的で，多くの泡盛酒造所で使用されているアワモリ菌ISH1株とサイトイ菌ISH2株を用いた比較ゲノム解析を行った。2株の全ゲノム配列について，A. luchuensis var. awamori NBRC4314株と一定以上の相同性が見られたMiSeqのread数を比較した結果，ISH1株では98.3%，ISH2株では97.7%を示したのに対して，A. nigerのゲノムデータに対しては，ISH1株では78.3%，ISH2株では79.0%であった[8,9]。したがって，A. nigerは他の3株とは明確に区別された（図1A）。これらの結果は，複数遺伝子の配列を対象とした解析，および全ゲノム上の変異の比較解析においても支持されたことから，泡盛醸造に用いられているISH1株およびISH2株はA. luchuensisに含まれることが明らかとなった。さらに，アワモリ菌ISH1株とサイトイ菌ISH2株についてA. luchuensis NBRC4314株に対する変異解析を行った（図1B）。その結果，4314株に対してISH1株およびISH2株で共通した変異は219，ISH1株固有の変異は511，ISH2株固有の変異は5422か所見出された。この結果から，4314株およびISH1株と比較してISH2株が系統的にやや離れていることが明らかとなった[9]。

　一方，Black aspergilliのうち幾つかの株はマイコトキシンの一種であるオクラトキシンを生産することが知られており，その生産に関わる遺伝子が特定されている[4]。ISH1株およびISH2株から得られたゲノムデータを解析したところ，オクラトキシン生合成遺伝子を持たないことが明らかとなり[8,9]，黒麹菌および泡盛の安全性が追認された。

　泡盛醸造において，複菌麹すなわちアワモリ菌およびサイトイ菌の混合は，各株の優れた醸造特性を利用して順調な発酵を進めるために用いられている技術であると考えられ，これまで最終製品である泡盛の品質そのものへの影響は大きくないとされてきた。しかしながら，我々は単独菌株での麹と複菌麹を用いた詳細な実験により，複菌麹の醸造技術が泡盛香気成分の生成に影響を及ぼすことを見出した。バニリンは，泡盛の熟成に関与する重要な香気成分の1つである[10]。泡盛発酵過程におけるバニリンの生成過程は図2の通りである。まず，黒麹菌によって生産される酵素で原料米細胞壁多糖からフェルラ酸が遊離され，フェルラ酸はもろみ中の微生物が生産するフェルラ酸脱炭酸酵素により4-VG（4-ビニルグアヤコール）に変換される[11]。4-VGは蒸留液に移行し，熟成中にバニリンに変換される。我々は，ISH1株とISH2株を混合した複菌麹を用いて醸造した泡盛では，各単独菌株の麹を用いた時よりも4-VG濃度が高まること，さらに酢酸イソアミルを含む多くの香気成分の濃度も影響を受けることを見出した[2,12]。これらの結果から，黒麹菌の菌株は泡盛の風味に影響を及ぼすこと，複菌麹は単独菌株の麹と比較してバニリン濃度が上がるなど泡盛の品質面から優位性が期待できることが示された。今後は，泡盛醸造に適した新たな黒麹菌株の取得や，複菌麹での黒麹菌株の組み合わせにより，これまでとは異なる新しい風味の泡盛の開発が期待される。

第21章 泡盛醸造に関与する微生物の解析とその応用

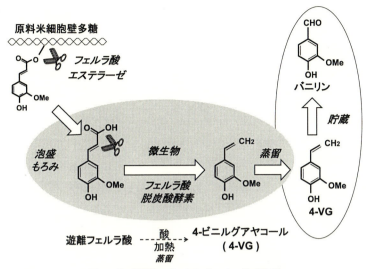

図2 泡盛醸造におけるバニリン生成経路

バニリン生成の出発物質は原料米の細胞壁多糖に共有結合したフェルラ酸である。黒麹菌によって生産されるフェルラ酸エステラーゼが，細胞壁多糖とフェルラ酸の結合を加水分解することによって，フェルラ酸は麹，もろみ中に遊離される。遊離フェルラ酸は，もろみ中の微生物によって生産されるフェルラ酸脱炭酸酵素によって4-VGに変換される。この変換の一部は，もろみ中の有機酸あるいは蒸留工程の加熱によっても進行する。4-VGは蒸留液に移行し，貯蔵中にバニリンに変換される。

3 泡盛酵母

泡盛酵母は，黒麹菌株と全く同様の経緯で現在の商業醸造において限られた菌株のみが用いられている。戦禍から泡盛産業を復興する際に酵母をどこから調達したのかは分からないが，その後1980年頃に泡盛もろみから泡盛醸造に適した酵母が単離され，泡盛1号酵母として用いられるようになった[13]。その後，醸造効率や作業性から「泡なし」の特性を有する自然変異株泡盛101号酵母が単離され[14]，現在までほぼ全ての酒造所で101号酵母が広く用いられている。これらの泡盛酵母は，泡盛の醸造過程で高いアルコール生産性を示すと共に，バランスの良い風味特性を有する泡盛醸造を可能にしている。一方，黒麹菌が生産する多量のクエン酸によって酸性となっているもろみ環境および亜熱帯地域の沖縄での醸造に適応しているという経験的な事実から101号酵母はクエン酸耐性が高く，高温醸造に適した特性を有すると考えられてきたものの，これらの特徴についての学術的な報告は無かった。

そこで我々は，異なるクエン酸濃度および温度の条件下において，泡盛101号酵母，および清酒酵母のきょうかい7号（K7），実験室株として広く使われるS288C株（1倍体）について生育を比較した[8]。その結果，クエン酸を添加しない条件において泡盛101号酵母は，33～37℃では他の株と比較して良好な生育を示したものの，増殖阻害が観察される39℃では，逆に他の菌株よりも生育が悪いという結果が得られ（図3），101号酵母はある程度の耐熱性を有していることが明らかとなった。一方，クエン酸を添加した条件下では，33，35，37℃において

175

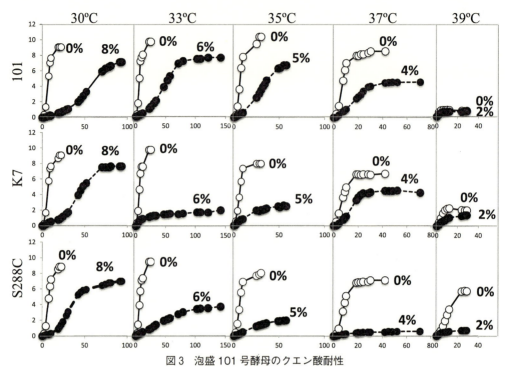

図3 泡盛101号酵母のクエン酸耐性

○はクエン酸無添加区，●は添加区を示している。101（泡盛101号酵母）は30, 33, 35, 37, 39℃で培養され，K7（清酒酵母きょうかい7号）およびS288C（実験室酵母）との生育曲線を比較した。クエン酸無添加区の33-37℃以下では，泡盛酵母は他の2株に対して生育が良好であったが，39℃では生育が低下し，逆の結果になった。クエン酸添加区の33, 35, 37℃では，泡盛酵母は特定のクエン酸濃度条件下では他の2株に対して良好な生育を示したが，高濃度のクエン酸条件下では生育が低下し，他の2株との間に顕著な差異は認められなかった。

特定のクエン酸濃度で泡盛101号酵母は他の菌株よりも良好な生育を示した。これら生育に差が観察されたクエン酸濃度はもろみ中の濃度（0.4％）に比べ非常に高い濃度であった。また，他の酵母も十分クエン酸に耐性を有しており，泡盛醸造に使用可能であることも示された。以上の結果から，泡盛101号酵母は他の酵母株と比較して，一定の温度あるいはクエン酸濃度条件下に限り相対的に優れた生育が認められることが明らかとなった。

さらに，我々はこれらの101号酵母の特性を解析する基盤情報として，次世代シーケンサーを用いた泡盛101号酵母の全ゲノム解析を行った[8,15]。得られたデータを様々な出芽酵母と比較したところ，清酒酵母と近いグループに位置することがわかった（図4）。清酒酵母きょうかい7号のゲノム配列との変異解析を行ったところ，塩基置換，挿入，欠失共に，染色体の一部に偏在することなくゲノム全体に観察された（図5）。このことから，きょうかい7号酵母と泡盛101号酵母が系統的に分かれた後，変異が蓄積する一定期間を経ていると推察された。さらに，実験室株S288C株の遺伝子情報を用いて比較解析することで，泡盛101号酵母では以下の変異が見出された（表1）。1）アルコール生産関連遺伝子：8遺伝子の大きな変異（類似性が低い）

第 21 章　泡盛醸造に関与する微生物の解析とその応用

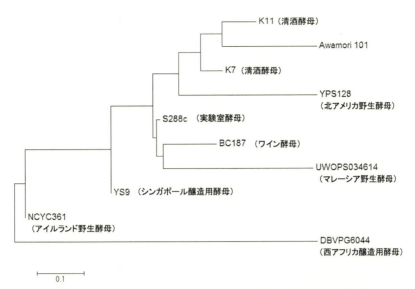

図 4　様々な *Saccharomyces cerevisiae* と泡盛 101 号酵母の系統解析
MiSeq を用いた分析によって得られた Awamori101（泡盛 101 号酵母）のリードデータを S288C（実験室酵母）のゲノム配列にマッピングし，変異解析を行った。また，同様のアルゴリズムでデータベース上のゲノム情報と S288C（実験室酵母）の変異解析を行い，得られた全ゲノム領域の SNV 情報を用いて系統解析を行った。その結果，101 株は K7（清酒酵母きょうかい 7 号）や K11（清酒酵母きょうかい 11 号）に近いグループに属することがわかった。

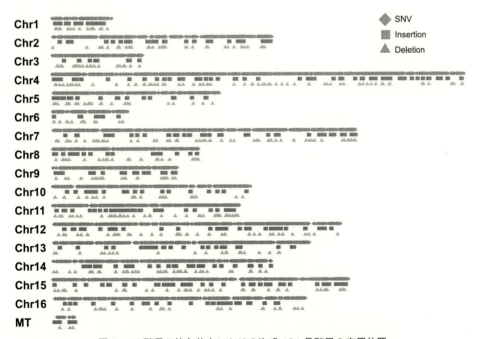

図 5　K7 酵母の染色体上における泡盛 101 号酵母の変異位置
MiSeq を用いた分析によって得られた泡盛 101 号酵母のリードデータを近縁種である K7（清酒酵母きょうかい 7 号）の染色体上における変異（欠失，挿入，置換）の位置を図示した。その結果，泡盛 101 号酵母での変異はゲノム全体に散在していることが明らかとなった。

177

表1 S288C(実験室酵母)との比較による泡盛101号酵母の醸造関連変異遺伝子の抽出

group	Gene	mutation	Protein
アルコール生産	PAU3	Low_depth	Member of the seripauperin multigene family encoded mainly in subtelomeric regions
	PAU6	Low_depth	Member of the seripauperin multigene family encoded mainly in subtelomeric regions
	THI3	Low_depth	Probable alpha-ketoisocaproate decarboxylase
	PAU1	Low_depth	Member of the seripauperin multigene family encoded mainly in subtelomeric regions
	ADH1	Low_depth	Alcohol dehydrogenase; fermentative isozyme active as homo- or heterotetramers
	ADH7	Low_depth	NADPH-dependent medium chain alcohol dehydrogenase with broad substrate specificity
	AAD3	Low_depth	Putative aryl-alcohol dehydrogenase; similar to P. chrysosporium aryl-alcohol dehydrogenase
	AAD15	Low_depth	Putative aryl-alcohol dehydrogenase; similar to P. chrysosporium aryl-alcohol dehydrogenase
	BDH2	SNV	Putative medium-chain alcohol dehydrogenase with similarity to BDH1
	PAU7	SNV	Member of the seripauperin multigene family, active during alcoholic fermentation, regulated by anaerobiosis
	ADH5	SNV	Alcohol dehydrogenase isoenzyme V; involved in ethanol production; ADH5 has a paralog, ADH1
	AAD4	SNV	Putative aryl-alcohol dehydrogenase; involved in oxidative stress response
	SFA1	SNV	Bifunctional alcohol dehydrogenase and formaldehyde dehydrogenase
	THI3	SNV	Probable alpha-ketoisocaproate decarboxylase
	PAU2	SNV	Member of the seripauperin multigene family encoded mainly in subtelomeric regions
	AAD6	SNV	Putative aryl-alcohol dehydrogenase
	PAU5	SNV	Member of the seripauperin multigene family encoded mainly in subtelomeric regions
	ADH4	SNV	Alcohol dehydrogenase isoenzyme type IV
	YGL039W	SNV	Oxidoreductase shown to reduce carbonyl compounds to chiral alcohols
	ATF2	SNV	Alcohol acetyltransferase, may play a role in steroid detoxification
	AAD10	SNV	Putative aryl-alcohol dehydrogenase; similar to P. chrysosporium aryl-alcohol dehydrogenase;
	PDC1	SNV	Major of three pyruvate decarboxylase isozymes, key enzyme in alcoholic fermentation
	PDC5	SNV	Minor isoform of pyruvate decarboxylase, key enzyme in alcoholic fermentation
	PAU4	SNV	Member of the seripauperin multigene family encoded mainly in subtelomeric regions
	ADH3	SNV	Mitochondrial alcohol dehydrogenase isozyme II
	ADH2	SNV	Glucose-repressible alcohol dehydrogenase II, catalyzes the conversion of ethanol to acetaldehyde
	IAH1	SNV	Isoamyl acetate-hydrolyzing esterase
	ATF1	SNV	Alcohol acetyltransferase with potential roles in lipid and sterol metabolism
	YPL088W	SNV	Putative aryl alcohol dehydrogenase
	ASR1	SNV	Ubiquitin ligase that modifies and regulates RNA Pol II; involved in a putative alcohol-responsive signaling pathway
	YPR127W	SNV	Putative pyridoxine 4-dehydrogenase; differentially expressed during alcoholic fermentation
クエン酸	LYS4	SNV	Homoaconitase, catalyzes the conversion of homocitrate to homoisocitrate
	ACO2	SNV	Putative mitochondrial aconitase isozyme; similarity to Aco1p, an aconitase required for the TCA cycle
	IBA57	SNV	Mitochondrial matrix protein involved in the incorporation of iron-sulfur clusters into mitochondrial aconitase-type proteins
	ACO1	SNV	Aconitase, required for the tricarboxylic acid (TCA) cycle and also independently required for mitochondrial genome maintenance

S288C株にMiSeqを用いた泡盛101号酵母のリードデータをマッピングし，得られた変異情報とS288C株アノテーション情報から泡盛101号酵母において変異が見られる醸造関連遺伝子をテキスト検索した．その結果，アルコール生産に関連する31遺伝子，およびクエン酸に関連する4遺伝子に変異があることがわかった．

および23遺伝子のSNVが確認された，2) クエン酸生産関連遺伝子：4遺伝子のSNVが確認された，3) 高泡形成関連遺伝子（*awa1*）：Awa1は，アルコール発酵において高泡を形成する約1700アミノ酸のタンパク質として知られる．101号酵母の*awa1*は5か所の欠失，および134番目のコドンに終止コドンが生じる変異を伴っていることが明らかとなった（図6）．これらの*awa1*遺伝子の構造的変化が101高酵母の「泡なし」の要因となっていることが明らかとなった．

一方，泡盛風味のバラエティー化を目指した取り組みの1つとして，泡盛101号酵母以外の酵母株を泡盛醸造に用いる取り組みを複数進めてきた．特に，我々は泡盛古酒香の主要成分であるバニリンに注目し，泡盛101号酵母にはフェラ酸から4-VGへ変換する能力が無いので，その能力がある酵母を自然界から分離・選抜した．これまでに，マンゴー酵母[16]，芳醇酵母[17]，ハイビスカス酵母[18]など異なる分離源から取得した酵母について，それぞれの酵母を用いた泡盛を複数酒造所にて開発し，実用化に至っている．さらに，アミノ酸生成系に注目した新たな育種法についても具体的検討が進められている（第31章参照）．特に，芳醇酵母はバニリンの高含有につながるフェラ酸から4-VGへの変換能を有するだけでなく，泡盛の古酒香成分として

第 21 章　泡盛醸造に関与する微生物の解析とその応用

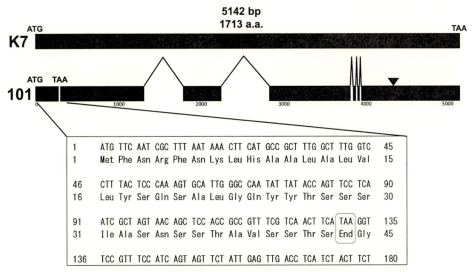

図 6　NGS データによる泡盛 101 号酵母の高泡形成関連遺伝子 awa1 の構造解析
MiSeq を用いた泡盛 101 号酵母のリードデータを K7 株のゲノム配列マッピングし，awa1 の領域を抽出したところ数か所の変異が推察された。さらに，101 株のリードデータをアセンブルすることで 101 株の awa1 領域のゲノム情報を取得した。その結果，5 か所の欠失と SNV による終止コドンへの変異が観察され，awa1 が発現しないゲノム構造であることが明らかとなった。

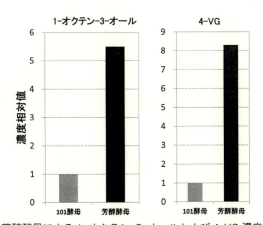

図 7　芳醇酵母による 1-オクテン-3-オールおよび 4-VG 濃度の上昇
芳醇酵母，泡盛 101 号酵母のそれぞれを用いて実機規模で醸造された泡盛について，1-オクテン-3-オールおよび 4-VG の濃度を比較した。その結果，芳醇酵母を用いることで 1-オクテン-3-オールは約 5.5 倍，4-VG は約 8.2 倍の値を示した。

知られている 1-オクテン-3-オール（マツタケオール）を従来の 5 倍以上含有させることができる（図 7）[17]。一方，101 号酵母，マンゴー酵母，芳醇酵母，ハイビスカス酵母を用いた泡盛は，それぞれ異なる良好な風味特性を有することが確認されており，新たな泡盛酵母の取得と応用は，泡盛風味のバラエティー化と付加価値向上に寄与することが示された。

4 その他の微生物

　泡盛の醸造微生物である黒麹菌および酵母は，同一の菌株が用いられている。しかしながら，泡盛の風味は酒造所ごとに特徴を有すると共に，古酒香の代表的成分であるバニリンの濃度についても酒造所ごとの傾向があることがわかっている[19]。これらのことから，泡盛の香味に影響を与える黒麹菌，酵母に次ぐ第3の醸造微生物が存在している可能性が示唆されており，一例として泡盛もろみ中から単離された乳酸菌 *Lactococcus lactis* が4-VG生成に寄与していることが報告されている[11,19,20]。我々は，この第3の泡盛醸造微生物は，特定の微生物ではなく泡盛もろみの菌叢バランスにあると推察し，様々な酒造所におけるもろみ中の微生物叢を分析した[8,21]。その結果，複数酒造所のもろみ試料を用いた解析からそれぞれの酒造所に特徴的な微生物コロニーが寒天培地上に生育することを見出した。また，PCR-DGGE分析法により酒造所が異なると実際に微生物種が異なることが遺伝子レベルで確認された[2,21]。

　さらに我々はNGS（次世代シーケンサー）を用いて，16S rDNAを対象としたもろみ微生物の菌叢解析を行った[22]。複数試料から，全ゲノムDNAを抽出し，これをテンプレートとし原核生物の16S rDNA特異的プライマーを用いて増幅を行った。得られたDNAをNGSにより網羅的解析を行い，各もろみに含まれる微生物叢の属の割合を解析した（図8）。その結果，醸造所間の微生物叢を比較すると，共通の微生物群が一部に存在しているものの，全体の微生物叢は大きく異なっていることがわかった。また，同一酒造所において発酵過程が異なるもろみ試料を解析した結果，微生物叢がダイナミックに変化していることが見出された（図9）。即ち，各酒造所では，酒造所ごとに異なる微生物叢を形成していると共に，発酵過程においても微生物叢が大きく変化していることから，発酵過程を通して酒造所間における菌叢バランスは大きく異なっていると推察される。これらもろみ微生物叢の違いが，結果として酒造所間の酒質の違いに繋がっているものと考えられた。

　泡盛もろみ微生物叢の違いによる泡盛の香気成分に影響についてモデル実験を行った。酒造所もろみから分離した複数の微生物について，他の条件を同一とした泡盛もろみに単離した微生物菌体を添加し，一定期間発酵後，得られた蒸留液（泡盛）の成分を比較した[22]。その結果，微生物の添加により，さらに添加する微生物種により，泡盛の香気成分の含有化が大きく異なる結果を得た。以上の結果から，黒麹菌や酵母と共に，泡盛もろみの菌叢バランスが，泡盛の風味に影響を与える第3の泡盛醸造微生物であると考えられた。

第 21 章　泡盛醸造に関与する微生物の解析とその応用

A.

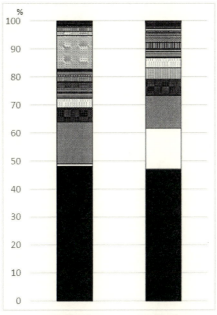

B.

- Firmicutes Clostridia Clostridiales
- Firmicutes Bacilli Gemellales
- Actinobacteria Actinobacteria Actinomycetales
- Actinobacteria Actinobacteria Actinomycetales
- Proteobacteria Betaproteobacteria Other
- Actinobacteria Actinobacteria Actinomycetales
- Firmicutes Other Other
- Actinobacteria Actinobacteria Actinomycetales
- Proteobacteria Alphaproteobacteria Rhizobiales
- Proteobacteria Betaproteobacteria Neisseriales
- Proteobacteria Gammaproteobacteria Enterobacteriales
- Proteobacteria Gammaproteobacteria Pseudomonadales
- Other Other Other
- Firmicutes Bacilli Lactobacillales
- Proteobacteria Alphaproteobacteria Rhizobiales
- Firmicutes Bacilli Lactobacillales
- Proteobacteria Gammaproteobacteria Enterobacteriales
- Firmicutes Clostridia Clostridiales
- Actinobacteria Actinobacteria Actinomycetales
- Proteobacteria Alphaproteobacteria Rhodospirillales
- Other Other Other
- Firmicutes Bacilli Bacillales
- Firmicutes Bacilli Other
- Actinobacteria Actinobacteria Actinomycetales
- Firmicutes Bacilli

- Firmicutes Clostridia Clostridiales
- Actinobacteria Actinobacteria Bifidobacteriales
- Firmicutes Bacilli Bacillales
- Actinobacteria Actinobacteria Actinomycetales
- Firmicutes Bacilli Bacillales
- Actinobacteria Actinobacteria Actinomycetales
- Firmicutes Bacilli Bacillales
- Firmicutes Bacilli Lactobacillales
- Proteobacteria Gammaproteobacteria Enterobacteriales
- Bacteroidetes Bacteroidia Bacteroidales
- Proteobacteria Alphaproteobacteria Sphingomonadales
- Proteobacteria Betaproteobacteria Burkholderiales
- Proteobacteria Gammaproteobacteria Pseudomonadales
- Firmicutes Bacilli Lactobacillales
- Proteobacteria Alphaproteobacteria Rhizobiales
- Firmicutes Bacilli Bacillales
- Proteobacteria Alphaproteobacteria Caulobacterales
- Firmicutes Clostridia Clostridiales
- Firmicutes Clostridia Clostridiales
- Firmicutes Bacilli Lactobacillales
- Proteobacteria Gammaproteobacteria Enterobacteriales
- Firmicutes Bacilli Bacillales
- Firmicutes Bacilli Lactobacillales
- Firmicutes Bacilli Bacillales
- Firmicutes Bacilli Bacillales

図 8　泡盛もろみ中の菌叢解析

A) 16S rDNA の NGS 解析による泡盛酒造所間の微生物叢の比較：泡盛もろみ（泡盛酒造所 A および B）から直接抽出された全ゲノム DNA を鋳型として，16S rDNA 特異的なプライマーを用いて特定領域が増幅された．増幅された DNA は NGS によって解析された．
B) NGS 解析によって得られた微生物叢の属に関するリスト

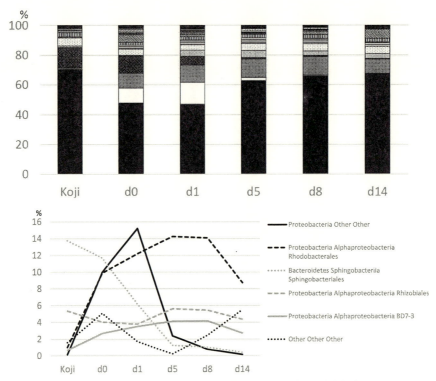

図9　泡盛酒造所のもろみ中における発酵工程経過に対する微生物叢の変遷
A）発酵工程経過に対する微生物叢の変化を示している。図中の日数は，アルコール発酵開始からの日数を示している。
B）もろみ中の微生物叢における主要な属の変遷

5　沖縄県の伝統文化としての泡盛

　沖縄県には，村や離島を含む45以上の泡盛酒造所がある。泡盛は祭祀や記念日（例えば，結婚式，葬式，出生祝い，成人式）に無くてはならないものであり，各家庭において長期間に渡って貯蔵されている。沖縄にとっての泡盛は，単なる「商品」の枠を超え，長い時間軸で育まれており，多くの人々の生活に深く関わる文化そのものだと言える。泡盛醸造に関わる微生物の特性や変化，応用に関する研究は，泡盛を含む沖縄独自の伝統文化を広める重要な担い手であると考えている。現在，黒麹菌をはじめとした沖縄固有の歴史的な食文化についてユネスコの無形文化遺産登録に向けた取り組みを進めており，更なる文化の継承と発展が期待されている。

第 21 章　泡盛醸造に関与する微生物の解析とその応用

文　　献

1) 塚原正俊ほか, 発酵・醸造食品の最新技術と機能性 II, p.161, シーエムシー出版 (2011)
2) 渡邉泰祐ほか, 生物工学会誌, 90(6), 7 (2012)
3) 渡邉泰祐, 生物工学会誌, 92(8), 446 (2014)
4) O. Yamada *et al.*, *J. Biosci. Bioeng.*, 112(3), 233 (2011)
5) S.-B. Hong *et al.*, *Appl. Microbiol. Biotechnol.* 98, 555 (2014)
6) 独立行政法人酒類総合研究所, http://www.nrib.go.jp/data/nrtpdf/2013_4.pdf
7) 独立行政法人製品技術評価基盤機構, http://www.nbrc.nite.go.jp/20140707.html
8) H. Toyama *et al.*, Proceedings of the Worldwide Distilled Spirits Conference, *in press*
9) 鼠尾まい子ほか, 第 8 回日本ゲノム微生物学会年会要旨集, p.55 (2014)
10) 小関卓也ほか, 日本醸造協会誌, 93(7), 510 (1998)
11) 渡邉泰祐ほか, 日本乳酸菌学会誌, 24(3), 179 (2013)
12) 塚原正俊ほか, 南方資源利用技術研究会誌, 29(1), 7 (2014)
13) 玉城武ほか, 日本醸造協会誌, 76(1), 59 (1981)
14) 新里修一ほか, 日本醸造協会誌, 84(1), 121 (1989)
15) 鼠尾まい子ほか, 第 65 回日本生物工学会大会講演要旨集, p.197 (2013)
16) 塚原正俊ほか, 第 60 回日本生物工学会大会講演要旨集, p.148 (2008)
17) 塚原正俊ほか, 平成 24 年度日本醸造学会大会講演要旨集, p.16 (2012)
18) 塚原正俊ほか, 平成 25 年度日本醸造学会大会講演要旨集, p.7 (2013)
19) 塚原正俊ほか, 第 59 回日本生物工学会講演要旨集, p.161, (2007)
20) S. Furukawa *et al.*, *J. Biosci. Bioeng.*, 116(5), 533 (2013)
21) 喜舎場拓ほか, 日本農芸化学会大会講演要旨集, 講演番号 3C20a05 (2012)
22) 塚原正俊ほか, 第 66 回日本生物工学会講演要旨集, p.60 (2014)

第22章 酵母, 乳酸菌及び酢酸菌の複合バイオフィルム形成とその利用

古川壮一[*1], 平山 悟[*2], 森永 康[*3]

1 はじめに

古くから, 酵母菌と乳酸菌が多くの伝統発酵食品で共存していることは知られている[1~10]。日本酒や焼酎, 醤油, 味噌などの我が国の醸造食品から世界各地の様々な伝統的な発酵食品に至るまで, 発酵食品製造過程における酵母菌と乳酸菌の共存については古くから報告されている[11~20]。

我々は, 鹿児島県霧島市福山町で古くから製造されている福山壺酢という米酢の発酵メカニズムについて研究してきた。その過程で, 福山壺酢もろみより分離された酵母菌, 乳酸菌及び酢酸菌の中に, 共培養時に顕著に複合バイオフィルムを形成するものがあることを見出した[21~25]。ここでは, このような微生物がつくるバイオフィルムを, 微生物による物質生産に積極的に利用することの可能性について考えてみたい。

2 福山壺酢の由来と特徴

福山壺酢は200年以上前から鹿児島県福山町(現在は霧島市福山町)にて製造されてきた伝統的な米酢である[7,26](図1)。福山壺酢は黒酢としても知られている。現地では通常の酢も同様の方法で壺酢として製造されているが, 熟成期間が長くなるにつれ褐色を帯びて黒酢となる。

その製法は特殊であり, 素焼きの壺に水, 麹, 蒸米を入れ, 出麹後よく乾燥させた麹を表面に振り(振り麹), あとは特段の操作を行うことなく静置にて約3ヶ月間発酵・熟成させることにより製造する[7,26]。その発酵は, 糖化に続き, 嫌気的なアルコール発酵と好気的な酢酸発酵が一部並行しながら連続的に行われるトリプル発酵という珍しい形式でなされる[7,26](図1)。なお, 製造は春と秋に行われる。

[*1] Soichi Furukawa 日本大学 生物資源科学部 食品生命学科 食品微生物学研究室 准教授

[*2] Satoru Hirayama 日本大学 生物資源科学部 食品生命学科 食品微生物学研究室; 日本学術振興会特別研究員 DC2

[*3] Yasushi Morinaga 日本大学 生物資源科学部 食品生命学科 食品微生物学研究室 教授

第 22 章 酵母，乳酸菌及び酢酸菌の複合バイオフィルム形成とその利用

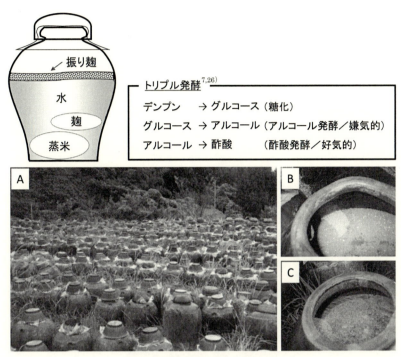

図1 福山壺酢の発酵と発酵風景
A：福山壺酢発酵風景，B：仕込み時の振り麹，C：酢酸菌膜の形成

　我々は，かねてよりその特殊な発酵メカニズムに興味を持って研究を行ってきた[27]。その結果，福山壺酢の発酵においては振り麹が菌叢の変遷に重要な役割を果たしていることが改めて明らかになった[27]。なお，振り麹は福山壺酢の発酵における大きな特徴であり，その重要性は以前から知られていた[28~30]。振り麹は発酵初期においてはもろみを嫌気的な状態に維持するために重要な役割を果たしており，その後，糖化とアルコール発酵が進むともろみ中に沈み，その後に酢酸菌が菌膜（ペリクル，バイオフィルム）を形成する[27~30]。従って，適切な時期に振り麹が沈むことが重要なのだが，そこにはアルコール生成による表面張力の変化や水を含んだ振り麹の比重の変化など，様々な要因が考えられるものの，その詳細な機構は明らかではない。

　実は，福山壺酢に似た酢については，他にも幾つか知られている[31]。4世紀ごろに和泉国（現在の大阪府和泉市付近）に伝わったとされる「いずみ酢」の製法の基本は福山壺酢と概ね同様であるが，そこでは，壺に原材料を仕込んだ後に，もろみ表面に振り麹ではなく厚紙を置いていた[31]。また，そのいずみ酢の発展形とされる「中原酢」でも，同様に厚紙が用いられていた。なお，「中原酢」は相州・中原（現在の神奈川県平塚付近）で江戸時代につくられていたものであり，その酢を江戸に運んでいた道をお酢街道と称していたが，それが現在の中原街道である[32]。

　福山壺酢製造の最大の特徴は振り麹だが，往時には厚紙が用いられていたことは興味深い。当

初は厚紙が用いられていたものが，加えた麹の中に浮くものがあって，それらが厚紙の代わりを果たすことが明らかになったことから，あえて乾燥させた麹を加えることで安定な発酵を行うことができるように発展していった可能性もある[31]。いずれにしても，振り麹のようなものが用いられている伝統的発酵食品は，筆者らが知る限りはほとんどないように思われる。このようなことからも，福山壺酢における振り麹の技術的な発展の歴史は興味深いものであり，今後も調査を行ってゆきたい。

ところで，福山町で生産されている壺酢は，我が国で現在商業的に流通している唯一のものと思われる。福山壺酢が商業ベースに乗るようになった要因の第一は，野外に壺を並べ，半ば放置するような生産方式を導入した点にあろう。上記の和泉酢，中原酢や類似の酢は，軒下に数個の壺を並べて，もう少し手を掛けながらつくられていた。詳細は他著を参照されたい[31]。多くの壺を用いることは一見非合理的だが，発酵が失敗した際のリスクが小さいという利点があり，また壺ごとに風味は多少異なるものの，混ぜると大体毎回同じになるとのことであって，土地をふんだんに利用できる環境であれば理にかなった方法であろう[31]。福山壺酢が商業的に生産・販売されるに至り，それが現在も続いているのは，上記のような合理化に成功したためであろう。詳細は別著をご覧いただきたい[31]。

加えて，このような古色蒼然とした特殊な造りの米酢が，なぜ鹿児島に根付いたのかということも興味深いことである。筆者らは以前にこの点について調査を行った過程で，実は九州西部には米酢だけでなく，サツマイモや柿などを原料として壺を用いて仕込む酢が幾つか存在していることを知ることができた[31]。九州西岸地域は，古くから大陸と直接交流してきた歴史がある。この交流過程で壺を用いてさまざまな原料から酢を造る技術が九州にもたらされ，それらの中で，商業的に成功した福山壺酢が今に残っているのではないかと我々は考えている[31]。なお，中国南部でも福山壺酢に類似した壺を用いて作る米酢が古くから造られており，6世紀中国で編纂された世界最古の農業書とされる「斉民要術」に，「大酢」として製法が詳しく記載されている。このようなタイプの酢は，元々大陸に存在していたもので，長きに渡る交流の中で，九州にもたらされて根付いたと推察される[31]。これらの詳しい調査結果や考察については，別著をご一読いただきたい[31,32]。

3 福山壺酢由来の酵母菌，乳酸菌及び酢酸菌の複合バイオフィルム形成とその役割

アジアに限らず，世界各地の伝統的な発酵の多くで酵母菌と乳酸菌が共存していることは，古くから知られてきた[1~20]。特に，アジアの伝統的な発酵においては，米や麦，それに大豆などの穀物を蒸したり，煎るなどし，それをそのまま，もしくは麹にした上で，水に混ぜて仕込むものが多い[1~10]。その発酵の過程は「もろみ」の状態で進行するが，もろみは固液混合の半固体発酵であり，そこでは微生物の固体表面への付着やバイオフィルムの形成は酵素の効率的な作用から

第22章 酵母, 乳酸菌及び酢酸菌の複合バイオフィルム形成とその利用

も重要なファクターであると考えられる。実際, 麹そのものも一種のバイオフィルムである。そこでは, 麹菌以外の様々な微生物も穀物表層に多く存在しており, 一種のコミュニティーを形成して伝統的発酵に寄与しているものと推察される。

ところで, バイオフィルムとは, 主には固体-液体界面上におけるフィルム状の微生物集落のことを指すが, 広くは様々な界面における微生物集落としてよいであろう[33~35](図2)。バイオフィルムという言葉が用いられるようになったのは二十数年ほど前からであるが, その研究の多くはバイオフィルムの形成制御や洗浄・殺菌に関するものであった[33,35]。それは, バイオフィルムの多くは菌体が形成する多糖類などの菌体外物質に覆われており, そのため薬剤処理等に対する化学的耐性が高くなる傾向にあり, 併せて洗浄などの物理的耐性も高くなる傾向にあるからである[33,35]。このため, バイオフィルムは, 特に医学感染症分野における微生物感染源として認識され, その形成機構や制御に関して, 精力的に研究が展開されてきた[33,35]。また, バイオフィルムは食品産業をはじめとする様々な産業分野における微生物汚染源であり, その制御に関しては広く研究がなされつつある[33,35]。

上記のように, バイオフィルムはネガティブなイメージが先行しているが, 実際にはほとんどの微生物がバイオフィルム形成能力を有していると考えられる。バイオフィルムは, 我々にとって実は身近な存在であって, 我々の生活にポジティブな貢献をしてきた場合もあると考えられる。分かり易い例では, 水の生物浄化などにバイオフィルムが実際に用いられている[33,35]。さらに, 腸内微生物がヒトの健康に影響することは良く知られているが, 腸内微生物の多くもバイオフィルム状で上皮細胞に付着している可能性がある。さらに, 先にのべたように, 伝統的発酵におけるもろみのように, 半固体状態における微生物の中には, 固体表面にバイオフィルムを形成

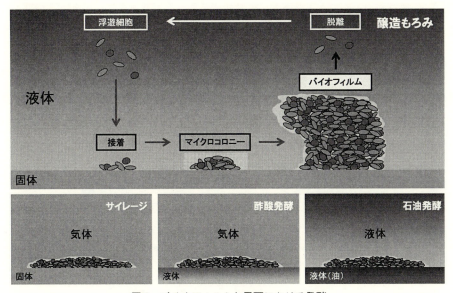

図2 バイオフィルムと界面における発酵

しているものも多いと考えられる．粘度が高く物質拡散速度が低いもろみのような環境では，基質となる穀物粒子の表面に高密度で微生物菌体が存在していることが，発酵プロセスの効率化や安定化の観点から重要ではないかと考えられる．さらにバイオフィルムは，先に述べたように環境ストレスに対して耐性があるため，もろみ中での菌の優先化にも関与している可能性もあり，菌叢形成に影響を及ぼしているのではないかと推察される．

以上のような仮説をもとに，我々は，福山壺酢サンプルから酵母菌と乳酸菌及び酢酸菌を分離して，それらのバイオフィルム形成能を調べ，バイオフィルムの発酵プロセスの効率化や安定化への寄与について検討することとした．まず，サンプルから酵母菌と乳酸菌を分離し，共培養した結果，酵母菌 *Saccharomyces cerevisiae* Y11-43 と乳酸菌 *Lactobacillus plantarum* ML11-11 の組合せで顕著にバイオフィルムを形成することが明らかになった[21～25]．酵母菌と乳酸菌の両者が共存した際にこのような顕著な複合バイオフィルム形成が確認された例はこれまでになかった．なお，複合バイオフィルム形成には，乳酸菌として *L. plantarum* ML11-11 株が必要であったが，酵母菌の方は実験室株でも同様に顕著なバイフィルムを形成することができたので，以後実験室株を用いることとした[21～25]．なお，この複合バイオフィルムは電子顕微鏡やFISHなどを用いた観察より，酵母菌と乳酸菌が絡み合って分厚い細胞集合体を形成しており，底面に存在する乳酸菌を介して担体と接着しているという特異な構造をもっていた[21～25]（図3）．

さらに，*L. plantarum* ML11-11 の細胞は出芽酵母細胞に対し強い接着能を示し，高い共凝集性を有することが確認され，異種間の細胞接着に基づく共凝集が複合バイオフィルムの形成に重要な役割を果たしていることが明らかになった[21～25]．なお，共凝集に際しては，*L. plantarum* ML11-11 の細胞表層のレクチン様タンパクが出芽酵母表層のマンナンを認識して接着していることを示唆する知見が得られており[36]，現在，このタンパクの同定を進めている．

次に，福山壺酢由来の酢酸菌と乳酸菌の共培養実験を行った結果，福山壺酢より分離したほぼ全ての酢酸菌が乳酸菌との共培養時に培養液の表面部分のバイオフィルム（菌膜，ペリクル）が顕著に増加することが明らかになった[10,37～40]．そこで，分離菌株 *Acetobacter pasteurianus* A11-10 と *L. plantarum* ML11-11 を選択し詳細な検討を行った結果，A11-10 のバイオフィルム形成が，ML11-11 との共培養時だけでなく，単独培養時に乳酸やピルビン酸を添加すること

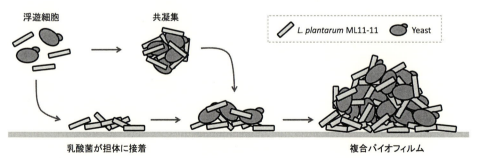

図3　酵母菌と乳酸菌の複合バイオフィルム形成機構

第22章 酵母，乳酸菌及び酢酸菌の複合バイオフィルム形成とその利用

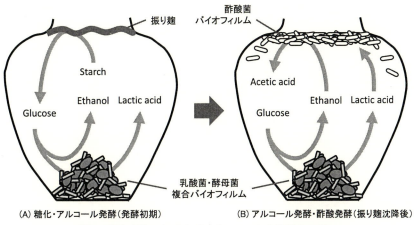

図4 福山壺酢におけるバイオフィルムの役割のモデル

でも顕著に増加することが明らかになった[10,37~40]。そこで，KEGGで公開されているA. pasteurianus IFO3283株の代謝マップをもとに，バイオフィルム形成促進の機序について考察した。その結果，A. pasteurianusには解糖系の中核を担うフォスフォフルクトキナーゼをコードする遺伝子が存在しないため，グルコースを炭素源とした場合，ピルビン酸はペントースリン酸経路経由でしか供給されず，ピルビン酸がエネルギー代謝の律速物質となっている可能性が考えられた。乳酸菌との共培養時におけるバイオフィルム形成促進は，L. plantarum ML11-11によって生成される乳酸をA. pasteurianus A11-10がピルビン酸源として利用可能となるため，エネルギー代謝が円滑になり，A11-10の多糖合成が活性化されたものと推察された。こうした解析により，福山壺酢においては乳酸菌と酢酸菌が共存することで，乳酸の受け渡しを介して代謝系を分担している様子をうかがい知ることができた（図4）。

こうした乳酸菌と酢酸菌の共存が酢酸発酵にどのような役割を果たしているのかを解析するために福山壺酢由来の乳酸菌 L. plantarum ML11-11と酢酸菌 A. pasteurianus A11-10，及び出芽酵母を用いて福山壺酢のモデル系を構築して発酵実験を試みた。その結果，酢酸菌の単独及び酢酸菌・酵母菌の2菌種複合培養に比べ，乳酸菌を加えた3菌種複合培養系が最も高い酢酸発酵能を示すという興味深い結果が得られた[10,37~40]。この結果は福山壺酢の発酵機構を解明する上で重要な知見であるため，現在さらに詳細に検討中である（図4）。

4 微生物による物質生産におけるバイオフィルム利用の可能性

バイオフィルムは一種の固定化菌体とみなすことができる[37~40]（図2）。バイオフィルムの特徴として，固定化に培養以外の特別な操作を行う必要がないことと，自立再生可能な固定化菌体であることがあげられる。さらに，固体-液体界面だけでなく，様々な界面に形成されるバイオフィルムがあり，それらを適切に利用すれば，様々な界面において物質変換が可能な系を構築で

きる可能性がある（図2）。実際，固-液界面としてはもろみや浄化槽，腸管内など様々な場所において，気-液界面としては酢酸発酵などにおいて，固-気界面としては納豆やサイロなどにおいて，さらに，油と水などの液-液界面では流出油のバイオレメディエーションなどにおいて，バイオフィルムが重要な役割を果たしていると考えられる（図2）。このように見てゆくと，微生物はまだ我々が気づいていない様々な界面にバイオフィルムを形成して活躍している可能性がある。さらに，それを新しい物質変換法の構築に利用できる可能性も考えられる[37~40]。

　我々は，福山壺酢由来の乳酸菌 L. plantarum ML11-11 と出芽酵母を共培養することにより形成される分厚い複合バイオフィルムを物質生産に利用することを目指して検討を行った。まず，同複合バイオフィルムは，酵母菌単独のバイオフィルムに比較して，物理的な耐性が高く，繰り返し使用できることが示された[37~42]。そこで，セルロースビーズに複合バイオフィルムを形成させ，アルコールの繰り返し回分培養を行ったが，少なくとも10回の繰り返し使用に耐える系であること，ならびに，連続発酵にも利用可能であることが示された[37~42]（図5）。約一月にわたる発酵試験の結果，長期にわたって安定してアルコールを生産可能であることが示された[37~42]。このような安定な発酵システムが構築できる理由として，当該複合バイオフィルム系が自立再生可能な固定化菌体であるという特徴に加えて，コンタミネーションに対して高い耐性を有しているためであることが明らかになった[37~42]。様々な菌をモデル雑菌として複合バイオフィルム系に接種した場合，雑菌の生育は抑制され，やがて系内から消滅した。この主原因は乳酸菌の産生する乳酸によるpH低下であることを示す結果が得られている。当該複合バイオフィルム系では，乳酸の生産によりアルコール収率はわずかに低下するが，メンテナンスフリーで長期安定運転の可能性や，コンタミネーション防止のための設備投資や熱エネルギーコストの軽減の可能性を考慮すると，既存発酵技術に比べて十分にメリットがあるのではないかと考えられ

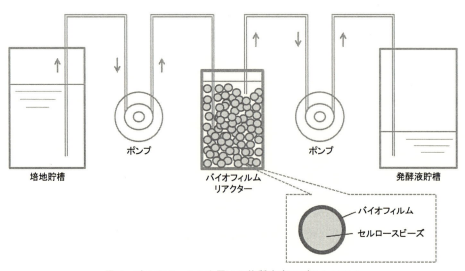

図5　バイオフィルムを用いた物質生産モデルシステム

第22章　酵母，乳酸菌及び酢酸菌の複合バイオフィルム形成とその利用

る。以上，複合バイオフィルムのアルコール生産への応用例を提示してきたが，酵母菌を利用した他の有用物質発酵生産の安定化や連続化にこのシステムを応用展開することも考えられる。

　複合バイオフィルムによる発酵系の応用展開を考えると，清酒や本格焼酎のように嗜好性や高い品質を要求される製品の生産への利用にはハードルが高いかもしれないが，現状でも醸造用アルコールの生産などには使用可能であろうと考えている。特に，バイオマス利用への展開の可能性を現在検討中である[39]。国土が狭い我が国においては，米国やブラジルのような大規模な耕作地をベースにした集中的バイオマス利用システムの構築は困難であり，福山壺酢のように個々の農家が分担可能な小規模かつ低リスクで導入・運用可能なシステムの構築が必要と考えられる。中山間地域の農家に福山酢の壺を模したような簡易な複合バイオフィルムリアクターを提供し，地域で栽培したサツマイモ，スイートソルガム，多収穫米などの資源作物等を原料にアルコール発酵を行ってもらい，簡易に濃縮した粗製アルコールを製造してもらう。それを，農協のような地域セクターが粗製品を集荷（桶買い）して中央精製施設に運んで商品化価値のある精製アルコールを製造するというような日本型のバイオマス利用システムが望ましいのではないかと考えている。また，このシステムでつくる製品としては，アルコール以外に，酢酸，乳酸などの化学産業の重要なビルディングブロックである基礎化学品も考えられる。

　しかしながら，このシステムの構築には複合バイフィルムリアクターの設計・製作，種菌等の運転に必要な資材や運転管理ノウハウを提供する仕組みの構築，簡易な省エネ型オンサイトアルコール濃縮装置の開発，など多くの課題があり，様々な分野の研究者，技術者の連携による開発が必要となっている。我々は今後，このようなバイオフィルムを用いた物質生産・物質変換のシステムを構築し，その有用性を明らかにすることを通して，次世代の発酵産業の発展に少しでも貢献できればと考えている。発酵産業はオールドバイオ産業と言われて久しいが，農業と連携する日本型の発酵産業は，日本発の新しいアグリバイオ産業になり得る可能性を秘めている。食料自給率が低く，その対応策として農商工連携や6次産業化が叫ばれている今，農業をベースにして農業者の参画によって可能となる新しいバイオ産業の構築は，次世代の我が国を支える上で，極めて重要な課題と言える。

文　　献

1) Wood, B. J. B.: The yeast/Lactobacillus interaction; A study in stability (In Mixed culture fermentation), p. 137, Academic Press (1981)
2) 森地　敏樹ら：乳酸菌の化学と技術，学会出版センター (1996)
3) 山本　憲二ら：乳酸菌とビフィズス菌のサイエンス，京都大学学術出版会 (2010)
4) 岡田　早苗：酵母からのチャレンジ，p. 66, 技報堂出版 (1997)

5) 小﨑　道雄：乳酸菌の新しい系譜，p. 184, 中央法規（2004）
6) 谷村　和八郎：アジアの発酵食品事典，樹村房（2001）
7) 山崎　眞狩ら：発酵ハンドブック，共立出版（2001）
8) Wood, B. J. B.: Microbiology of fermented foods, Blackie Academic & Professional（1998）
9) 小﨑　道雄：日本醸造協会誌，**94**, 261（1999）
10) Furukawa, S. *et al.*: *J. Biosci. Bioeng.*, **116**, 533（2013）
11) 吉田　義寧：醸造學雜誌，**10**, 1025（1932）
12) 佐藤　喜吉：醸造學雜誌，**11**, 798（1933）
13) 佐藤　喜吉ら：醸造學雜誌，**16**, 677（1938）
14) 宮路　憲二ら：醸造學雜誌，**16**, 975（1938）
15) 江田　鎌治郎：日本醸造協会誌，**3**, 34（1908）
16) 江田　鎌治郎：日本醸造協会誌，**4**, 20（1909）
17) 高橋　偵造：日本醸造協会誌，**17**, 16（1922）
18) 金井　春吉ら：日本醸造協会誌，**27**, 23（1932）
19) 石丸　義夫：日本農芸化学会誌，**9**, 1143（1933）
20) 片桐　英郎ら：日本農芸化学会誌，**10**, 942（1934）
21) 古川　壮一ら：化学と生物，**48**, 8（2010）
22) 古川　壮一ら：日本生物工学会誌，**89**, 478（2011）
23) Furukawa, S. *et al.*: *Biosci. Biotechnol. Biochem.*, **74**, 2316（2010）
24) Furukawa, S. *et al.*: *Biosci. Biotechnol. Biochem.*, **75**, 1430（2011）
25) Furukawa, S. *et al.*: *Biosci. Biotechnol. Biochem.*, **76**, 326（2012）
26) 柳田　藤治：化学と生物，**28**, 271（1990）
27) Okazaki, S. *et al.*: *J. Gen. Appl. Microbiol.*, **56**, 205（2010）
28) 円谷　悦造ら：日本醸造協会誌，**80**, 200（1985）
29) 小泉　幸道ら：日本食品工業学会誌，**43**, 347（1987）
30) Haruta, S. *et al.*: *Int. J. Food Microbiol.*, **109**, 79（2006）
31) 古川　壮一ら：人間科学研究，**5**, 298（2008）
32) 古川　壮一ら：人間科学研究，**7**, 199（2010）
33) O'Toole, G.A. *et al.*: *Microbial Biofilms*, ASM Press, Washington（2004）
34) 森崎　久雄ら：界面と微生物，学会出版センター（1986）
35) 古川　壮一ら：食品加工技術，**33**, 183（2013）
36) Hirayama, S. *et al.*: *Biochem. Biophys. Res. Commun.*, **419**, 652（2012）
37) 古川　壮一ら：日本生物工学会誌，**90**, 197（2012）
38) 古川　壮一ら：日本醸造協会誌，**107**, 292（2012）
39) 古川　壮一ら：化学工学会誌，**76**, 695（2012）
40) 古川　壮一ら：日本生物工学会誌，**89**, 487（2011）
41) Abe, A. *et al.*, *Appl. Biochem. Biotechnol.*, **171**, 72（2013）
42) 森永　康ら：*Bio Industry*, **30**, 49（2013）

【第Ⅲ編　醸造食品の機能性と新技術】

第23章　清酒酵母の機能性―睡眠の質向上作用―

裏出良博[*1], 内山　章[*2]

1　はじめに

　清酒酵母は，清酒の製造に必要であると共に，甘酒，わさび漬けなど酒粕を利用した食品として古くから食されてきた。我々は，清酒酵母の新しい機能として，睡眠の質を向上させる機能を見出したため，本稿にて紹介する。

　睡眠は生活の約3分の1を占めるが，脳を休息させると共に，心身の修復・回復や翌日の活動に備えた体内環境の整備など生活の質を維持・向上させるために不可欠なものである。現代社会では睡眠時間の不足や夜型化といったライフスタイルの変化により，睡眠に不満を持つ人の割合が年々増加し，特に40代以上では半数以上の人が睡眠に対して不満を有していると報告されている[1]。また，本邦の睡眠問題による生活の質の低下および健康被害を勘案した社会的経済損出は，年3.5兆円と試算されている[2]ことからも，睡眠を改善することは社会的意義が大きい。

　睡眠不満を改善するためには，睡眠時間の延長（量）だけでなく睡眠の質の向上が重要である。ライフスタイルの変化により，限られた睡眠時間しか確保できない社会環境の中で，健康を維持し日中の活動度を高めるため，深い眠りの割合を増やし，睡眠の質を向上させる工夫が求められている。このような背景の下，筆者らは睡眠の質の向上を目指した食品素材の探索を行った。

2　アデノシン受容体の活性化に着目した睡眠の質向上

　睡眠・覚醒制御に関わる脳内の受容体としては，GABA受容体，ヒスタミン受容体，オレキシン・ヒポクレチン受容体，プロスタグランジンD受容体，アデノシン受容体等が知られている[3～6]。GABA受容体はベンゾジアゼピン系睡眠導入薬の標的受容体であり，脳内移行性の高いヒスタミンH1受容体拮抗薬が，処方箋なしに薬局で購入できるOTC睡眠改善薬として市販されている。また，ヒスタミン神経系を介して覚醒作用を示すオレキシン・ヒポクレチン受容体に対する拮抗薬も，新たな睡眠薬として本邦で認可された。

　一方，プロスタグランジンDやアデノシンの受容体をターゲットとした睡眠薬や機能性食品は販売・開発されておらず，その作用メカニズムも前述の神経細胞に常時蓄積されている神経伝

---

*1　Yoshihiro Urade　筑波大学　国際統合睡眠医科学研究機構（WPI-IIIS）　教授
*2　Akira Uchiyama　ライオン㈱　研究開発本部　機能性食品研究所　所長

発酵・醸造食品の最前線

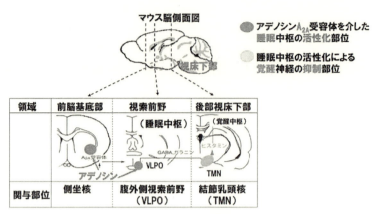

図1 アデノシンによるノンレム睡眠誘発機序（文献7より改変）

達物質の受容体とは異なり，眠気の蓄積に応じて分泌されるホルモン様の睡眠誘導機構であり，より上流の作用点である睡眠中枢に作用する特徴を有する。アデノシン受容体の生体内での活性化メカニズムおよび機能は以下の通りと考えられている。すなわち，（ⅰ）覚醒中に脳内にプロスタグランジン D_2 が蓄積する，（ⅱ）プロスタグランジン D_2 が脳基底部からアデノシンを遊離する，（ⅲ）アデノシンは睡眠中枢（側座核および腹外側視索前野（VLPO））の活性化を，アデノシン A_{2A} 受容体を介して亢進する，（ⅳ）側座核やVLPOはヒスタミン系覚醒中枢である結節乳頭核（TMN）を始めとする，様々なモノアミン系やオレキシン・ヒポクレチン系の覚醒中枢の活動を抑制する，という一連の流れで自然な質の良い睡眠が誘発されると考えられている（図1)[7]。徹夜など覚醒が継続した後に熟睡できることは，まさにこのメカニズムが働き，アデノシン A_{2A} 受容体が活性化したと考えられる。さらに，就寝前にコーヒーなどカフェインを摂取すると深い睡眠が妨げられるが，これはアデノシン A_{2A} 受容体を拮抗阻害することによって起こる作用と考えられている[8]。

我々は睡眠の質を改善する，より具体的には眠りを深くするための技術アプローチとして未だ開発事例のないアデノシン A_{2A} 受容体の活性化を設定し，その素材探索を実施した。

3 アデノシン受容体の活性化を指標とした素材探索

素材探索はアデノシン A_{2A} 受容体発現細胞を用いて行った。具体的には，ヒト・アデノシン A_{2A} 受容体遺伝子を導入したヒト胎児由来腎臓細胞（hA_{2A}-HEK細胞，PerkinElmer社）を用い，素材を30分間処置し，アデノシン A_{2A} 受容体の活性化能を評価した（図2）。なお，活性化能は，アデノシン A_{2A} 受容体活性化により産生された細胞内cAMP濃度を，蛍光共鳴エネルギー移動（FRET）法により測定することで評価した。評価した素材としては，睡眠への影響が知られている素材やストレス緩和など睡眠と関連する機能が報告されている食品素材を選定した。結

第23章　清酒酵母の機能性

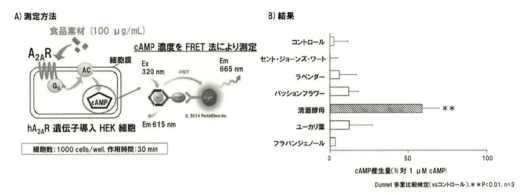

図2　食品素材のヒト・アデノシン A_{2A} 受容体活性化能

果として，全評価素材80種の中で，清酒酵母 (*Saccharomyces cerevisiae*) が，最も高いアデノシン A_{2A} 受容体の活性化能（細胞内cAMP濃度の上昇）を示した（図2）。また，図示はしていないが，清酒酵母による細胞内cAMP産生の増加は，アデノシン A_{2A} 受容体の特異的な拮抗薬であるZM241385により用量依存的に抑制されたことから，清酒酵母がアデノシン A_{2A} 受容体を直接活性化することを明らかにしている。我々が試験に用いた清酒酵母は，きょうかい6号酵母を起源としており，本菌株は元を辿ると秋田県の新政酒造で単離されたものである。清酒の製造において，きょうかい6号酵母は「発酵力が強く，香りはやや低くまろやか，淡麗な酒質に適している」と報告されている。清酒酵母のどの成分がアデノシン A_{2A} 受容体を活性化させるかは後述するが，アデノシン A_{2A} 受容体を活性化する清酒酵母は，深い睡眠を誘発する素材として有望と考えられた。

4　清酒酵母の睡眠改善機能

アデノシン A_{2A} 受容体を活性化する素材として清酒酵母を見出したため，続いて睡眠改善機能を調べるために，動物モデル（マウス）を用いた検討を進めた。方法としては，常法に従い（図3）[9]，マウス頭頂部に脳波測定用の電極を，首の筋肉に筋電位用の電極を手術により設置した。10日間の回復期間の後，清酒酵母の経口投与前後の脳波，筋電位および赤外線モニターによる動物の行動量を測定し，睡眠解析プログラムを用いた脳波の周波数解析により，睡眠ステージ，すなわち覚醒，レム睡眠およびデルタ波パワー値の高まるノンレム睡眠（深い睡眠）を判定した[9]。マウスの活動期である暗期の開始直前に，清酒酵母粉末を300 mg/kg体重の用量で単回，経口投与を行い，投与後4時間の各睡眠ステージ時間を算出した。その結果，清酒酵母の投与により，ノンレム睡眠時間が，コントロール群に比べて有意に増加することが明らかになった（図3）。したがって，アデノシン A_{2A} 受容体の活性化能を有する清酒酵母は，生体においても深い睡眠（ノンレム睡眠）を誘導することが確認された。

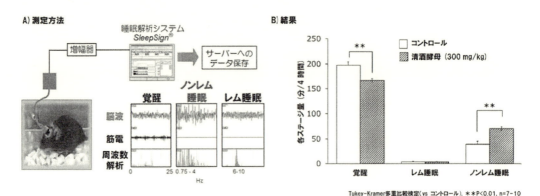

図3　清酒酵母の経口投与によるマウスの睡眠ステージ時間の変化

5　清酒酵母中の機能性成分

　清酒酵母中の機能性成分を探索する目的で，清酒酵母以外の酵母（ビール酵母，パン酵母）のアデノシンA_{2A}受容体活性化能を図2に示した方法で評価した．その結果，*Saccharomyces cerevisiae*またはその類縁菌種に属するビール酵母およびパン酵母は，明確なアデノシンA_{2A}受容体活性化能を示さなかった．清酒酵母と，活性を示さないビール酵母およびパン酵母の含有成分の相違を調べた結果，清酒酵母に特徴的な成分として，S-アデノシルメチオニン（以後，SAMeと略す）を見出した．図4に示した通り，SAMeは清酒酵母に乾燥重量当たり3.51％含有されるが，ビール酵母およびパン酵母には含まれていないことがHPLCを用いた分析[10]結果から明らかになった．なお，SAMeは清酒酵母中の液胞中に蓄積され，その機能としてはエタノール耐性に関連するエルゴステロール合成に寄与すると考えられている[11]．

　そこで，精製SAMe単独でのアデノシンA_{2A}受容体の活性化を調べた結果，SAMe濃度依存的な細胞内cAMPの増加が認められ（data not shown），SAMeがアデノシンA_{2A}受容体を活性化することが

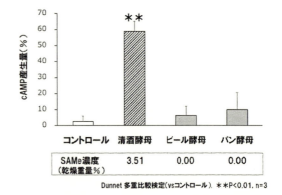

図4　各種酵母によるアデノシンA_{2A}受容体の活性化とS-アデノシルメチオニン（SAMe）含量の比較

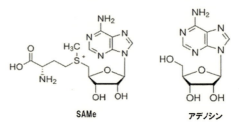

図5　S-アデノシルメチオニン（SAMe）およびアデノシンの構造式

第 23 章　清酒酵母の機能性

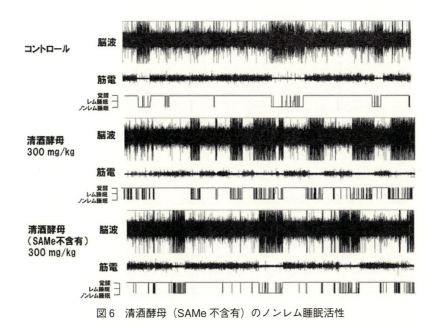

図6　清酒酵母（SAMe 不含有）のノンレム睡眠活性

確認された。図5に示すようにSAMeの分子構造中に，アデノシン A_{2A} 受容体の強力な作動薬であるアデノシンが含まれることが，SAMeのアデノシン A_{2A} 受容体活性化の分子メカニズムと考えられる。

さらに，睡眠改善作用においてもSAMeの影響を確認する目的で，SAMeを含有しない清酒酵母のマウスのノンレム睡眠量への影響を調べた。清酒酵母は高濃度メチオニン存在下で培養するとSAMeを高蓄積する[12]が，通常の培地ではSAMeの蓄積量は極めて少ないため，YM培地で培養することによりSAMe不含の清酒酵母を作製し，SAMeを含有する清酒酵母との活性の差を比較した。その結果，SAMeを含有する清酒酵母はコントロールと比較してノンレム睡眠量を増大させるのに対し，SAMe不含有の清酒酵母はノンレム睡眠量の増加効果を示さなかった（図6）。本結果より，SAMeまたはその代謝物質が清酒酵母の機能性成分の一つであると考えられる。

作用メカニズムについては，清酒酵母はアデノシン A_{2A} 受容体活性化を指標に見出した素材であるため，清酒酵母は脳内のアデノシン A_{2A} 受容体の活性化により睡眠の質を向上させると考えられる。生体内（動物）で本メカニズム仮説が働いているかを検証するために，清酒酵母による睡眠改善作用に対するアデノシン A_{2A} 受容体特異的拮抗薬の影響や，アデノシン A_{2A} 受容体の遺伝子欠損マウスでの清酒酵母の作用を解析していきたい。

6　ヒトにおける清酒酵母の睡眠改善機能の確認

最後に，ヒトにおける睡眠改善機能を検証した結果を示す。試験デザインとしては，2重盲検

法クロスオーバー試験を用いた。具体的には、ピッツバーグ睡眠質問票[13,14]を用いた自記式睡眠主観調査を実施し、スコアが5点以上である睡眠に不満を持つ健康な者68名を被験者とした。清酒酵母を含有する食品（清酒酵母粉末として500 mg/日）と清酒酵母を含有しない食品（プラセボ）を、それぞれ月から木曜の4日間ずつ、就寝1時間前に摂取させた。第1夜効果を除くため、月曜日を除外した3日間（睡眠に影響を与える医薬品服用日などの除外基準該当日を除く）の睡眠を評価した。評価指標として、深睡眠の客観的評価として入眠後の第1周期の脳波におけるデルタ波パワー値、ノンレム睡眠時に分泌が促進される成長ホルモン[15,16]、さらにはOSA睡眠調査票[17]による起床時の主観的評価を用いた。なお、睡眠は約90分間サイクルで浅睡眠と深睡眠を繰り返し、入眠後の初めの90分間（第1周期）に全睡眠中、最も深い睡眠が発現し、さらにその際に身体機能の維持・増進に有用な成長ホルモンの分泌量が顕著に高まる[18]ことから、深く、全身健康に有用な睡眠を測定するために第1周期のデルタ波パワー値を主要評価項目として設定した。

脳波解析の結果、清酒酵母の摂取により、第1周期のデルタ波パワー値が、プラセボ摂取時と比較して、有意に増加した（図7）。脳波は、

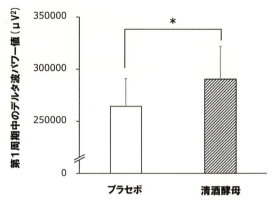

図7 清酒酵母の摂取によるヒト第1睡眠周期中のデルタ波パワー値の増加

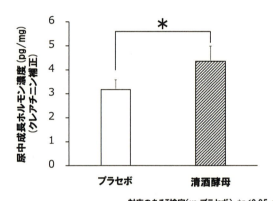

図8 清酒酵母の摂取によるヒト尿中成長ホルモン濃度の増加

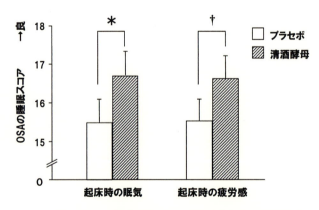

図9 清酒酵母の摂取によるOSA睡眠調査でのヒトの睡眠感の改善

第 23 章　清酒酵母の機能性

周波数の違いによってデルタ波，シータ波，アルファ波，ベータ波等に分けられ，ゆっくりとした波（1 Hz 程度）であるデルタ波の占有率が高いほど（デルタ波パワー値が大きいほど），大脳が休息した深い睡眠であることが知られている[7]。したがって，清酒酵母によるデルタ波パワー値の増加は，清酒酵母が深睡眠を誘導することを示す。また，清酒酵母の摂取時に，尿中成長ホルモン濃度が有意に増加することを見出した（図 8）。前述したように，成長ホルモンは睡眠が深くなった際に分泌量が増大することから，成長ホルモン分泌量という内分泌学的な観点からも清酒酵母による深睡眠の誘導が立証されたと考えられる。その他，成長ホルモンは身体の機能維持・増強作用が報告されているため，清酒酵母による全身健康への影響が期待できる。さらに，主観的評価においても，「起床時の眠気」が有意に改善し，「起床時の疲労感」が改善する傾向を確認し（図 9），睡眠の質改善の実効感を伴うことが立証された。以上の検討結果より，清酒酵母は客観的および主観的評価のいずれにおいても深い睡眠を誘発し，睡眠の質を向上させることが明らかになった。

7　おわりに

我々は睡眠の質の向上を目指して，アデノシン A_{2A} 受容体を活性化する食品素材を探索し，清酒酵母がその機能を有することを明らかにした。さらに，ヒトにおいても清酒酵母による睡眠の質の向上が立証された。睡眠問題による生活の質の低下および健康被害が，世界的に問題になっている現状で，日本伝統的な素材である清酒酵母が少しでもこれらの問題を解決することが出来れば幸いである。

謝辞

　最後に，本研究の推進に多大なご支援を賜りました京都府立医科大学　西野輔翼名誉教授，睡眠のヒト試験に関してご指導戴きました国立精神・神経医療研究センター　三島和夫部長，そして酵母に関するご助言を賜りました，酒類総合研究所　藤井力部門長に深く御礼申し上げます。

文　　　献

1)　厚生労働省：平成 23 年 国民健康・栄養調査結果
2)　Takemura S *et al.*: *Geriat. Med.*, **45**, 679-685（2007）
3)　Urade Y *et al.*: *Biochim. Biophys. Acta.*, **4**, 606-615（1999）
4)　Chemelli R.M *et al.*: *Cell*, **98**, 437-451（1999）
5)　Saper CB *et al.*: *Nature*, **27**, 1257-1263（2005）
6)　永田奈々恵 他：*Brain and Nerve*, **64**, 621-628（2012）

7) 裏出良博：化学と生物, **51**, 754-762 (2013)
8) Lazarus M *et al.*: *J. Neurosci.*, **6**, 10067-10075 (2011)
9) S. Kohtoh *et al.*: *Sleep Biol., Rhythms* **6**, 163-171 (2008)
10) Zhou J.Z *et al.*: *J. AOAC Inter.*, **85**, 901-905 (2002)
11) Shobayashi M *et al.*: *Appl. Microbiol. Biotechnol.*, **69**, 704-710 (2006)
12) Shiozaki S *et. al.* : *Agric. Biol. Chem.*, **48**, 2293-2300 (1984)
13) D. J. Buysse *et al.*: *Psychiat. Res.*, **28**, 193-213 (1989)
14) 土井由利子 他：精神科治療学, **13**, 755-764 (1998)
15) V. Cauter *et al.*: *J. Clin. Endocrinol. Metab.*, **74**, 1451-1459 (1992)
16) M. Sadamatsu *et al.*: *J. Neuroendocrinol.*, **7**, 597-606 (1995)
17) 山本由華吏 他：脳と精神の医学, **10**, 401-409 (1999)
18) G. Brandenberger *et al.*: *Lancet*, **356**, 1408 (2000)

第24章　清酒醸造技術を用いた機能性食品の開発
―麹菌が産生する環状ペプチド「フェリクリシン」―

秦　洋二*

1　はじめに

「酒は百薬の長」と呼ばれるように清酒は，至酔のためのアルコール飲料としての役割だけでなく，様々な薬理・薬効があると信じられてきた。古くは貝原益軒の『養生訓』に「酒は天の美禄である。少し飲めば陽気を補助し，血気をやわらげ，食気をめぐらし，愁いをとり去り，興をおこしてたいへん役にたつ。」と記載されていたり，長寿の方の体験談でも「長生きの秘訣は，毎日の晩酌」といった声がよく聞かれる。また，酒造りにたずさわる杜氏や蔵人は，毎日米麹や酒粕に触れているため，とても肌が白くて綺麗と考えられるなど，美肌・美白効果まで期待されている。一方で，実際に飲酒量と死亡率との関係を検討した多くの調査から，お酒を毎日適量に飲んでいる人は，全く飲んでいない人に比べて，死亡率が低くなる傾向が認められている。千利休の言葉で「一杯は人，酒を飲み，二杯は酒，酒を飲み，三杯は酒，人を飲む」と言われるように，過度の飲酒はかえって多くの傷害を引き起こすこともよく知られている。このようにお酒は上手く付き合っていけば「薬」になるものの，飲み方を誤れば，「毒」にもなる飲み物である（図1）。

近年の科学技術の進歩とともに，清酒やその副産物について，様々な機能性が実証され「酒は百薬の長」が科学的に証明されるようになってきた[1]。またこれらの機能性に関与する成分も次々と同定され，「酒は百薬の長」の理由が説明できるようになってきた。ここで重要なことは，お酒が醸造・醗酵という微生物変換工程を経て作られることである。清酒の場合は，原料であるコメの蛋白質やデンプンは，麹菌の酵素によってペプチド，アミノ酸，糖質に分解され，さらに麹菌や酵母の代謝活動でアルコール・有機酸・二次代謝産物と様々な物質に変換される。清酒やその副産物の機能性は，これらの醸造微生物の代謝活動で生産される物質に起因するものが殆どである[2]。すなわち，原料である「お米」には無い機能性物質が，その発酵産物で

図1　醸造発酵技術で生産される清酒

---

*　Yoji Hata　月桂冠㈱　総合研究所　所長；取締役

ある「お酒」に含まれることにより,「お米は百薬の長」ではなく「お酒は百薬の長」となったと考えられる。このように,清酒中には,様々な機能性物質が含まれていることが明らかとなってきているが,アルコールを含む清酒では,その機能性を万人に享受してもらうことは難しい。そこで,清酒中で見つかった機能性成分を,アルコール発酵を伴わない方法で生産し,機能性素材,機能性食品として利用する試みが盛んになっている。なによりもこれらの機能性成分の特徴は,長年の食経験に支えられてきた安全性にある。少なくとも日本人が2000年近くに渡って摂取し続けてきた食品である清酒の含まれる物質の安全性は,非常に信頼性の高いものである。

ここでは,その中でも麹菌が生産する機能性ペプチド「フェリクリシン」について,機能性食品としての応用について紹介したい。

2 フェリクリシン

1960年代に清酒中の着色物質の研究から,鉄イオンをキレートして黄色に着色する環状ペプチドが発見され,構造決定の後,フェリクリシン(Fcy)と名付けられた[3]。Fcyは3分子のアセチル化されたヒドロキシオルニチンと2分子のセリン及び1分子のグリシンが環状に結合したヘキサペプチド(Dfcy)に,3価の鉄イオンがキレートした化合物である(図2)。Dfcyは3価の鉄イオンに極めて特異的にキレートする分子で,3価のアルミイオンに若干の結合性を示すのみで,他の3価イオンにはほとんど結合しない。

FcyやDfcyは,清酒醸造の中の「麹造り」の工程で麹菌によって生産される。清酒醸造では,原料米のデンプンを分解する酵素を生産するために,麹菌を白米上に生育させる「麹造り」を行う。蒸した白米上に生育する麹菌は,Dfcyを分泌生産し,原料中に含まれる微量の鉄イオンをFcyとしてキレートすることにより,他の微生物に対抗して鉄イオンを優先的に確保することができる。いわば,麹菌の生存戦略の一つである。白米中には,それほど多くの鉄イオンは含まれていないため,麹菌の分泌するDfcyの一部しか鉄イオンとキレートしたFcyにはならない。ただ多くのDfcyが残っていると,その後の醗酵工程で鉄イオンが混入した場合,すみやかにFcyに変換されるため,清酒の着色原因となって悪影響を及ぼすことになる。現在では,原料米・水などから鉄イオンの混入を極力減らす取組や,Dfcyの生産性の低い菌株の開発などによって,Fcyによる清酒の着色は防止できるようになっている。

このようにFcyは,清酒醸造によっては好ましくない物質であるが,鉄イオン特異的なキレーターであることや,麹菌のような安全な微生物で生産できることなどから,機能性食品への利用が期待できると考えた。

図2 フェリクリシンの構造

3 フェリクリシンの機能性

まず清酒用の麹菌ライブラリーから，Dfcyを最も多量に生産する菌株を選抜し，UV照射や薬剤処理による変異処理を行い，さらにDfcyを高生産するようになった菌株を取得した。このDfcy高生産株の液体培養を行い，その培養液を濃縮して，Dfcyエキスを調整した。これに鉄イオンを添加して，Fcyエキスとして，各種機能性試験に供した。まずFcyの貧血改善効果を検討するために，鉄欠乏症ラットへのFcyの投与試験を行った（図3）。通常飼料及び鉄欠乏飼料にてSDラットを35日飼育し，貧血誘導ラットを調製した。これらの貧血誘導ラットに，Fcy，クエン酸鉄，ヘム鉄の3種類の鉄源を添加した試料をそれぞれ21日間与えたところ，Fcyはヘム鉄に比べて，ヘモグロビン値が有意に回復することが明らかとなった。さらに肝臓の貯蔵鉄においては，ヘム鉄だけでなく，クエン酸鉄に対しても有意な回復が認められた（表1）。鉄欠乏症の回復は，まずヘモグロビン値が上昇することから始まり，最終的に肝臓の貯蔵鉄が正常値に戻ることで完全に治癒されるといわれている。このように，Fcyは鉄欠乏による貧血症状を速やかにかつ完全に回復できる有用な貧血改善剤であることが示された[4]。

さらに放射性同位体Iron59を用いて，Fcy由来の鉄イオンの生体利用性と体内分布を検討した。SD系ラットにFcyを50mg/kg_wtになるよう投与し，投与後24時間後に，臓器や各部位のラジオアイソトープを測定した。その結果Fcy由来の鉄イオンは，血液に18％，肝臓に5％分布しているだけでなく，筋肉にも10％の分布していることが明らかとなった。血液を通して速やかに末梢細胞まで鉄イオンが供給されていることを示すものである。ただし，血液中の鉄イオンはFcyとしては検出することができず，Fcy由来の鉄イオンは，何らかの別の鉄トランスポーターに受け渡されて，体内に吸収されたと考えられる。一般的にFcyのようなシデロフォアーから鉄イオンを受け渡すためには，Fcyに含まれている3価の鉄イオンを還元して，2価の鉄イオンとして結合力が低下させて，他のキレート物質に移行すると考えられてい

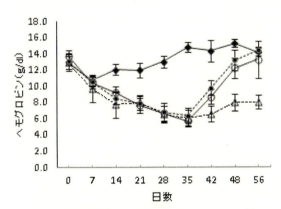

図3 貧血誘導期および回復期のヘモグロビン値
mean ± SD, (n = 5)
◆：コントロール群，●：Fcy群，○：クエン酸第2鉄群，△：ヘム鉄群

表1 鉄欠乏症から回復したラットの肝臓鉄濃度

	肝臓鉄（ppm）
コントロール群	63.3 ± 10.1[a]
フェリクリシン群	39.3 ± 7.6[b]
クエン酸第2鉄群	21.6 ± 3.1[c]
ヘム鉄群	6.2 ± 1.3[c]

mean ± SD, (n = 3～5), ▲*※ Tukey-Kramerの多重比較法, 異符号間に有意差あり ($p < 0.05$).

る。Fcyにおいても，腸内でなんらかの還元反応を受けて，鉄イオンの受け渡しが行われたと推測している。最終的なFcyの生体利用率（Bioavailability）は，41.5％となり，有機化合物の鉄キレーターとしては，非常に高い値を示した。このようにFcyとして摂取した鉄イオンは，体内に有効に吸収され，末梢組織にまで供給されることが示唆された。

　一般的に食品に添加される鉄剤は，食品中の他の成分と反応して，鉄の不溶化が引き起こされ，その吸収性が顕著に低下することが指摘されている。特にフィチン酸，タンニン酸，カテキンについては，鉄剤と反応して，その吸収性を阻害することが明らかとなっている。そこで，これら鉄吸収阻害成分と各種鉄剤を反応させて，鉄イオンの溶解度を各種pHで検討を行った。図4には，フィチン酸を添加した場合の，各種鉄剤の溶解度を示している。クエン酸鉄のような無機鉄ではフィチン酸と共存することにより，不溶性鉄を生成し，鉄の溶解度が大きく低下する。さらにpHの変化によって，溶解度がさらに減少する傾向も認められた。一方，有機鉄であるFcyにおいては，フィチン酸が共存しても，非常に高い溶解度を示すだけでなく，pHが変動しても溶解性が大きく低下しないことも明らかとなった。タンニン酸，カテキンにおいても同様の結果が得られており，Fcyは食品中の鉄吸収を阻害する成分との反応性が低く，吸収阻害を受けにくい鉄素材であることが明らかとなった[5]。

　このようにFcyは鉄供給剤として食品に利用する上で，様々な優れた特長を持つことが明らかとなった。そして食品としてFcyの最も有用な特長は，その安全性である。前述のとおりFcyやDfcyは，清酒中に含まれる成分で，日本人にとっては長年摂取してきた物質である。この長い食経験に裏付けされた安全性ほど，確かなものはない。Fcyについては，様々な安全性試験・毒性試験を実施し，当然ながら全ての試験においてその安全性は担保されている。しかし，このような動物・細胞を用いた試験をいくら繰り返しても，人体への影響を完全に把握できるわ

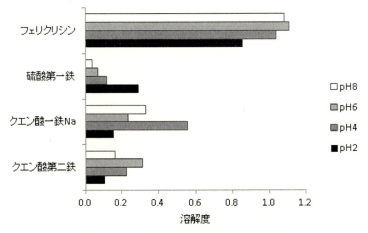

図4　フィチン酸添加による溶解度の変化

各鉄化合物（鉄濃度1000ppm）に0.6％フィチン酸水溶液を添加し，37℃で90分インキュベートした後の遠心上清中の鉄濃度を測定　フィチン酸添加前の鉄濃度との相対値で示す。

第 24 章　清酒醸造技術を用いた機能性食品の開発

けではない。Fcy が持つ長い食経験こそが，最も信頼性の高い安全性試験の結果だと考えている。我々は，清酒などの醸造食品に含まれている機能性物質に着目して，長年にわたって研究を進めている。食品以外やその他の生産方法によって，優れた機能性物質が発見される可能性は否定しない。しかし，このような食経験のない成分の安全性を証明するためには，膨大な試験と長い時間が必要である。我々が，醸造食品にこだわって研究を進めている理由は，安全な機能性成分を発見して，これを実用化していきたいと考えるからである。これからも，醸造食品の機能性成分を検討し，Fcy のように機能性食品素材として利用できる成分を探索していきたい。

4　おわりに

　ご存じの通り，食品には 3 つの機能が存在する。一次機能は，栄養・エネルギー源としての機能である。食品は第一要件として，摂取することによって栄養素として生命を維持することに貢献しなければならない。人間以外のほとんどの生物にとって，食事は，生きるための行動であることと同源である。二次機能とは，色・味・香りなど美味しく感じる機能である。たとえ先の一次機能を満足しても，人間が食べたくなるような美味しさがないと食品としての機能は不十分である。少なくとも我々の周囲には，不味くて食べられない食品は存在しない。そして 3 次機能は，人間の健康を維持・増進させる機能である。美味しくて，栄養になっても，長期間あるいは大量に摂取すると健康を害するようであれば，やはり食品としては不適合である。醸造発酵とは，この食品の 3 つの機能を向上させる素晴らしい食品加工技術である。例えば，醸造工程を経ることによって原料成分が分解されて，より吸収のよい成分の変化させることができる（一次機能の向上）。また，味噌・醤油に代表されるように，発酵によって，独特の風味が付与され，我々の食卓をより美味しくしてくれる（二次機能の向上）。そして，今回紹介した Fcy のように，醸造発酵により，新たな機能性成分が生成されて，醸造食品に様々な機能性が付与される（三次機能の向上）。醸造食品の製造方法は，長年にわたる試行錯誤によって，改良・改善されてきた。その結果，食品の 3 つの機能を全て向上できる食品が製造できるに至ったわけである。このような醸造食品の製造方法を確立した先人たちに改めて敬意を払いたい。

文　　献

1) 秦洋二，FFI ジャーナル，**212**, 754（2007）
2) 秦洋二，*Techno-Innovation*, **83**, 23（2012）
3) M. Tadenuma *et al.*, *Agric. Biol. Chem.*, **31**, 1482（1967）
4) S. Suzuki *et al.*, *Int. J. Vitamin Nutr. Res.*, **77**, 13（2007）
5) 入江元子，生物工学会誌，**91**(11), 629（2013）

第25章 麹菌によるアクリルアミドフリーコーヒーの技術開発

尾関健二[*1], 坊垣隆之[*2], 坪井宏和[*3], 岩井和也[*4], 中桐　理[*5]

1 はじめに

　食品中のアクリルアミドは高温での加熱調理過程において，食材の遊離アミノ酸中のアスパラギンと，還元糖であるグルコース，フルクトースとのアミノカルボニル反応の結果生成する[1]。2006年の第38回Codex委員会食品添加物汚染物質部会の報告での食品中の含量の抜粋を表1に示す[2]。アクリルアミドは動物実験により神経毒性，発がん性，遺伝毒性，生殖・発生毒性が報告されており[3,4]，国際がん研究機関（IARC）により「ヒトに対しておそらく発がん性がある物質2A」に分類されている。また2007年のオランダのコホート研究では，摂取量が多い女性は少ない女性と比べ，子宮内膜がんと卵巣がんの発症リスクは2倍高まり[5]，アメリカのカリフォルニア州の有害物質管理法のプロポジション65では，発がん性を持つアクリルアミドを含有するフライドポテトやコーヒーなどを販売するメーカーに対して表示して警告する義務が発生している。2005年の第64回FAO/WHO食品添加物専門家会議（JECFA）では，アクリルアミドの対するリスク評価の指標としての暴露幅（MOE）を求めると，一般人で200～300，摂取量の多い人で50～75になり，一般的に健康上問題にならない10000に対してかなり小さな値となり，健康上のリスクを減らすために食品中のアクリルアミドを減らす努力が必要であると結論づけている[6]。アクリルアミドの低減方法についてはアスパラギンが多い食材ではアスパラギナーゼが有効であるとの報告[7]があるが，味の変化を伴い決してオールマイティーな方法ではなく，特にコーヒーおよびほうじ茶においてはアクリルアミドの含量が比較的多く，有効な手立てがなかったのが現状である。

　著者らは日本酒，醤油，味噌，みりんの日本の伝統的発酵食品に用いられてきた最も安全な微生物である麹菌（*Aspergillus oryzae*）が「国菌」と称されることに注目し，アクリルアミドを

[*1] Kenji Ozeki　金沢工業大学　バイオ・化学部　応用バイオ学科　教授；ゲノム生物工学研究所　研究員
[*2] Takayuki Bogaki　大関㈱　総合研究所　所長
[*3] Hirokazu Tsuboi　大関㈱　総合研究所　化成品開発グループ　課長
[*4] Kazuya Iwai　UCC上島珈琲㈱　イノベーションセンター　担当課長
[*5] Osamu Nakagiri　UCC上島珈琲㈱　イノベーションセンター　センター長

第 25 章　麹菌によるアクリルアミドフリーコーヒーの技術開発

表 1　食品中のアクリルアミド含有量

		最小値（μg/kg）	最大値（μg/kg）
ジャガイモ加工品	ポテトチップス	117	3770
	フライドポテト	59	5200
穀類加工品	コーンスナック	120	220
	ケーキ・パイ類	18	3324
	パン類	20 未満	130
	トースト	10 未満	1430
米・麺類	インスタント麺	3	581
	米菓	17	500
果物・野菜類	プルーンジュース	53	267
	野菜天ぷら	34	34
飲料	焙煎コーヒー豆	45	975
	代用コーヒー	116	5399
	インスタントコーヒー	195	4948
	ほうじ茶・ウーロン茶	9 未満	567
	淡色ビール	6 未満	30 未満
乳幼児食品	ビスケット・ラスク	20 未満	910
	缶詰めベビーフード	10 未満	121

単一の炭素源および窒素源として生育できる（代謝系を持つ）ことを確認し，抽出工程で液体状を経由する食材中のアクリルアミドの低減化方法について各種の検討をおこなった。アクリルアミドの分解能が高い麹菌で，モデルほうじ茶中のアクリルアミドの分解が可能であり[8]，麹菌をはじめとする食品加工で使用できる糸状菌でアクリルアミドの分解能を比較し[9]，分解能が高い麹菌の固定化菌体を利用して，モデルほうじ茶中のアクリルアミドを分解できることを報告した[10]。一方麹菌のゲノム解析は 2005 年に終了し[11]，アクリルアミドの濃度および時間で発現量が上がる遺伝子を DNA マイクロアレイにより絞込み，分解遺伝子を取得し分子育種技術を用いて，コーヒー抽出液中に存在するアクリルアミドを効率よく除去する技術開発について検討を行っている。

2　麹菌のアクリルアミド分解能

アクリルアミドを分解する土壌微生物が存在する事が報告さているが[12]，食品に含まれるアクリルアミド分解への利用を考えると，食品製造に利用されている微生物を使用すれば安全・安心であると考え，醸造用微生物であり極めて長期に渡る食経験のある麹菌を初めとした糸状菌がアクリルアミド分解能を有しているか確認するために，アクリルアミドを唯一の炭素源とした最小液体培地を用いて糸状菌実用株 24 株のアクリルアミド分解能を比較する実験を行った。アクリルアミド含有改変 Czapek-Dox（CD）液体培地に分生子を接種し，30℃，120 rpm で 3 日間振とう培養を行った後，培地をフィルターろ過し，アクリルアミド，アクリル酸，グリシドアミド

発酵・醸造食品の最前線

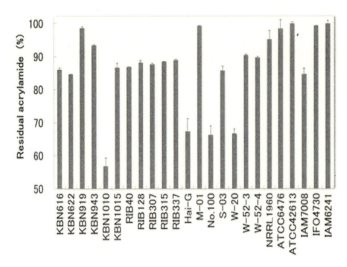

図1　糸状菌実用株24株のアクリルアミド分解能

濃度をHPLCもしくはGC-MSで測定した結果，A. oryzaeの数種がアクリルアミドを分解していた。一方で，興味深いことに全くアクリルアミドを分解しないA. oryzaeも存在した（図1）[9]。分解能の高かったA. oryzae KBN1010及びNo.100，分解能のなかったM-01を用いて，ほうじ茶浸出液中のアクリルアミドの低減試験を行った所，KBN1010とNo.100はアクリルアミドを分解したが，M-01はアクリルアミドを分解しておらず前述の実験と一致する結果であった。また，アクリルアミドの分解によって，1～2日目にアクリル酸が生じたが3日目には減少していた（図2）[8]。一方，グリシドアミドは検出されなかった。土壌から分離されたPseudomonas属はアクリルアミドをアクリル酸を経由して分解し[12]，動物ではグリシドアミドを経由して分解することが報告されているが[13]，この結果から，麹菌は前者と同じくアクリル酸を経由して分解していることが示唆された。

3　アミダーゼ高発現麹菌の育種

次にアクリルアミド分解に関与している遺伝子を特定することを目的として，DNAマイクロアレイによる発現解析を行った。A. oryzae No.100をPDB培地で30℃，64時間前培養した後，アクリルアミドを1,600 ppm含有する培地とコントロールとしてアクリルアミドを含まない培地で，30℃，24時間培養し集菌した。この菌体からmRNA抽出し，これを鋳型

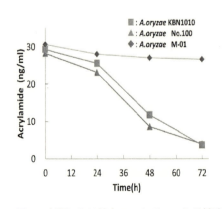

図2　市販ほうじ茶中のアクリルアミド低減

第 25 章　麹菌によるアクリルアミドフリーコーヒーの技術開発

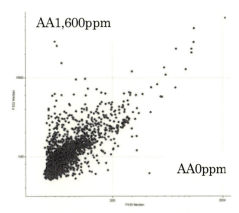

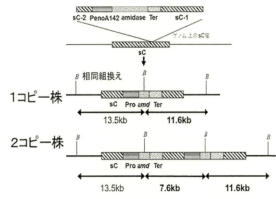

図 3　DNA マイクロアレイ解析

図 4　アクリルアミド高発現 A.oryzae の形質転換
sC-1：マーカー遺伝子前半，PenoA142：高発現プロモーター，amidase：アミダーゼ遺伝子，Ter：ターミネーター，sC-2：マーカー遺伝子後半，sC：マーカー遺伝子

として cDNA を調製し，麹菌 DNA マイクロアレイに供した。コントロールと比較して 2 倍以上発現量が多くなった遺伝子は，全体の 7.4% であった（図 3）。次にアノテーション情報を元にアミダーゼ遺伝子 49 個を抽出し，マイクロアレイの結果と照合したところ，アクリルアミド添加で 100 倍以上発現が上昇しているアミダーゼ遺伝子を見出した。なお，この遺伝子はアノテーション情報では 2 つの ORF と予想されていたが RT-PCR によって確認したところ，1 つの遺伝子であることが判った[14]。アクリルアミドの分解に関与していると考えられる遺伝子が特定できたので，麹菌のアクリルアミド分解活性を強化することを目的にこのアミダーゼ遺伝子を高発現プロモーターの下流に挿入したセルフクローニング用プラスミドを作成し，A. oryzae NS4 株を定法により形質転換し，アミダーゼ高発現セルフクローニング株を育種した（図 4）[15〜17]。育種した麹菌からゲノムを調製しサザンブロッティングにより，育種したアミダーゼ高生産麹菌のアミダーゼ発現カセットの導入数を調べたところ，1〜4 コピーを保持していた。

　宿主，No.100，アミダーゼ高生産株 4 種（1,2,3 及び 4 コピー株）を YPD 培地で培養後，リアルタイム PCR でアミダーゼの mRNA を定量し，アミダーゼ遺伝子の発現量を比較した。なお，No.100 のみ 200 ppm のアクリルアミドを含む改変 CD 培地でアミダーゼ遺伝子の発現を誘導した。発現を誘導した No.100 のアミダーゼ遺伝子の発現量と比較して 4 コピー株は 16 倍の発現量であった。次に菌体を破砕して粗酵素液を調製し酵素活性を調べたところ，No.100 と比較して 5 倍の比活性であった（図 5）[18]。アミダーゼ遺伝子を高発現させることで，アクリルアミドで発現誘導することなく，アミダーゼ活性誘導培地で培養した No.100 よりもアミダーゼ活性が 5 倍に増強された麹菌を育種することができた。遺伝子の発現量が 16 倍であったにも係わらず，アミダーゼ活性が 5 倍に留まった原因は，分解に必要な補欠因子や補酵素が不足していることが考えられた。

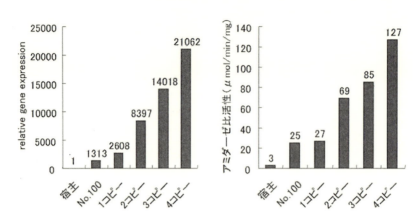

図5 アクリルアミド高発現株のアクリルアミド遺伝子発現量とアミダーゼの比活性

4 飲料中のアクリルアミドの低減化試験

　実際の飲料への応用を考慮して，一辺約4 mm の立方形に裁断した乾燥へちま担体上にアミダーゼ高発現麹菌を生育させた後，アクリルアミド分解試験（麹菌20担体分で40 ml を処理）に供した。アクリルアミド水溶液（10 ppm）の非誘導の No.100 及び誘導培養した No.100 菌体では，最大でも24時間後に20％程度しか分解されなかったのに対し，4コピー株及び発現誘導した固定化 No.100 では24時間後に1 ppm 程度までアクリルアミドが低減された。コピー数の違いで分解活性に違いがあるか確認した試験では，コピー数が増加するにしたがってアクリルアミドの分解に要する時間が短くなる傾向であった（図6）[19]。

　次に麹菌を固定化した目的の一つである麹菌の再利用について検討した。4コピー導入株を固

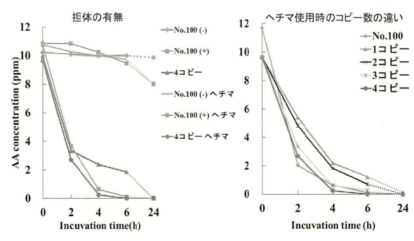

図6 アミダーゼ高生産株のアクリルアミド低減化

第25章　麹菌によるアクリルアミドフリーコーヒーの技術開発

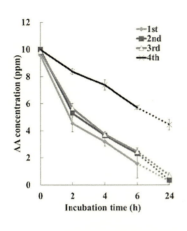

図7　アミダーゼ高生産麹菌の再利用

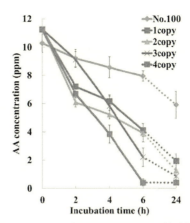

図8　コーヒー中のアクリルアミド低減化

定化した後，10 ppmのアクリルアミド水溶液と24時間アクリルアミド反応させた後，固定化麹菌を回収，水洗した後，再度同様の処理を4回行った。3回目までは24時間でほぼ分解されたが，4回目では約60％しか分解されなかった（図7）[20]。使用回数はアクリルアミド低減化処理のコストに直接影響するため，分解能低下の原因を解明することで使用回数を増やすことが望まれる。

次にコーヒーに10 ppmとなるようにアクリルアミドを添加しアクリルアミド低減化試験を行った。No.100株及び1〜4コピー発現カセット導入組換え麹菌を固定化した麹菌固定化担体を試験に供した。0時間から24時間後までのアクリルアミドの濃度の変化を測定した結果，コピー数の増加に伴って分解速度が速くなる傾向が見られ，4コピー株では6時間後にアクリルアミドはほぼ完全に分解されていた。この時，水溶液では組換え麹菌と同程度の分解能を示していたNo.100株は24時間後でも約40％しか分解されていなかった（図8）[21]。

5　セルフクローニング麹菌を利用したコーヒー飲料への応用

コーヒー焙煎豆には，「ヒトに対して恐らく発がん性のある」アクリルアミドが含まれているが[2]，コーヒーは常識的な飲用であれば，がん予防効果をはじめ健康効果があることは医学的に明白であり，国立がん研究センターでは，コーヒー飲用はがん発症のリスクを上げず，肝臓がんの発症リスクを確実に下げると判定している[22]。またCoughlinは，"Holistic Approach"の考えの下，コーヒーの安全性を提唱している[23]。コーヒーはアクリルアミドを含有しているものの，どの程度ヒトの健康に影響を及ぼすかは不明なのが現状である。一方，コーヒーは日常での摂取頻度が高い食品であり，日本人は年間一人あたり334杯消費しているといわれているうえ，北欧諸国の中にはその数倍も消費している国々もある[24]。このような状況で少しでも健康へのリスク要因を下げるため，酵素処理による方法をはじめ，コーヒーのアクリルアミドを低減させる

試みが行われてきた。しかしながら，コーヒーの味覚を変えずにアクリルアミドを低減させる方法は未だ見つかっていない[25]。そこで我々は，セルフクローニング麹菌をコーヒー抽出液に添加し，アクリルアミド低減効果の確認，およびコーヒー飲料の開発への応用を目的に検証を進めた。

6 セルフクローニング麹菌の培養

セルフクローニング麹菌によるコーヒー抽出液のアクリルアミド低減処理において，まず前培養の培地としてYPD培地を調製し，三角フラスコに40 ml入れオートクレーブ滅菌を行った。この培地に対し2×10^7のセルフクローニング麹菌胞子を接種し，30℃，100 rpmの振盪条件で72時間培養した。また予備実験において，液体培養により得られた菌体よりも，予め培地に担体を入れて培養した菌体のほうが菌体のアミダーゼ活性が高いことが分かっており，今回はヘチマ繊維を担体としてセルフクローニング麹菌を培養させたものを用いた（セルローススポンジでも同様の結果が得られている）。培養後，滅菌水で洗浄した菌糸を図9に示した。

図9 担体に生育したセルフクローニング麹菌

7 アクリルアミド低減処理

アラビカ種のコーヒー生豆を，焙煎機（CORONA-NOVA No.517）で一般的に流通している製品の焙煎度（中煎り～やや深煎り）になるよう焙煎を行い，L値が17.7の焙煎豆を得た。これを市販のコーヒーミルで中細挽きに粉砕し，コーヒー豆に対し17倍の加水比でコーヒーを抽出した。得られたコーヒー抽出液の可溶性固形分（Brix）= 2.0％であった。このコーヒー抽出液200 mlに対し，ヘチマ担体（4 mm × 4 mm × 4 mm）に生育させ滅菌水で洗浄したセルフクローニング麹菌80担体分を添加し，35℃で処理した。セルフクローニング麹菌の添加前を0時間とし，0.5, 1, 3, および16時間後にコーヒー抽出液のサンプリングを行った。

8 アクリルアミド含有量

アクリルアミド低減処理時間に伴うコーヒー抽出液中のアクリルアミド量の変化を図10に示した。セルフクローニング麹菌は，10 ppmのアクリルアミド水溶液，もしくは市販のブラック缶コーヒーに10 ppmのアクリルアミドを添加したものについても，6時間の処理で100%近くアクリルアミドを低減させることがわかっている。しかしながら，今回の実験では，16時間の

第25章　麹菌によるアクリルアミドフリーコーヒーの技術開発

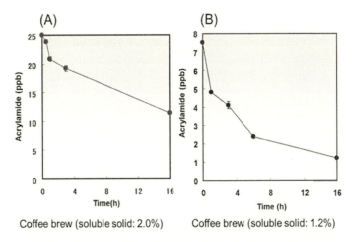

図10　セルフクローニング麹菌によるアクリルアミド低減効果

処理で54％程度のアクリルアミド低減にとどまった（図10A）。今回実験に使用したコーヒー抽出液の可溶性固形分（Brix = 2.0）は市販の缶コーヒーのほぼ2倍であったことから，可溶性固形分が低いコーヒー抽出液（Brix = 1.2）でアクリルアミド低減実験を行ったところ，84％程度までアクリルアミドが低減した（図10B）。この理由として，コーヒー抽出液に含まれるアクリルアミド量がppbレベルであり，アクリルアミド低減試験において撹拌などの操作が無かったため，麹菌との接触機会が減少した可能性があること，およびコーヒー抽出液に含まれる何らかの成分が，麹菌のアクリルアミド代謝に影響を及ぼした可能性が考えられたが原因は不明であった。いずれにせよ，処理時間を長くすることによりアクリルアミドは低減すると考えられるが，実際のコーヒー飲料製造ラインでコーヒー抽出液を16時間保持すると，香気成分が揮散しコーヒーの味覚が低下すると思われ，麹菌の投入量を増やし短時間で処理する等の改善が必要になると考えられる。

9　抽出液中に含まれる成分の変化

アクリルアミドおよび50種類の香気成分はGC-MS（GCMS-QP2010）にて測定した。カフェイン，有機酸，ポリフェノールはHPLCにて分析を行った。

アクリルアミド低減処理時間にともなうコーヒー抽出液中に含まれるカフェイン，ポリフェノール，有機酸類の含有量の変化を図11に示した。アクリルアミド低減処理により，カフェイン，ポリフェノール（クロロゲン酸類）は15％程度減少した。一方，総有機酸量は16時間後でも6％程度の減少に留まった。また，麹菌処理後のコーヒー抽出液に含まれる香気成分中（50種類），特に増加した香気成分を表2に示した。アクリルアミド低減処理により1-プロパノール，酢酸エチル，2-メチル-1-ブタノールがそれぞれ15.5倍，9倍，8.7倍増加したことが確認

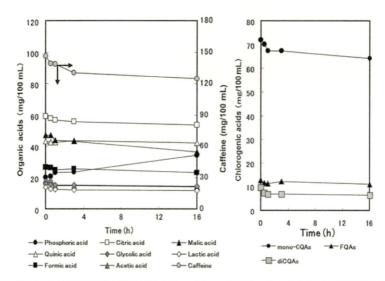

図11 アクリルアミド低減処理時間に伴うカフェイン，ポリフェノールおよび有機酸類の含有量変化

表2 アクリルアミド低減処理に伴って生じた香気成分

Volatile compounds	Sensory features	Increased ratio after 16h treatment
1-Propanol	Alcohol-like, Sweet	15.5
Ethyl acetate	Fruits-like	9.0
2-Methyl-1-butanol	Fruits-like (Grape), Pungency	8.7
Isobuthyl alcohol	Sweet	7.3
Isoamyl alcohol	Fruits-like(Banana), Wine-like	6.2
Ethanol	Alcohol-like	2.7
2-Pentanon	Fruits-like, Ether-like	2.2
Pyridine	Roasted	1.2

された。一般的にこれらアルコール類およびエステル類は主として「アルコール様」「フルーツ様」「甘い香り」といった香気であり，コーヒー焙煎豆にも含有している香気成分であるが，アクリルアミド低減処理後に著しくこれら香気成分の含有量が増加したため，これらはセルフクローニング麹菌がコーヒー抽出液中に香気成分を放出したものと考えられる。

10 官能評価

官能評価は訓練を受けた専門パネラー（男性7名，女性4名の合計11名）により実施した。アクリルアミド低減処理したコーヒーおよびコントロールをそれぞれ飲み，絶対評価で実施した。評価項目はHayakawa[26]の提案した属性用語を参考に，香りの質として「花のような香

第 25 章　麹菌によるアクリルアミドフリーコーヒーの技術開発

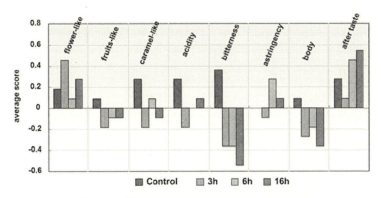

図 12　アクリルアミド低減処理コーヒーの官能評価

り」,「果実のような香り」,「カラメルのような香り」, 味覚の評価として「酸味」,「苦味」,「渋味」,「濃厚感」,「後味」を選定した。評価尺度は +4 から -4 までの 9 段階で行い, またパネラーから自由にコメントを聞くような形で実施した。

アクリルアミド低減処理を行ったコーヒー抽出液の官能評価の結果を図 12 に示した。全ての項目において有意差は見られなかったものの, アクリルアミド低減処理を行うことによって「花のような香り」の評点が増加する傾向にあった。また, 麹菌の処理時間に伴い, 苦味, 濃厚感の評点が低くなり, パネラーは軽いコーヒーとして評価した。また, パネラーの自由記述によるコメントでは,「日本酒や甘酒を連想させる香り」「アルコールを感じる香り」との回答が得られた。アクリルアミド低減処理後のコーヒー抽出液にはアルコール類, エステル類などが増加していたため, これらの成分が官能評価に影響を与えたと考えられる。

11　おわりに

麹菌アミダーゼ遺伝子の特定に DNA マイクロアレイ技術が非常に有効であり, ゲノム解析情報では 2 つのアミダーゼ遺伝子に分かれて存在し, どちらの高生産株の育種を行ってもアミダーゼ分解に寄与しないことが分かり時間を要した。遺伝子破壊を行うとアクリルアミドの分解が全く起らないことを見出し, 麹菌の 49 アミダーゼ遺伝子の内で, アクリルアミド分解に関わる唯一のアミダーゼ遺伝子であることが判明した。

食品加工用に使用するためには麹菌のセルフクローニング技術を利用し, リアルタイム PCR での発現量が 21,000 倍のアミダーゼ高生産麹菌の育種に成功し, 麹菌の発現ベクターの有能性を示すことができた。このセルフクローニング株を利用して 10 ppm アクリルアミド添加水では, 6 時間でほぼ 80％の分解と 3 回の繰り返しの低減化ができること, 10 ppm アクリルアミド添加コーヒーでは, 6 時間程度でほぼ 100％分解できる麹菌固定化処理法を開発できた。実際の 25 ppb アクリルアミドを含有するコーヒー抽出液（市販品の 2 倍濃度）では, 16 時間で 54％

のアクリルアミドの低減にとどまった。麹菌でアクリルアミドを低減したコーヒーの官能検査では麹菌での好ましい香りの付与も期待でき，実用化に前進できる良好な結果を示した。麹菌の担体への吸着固定化方法，麹菌量と接触時間などの改善を行うことにより，現在の手法でもアクリルアミド低減コーヒーの技術開発は実用化レベルにかなり近づいていると考えている。

更なるアクリルアミドの分解効率を上げるためには麹菌のアクリル酸分解遺伝子をクローニングし，アミダーゼとアクリル酸分解遺伝子を高発現するセルフクローニング株を育種する必要がある。Pseudomonas 属では Acetate thiokinase（EC 6.2.1.13）が分解できるとの報告[12]があるが，麹菌でのアクリル酸の濃度と分解時間を変化させたDNAマイクロアレイ結果では，複数個の遺伝子が関与する可能性を示しており今後さらなる絞り込みを行い，アクリルアミドフリーコーヒーの実用化に繋げたいと考えている。

文献

1) M. Lorelei *et. al.*, *JAMA*, **293**, 1326（2005）
2) 農林水産省，http://maff.go.jp/j/syouan/seisaku/acryl_amide/a_syosai/about/syokuhin.html
3) L.Mucci *et al.*, *Int. J. Cancer*, **109**, 774（2004）
4) J. G. Hogervorst *et al.*, *Cancer Epidemiology Biomarkers &Prevention*, **16**, 2304（2007）
5) C. A. Alves *et al., Food Chemistry*, **164**, 4099（2009）
6) F. Pedreschi *et.al.*, *Food Chemistry*, **109**, 386（2008）
7) V. Hanne *et al.*, *J. Agric. Food. Chem.*, **57**, 4168（2009）
8) 若泉賢功ほか，生物工学会，**87**, 490（2009）
9) M. Wakaizumi *et al.*, *J. Biosci. Bioeng.*,**108** , 319（2009）
10) 若泉賢功ほか，生物工学会，**88**, 296（2010）
11) M. Machida *et al.*, *Nature*, **438**, 1157（2005）
12) R. S. Ramakrishn *et al.*, *Arch. Microbiol*, **154**, 192（1990）
13) C. J. Calleman *et al.*, *Chem. Res. Toxicol.*, **3**, 406（1990）
14) 佐野元昭ほか，日本農芸化学会大会講演要旨集，196（2010）
15) K. Gomi *et al*, *Agric. Biol. Chem.*, **51**, 2549（1987）
16) T. Minetoki *et al*, *Appl. Microbiol. Biotechnol.*, **50**, 459（1998）
17) H. Tsuboi *et al*, *Biosci. Biotechnol. Biochem.*, **69** , 206（2005）
18) 坪井宏和ほか，日本生物工学会大会講演要旨集，88（2012）
19) 鈴木晃ほか，日本生物工学会大会講演要旨集，88（2012）
20) 岩井和也ほか，日本生物工学会大会講演要旨集，89（2012）
21) 鈴木晃ほか，糸状菌分子生物学コンファレンス要旨集，35（2012）
22) （独）国立がん研究センター，http://epi.ncc.go.jp/jphc/outcome/274.html
23) J. Coughlin. Proceedings of the 22th ASIC Colloquium; Montpellier; ASIC: Paris, 29

第 25 章　麹菌によるアクリルアミドフリーコーヒーの技術開発

　　　（2006）
24)　（社）全日本コーヒー協会，http://coffee.ajca.or.jp/data
25)　H. Guenther *et al*, *Food Addit. Contam.* **24**, 60（2007）
26)　F. Hayakawa *et al*, *Journal of sensory studies.* **25**, 917（2009）

第 26 章　黄麹菌によるコエンザイム Q の生産

土佐典照*

1　はじめに

コエンザイム Q はミトコンドリア電子伝達系にあって，プロトンおよび電子運搬体として酸化還元を繰り返す非タンパク伝達体である。この構造はベンゾキノン環とイソプレン側鎖（6～10 単位）から成っている。ヒトやウシのコエンザイム Q はイソプレン側鎖が 10 個のコエンザイム Q10（以下 CoQ10），マウスやラットなどはコエンザイム Q9 であり，微生物では分類群（属，種）に対応してイソプレン側鎖の数や還元部位が異なることを利用して化学的分類指標として使われている[1,2]。またコエンザイム Q は強い抗酸化能を持つこと，体内で合成されているが体内合成量は加齢により低下することなどが知られている[3]。特に CoQ10 は薬理，臨床効果についても詳細に研究され，心筋代謝改善などに有効であり医薬品として製造承認されている。最近は，動脈硬化の予防[4]，コレステロール低下剤スタチンの内服患者や糖尿病性血管障害に対する CoQ10 補充療法[5,6]，ヒト皮膚のしわ体積減少作用への効果[7]，また中高年齢者の疲労感と憂うつ感の低下効果[8]などの研究がある。さらに 2001 年から食品成分として位置づけられ，2004 年には化粧品基準が改正され，化粧品への利用が可能となったことから，食品やサプリメント，化粧品への利用が盛んになり数多くの商品化が行われている[9～11]。

コエンザイム Q の工業的製法は CoQ10 を対象に行われ，植物に含まれるソラネソールを原料とした部分合成法[10]や，CoQ10 含有量の多い微生物を培養して菌体から抽出する方法が検討されてきた[12,13]。現在は微生物利用の生産が主であるが，製品価格は 1kg 当たり 10 万円を超えていて食品素材としては高額である[14]。そこで安価にコエンザイム Q を供給するためには，安全性が確立されている微生物のコエンザイム Q 含有量を富化し，その菌体を直接食品として用いることが有効と考えられる。近年では甘酒や塩麹など麹を用いた食品がブームとなった。日本において麹の製造に使用される微生物は，黄麹菌（*Aspergillus oryzae*）が主であり，黄麹菌中のコエンザイム Q 量を増加させた米麹を原料とした酒類や食品を開発すれば，商品の付加価値が高まることが期待される。そこで黄麹菌のコエンザイム Q の生産性を向上させる目的で，製麹工程において食品添加物として認められている有機酸やアミノ酸を添加し，効果について検討した。また本研究で製作した麹に強い抗酸化性があるので，このことについても述べる。

---

*　Noriteru Tosa　島根県産業技術センター　浜田技術センター　食品技術科　科長

第 26 章　黄麹菌によるコエンザイム Q の生産

2　黄麹菌のコエンザイム Q

　黄麹菌の major コエンザイム Q は,末端イソプレン基が還元されたコエンザイム Q10 二水素型（以下 CoQ-10(H_2)）である[15〜17]。CoQ10(H_2) の標準品は市販されていないので,標準品を得るために,Fukushima らの報告[18]に従い,CoQ-10(H_2) と確認されている *Aureobasidium pullulans* IFO7757 のコエンザイム Q と,*A. oryzae* IFO4390 のコエンザイム Q を抽出して比較した。抽出・精製された黄褐色の物質は,HPLC 分析の保持時間が一致し,また分子量は 865 と CoQ10 標準品よりも大きく,そして構造は図 1 のようにイソプレン側鎖の末端のイソプレン単位が還元された 2,3-dimethoxy-5-methyl-6-X-dihydromultiprenyl[10]-1,4-benzoquinone であった。以上より *A. oryzae* IFO4390 から得られたコエンザイム Q は,CoQ-10(H_2) と判断し,以後定量において標準品として使用した。

3　有機酸が麹のコエンザイム Q 生産量に及ぼす影響

　Candida tropicalis ではクエン酸,リンゴ酸などのクエン酸サイクルの構成成分を培地に添加して培養すると,コエンザイム Q 生産性が促進されることが知られている[19]。そこで黄麹菌での CoQ10(H_2) の生産性を向上させる目的で,有機酸の添加効果について検討した。吸水と種付けを行った α 化米 1kg 当たりピルビン酸,クエン酸,コハク酸およびリンゴ酸を各 5mmol の割合で添加して製麹を行った。その結果,図 2 に示したように麹中の CoQ10(H_2) 量が,リンゴ酸添加区で高くなった。次にリンゴ酸の添加量について検討したが,添加量が大きくなると pH の低下により,菌体量,CoQ10(H_2) 量とも小さくなった。そこで pH が菌の生育に影響すると考えられたため,リンゴ酸ナトリウムを用いて同様に検討した。また製麹において蒸米水分が菌体量や酵素活性に影響を及ぼすため,岡崎らの方法[20]に従って 4 種類の吸水率を設定して併せて検討した。その結果,図 3 に示したように吸

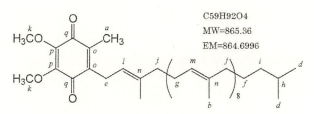

図 1　*A. oryzae* IFO4390 から抽出した CoQ-10(H_2)
　　　末端の isoprene unit が還元されている。

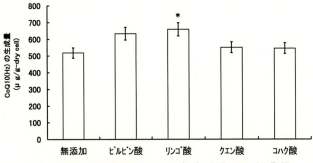

図 2　有機酸が黄麹菌の CoQ-10(H_2) 生成に及ぼす影響
*Control との有意差（Student's t-test,　*：$p < 0.05$）

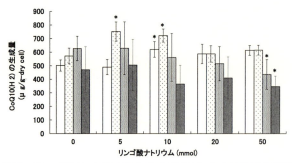

図3 リンゴ酸Naと吸水率のCoQ10(H_2) 生成に及ぼす影響
吸水率：□30% ▨40% ▧50% ▨60%
*各吸水率の0mmolをControlとして比較した有意差（Student's t-test, $p < 0.05$）

水率30, 40%において，5および10molのリンゴ酸ナトリウムを添加することがCoQ10(H_2)生産性の増加に最も効果が認められた[21]。佐々木らは醤油麹の有機酸代謝機構，特にクエン酸の消長を詳しく検討した[22]。これによると，有機酸の消長は水分に大きく影響され，低散水条件ではリンゴ酸，ピルビン酸は菌体内に取り込まれクエン酸を生成すること，またクエン酸は低散水条件では菌体内に取り込まれないが，高散水条件では活発に消費されることを報告している。このことから，吸水率が30, 40%と比較的水分が低い場合，リンゴ酸からクエン酸の生成が活発になり，同時にピルビン酸に変換されるものも増加し，コエンザイムQ生成原料であるアセチルCoAの生成も増えたことなどが考えられた。一方Dischらは Rhodotorula glutinus を用い，糸状菌のコエンザイムQ生成は，ステロイド生成系のメバロン酸経路を経て行われることを報告している[23]。以上からリンゴ酸添加により麹のコエンザイムQ量が増加した原因は，アセチルCoAが通常より増加し，アセチルCoAからメバロン酸経路を経てコエンザイムQの生成する経路が活発になったものと考えられた。

4 アミノ酸が麹のコエンザイムQ生産量に及ぼす影響

安全性が高くコエンザイムQ生産性を向上させる物質の検索を目的として，アミノ酸を対象に実験を行った。数種類のアミノ酸を製麹時にα化米1kg当たり10mmolの割合で添加し，黄麹菌のCoQ10(H_2)生産性について検討を行った結果，図4のように芳香族アミノ酸のチロシン（Tyr）とフェニルアラニン（Phe）が影響を与えた。TyrとPheは，高等動物においてコエンザイムQの生合成に関与していることが知られている[24]。またMeganathanは，Saccharomyces cerevisiae がコリスミン酸やTyrから4-ヒドロキシ安息香酸を形成し，コエンザイムQを生合成していることを報告している[25]。古屋らは，バクテリアのPracoccus, Agrobacterium や酵母のRhodotorula をTyr, Phe, Metやp-ヒドロキシ安息香酸などのコエンザイムQの生合成前駆物質を添加した液体培地で培養し，乾燥菌体当たりのコエンザイムQ量が無添加のものよりTyr, Phe, Metで1.10～1.05倍になることを報告している[26]。ところでTyrはきわめて水に溶けにくく（溶解度0.038g/100g-H_2O：20℃），製麹中の麹を光学顕微鏡で観察すると，Tyrの結晶が米表面に析出した状態となっていた。このことよりTyrの効果がPheより低くなった原因は，麹菌生育でTyrの利用が困難であったためと考えられた。以上

第26章　黄麹菌によるコエンザイムQの生産

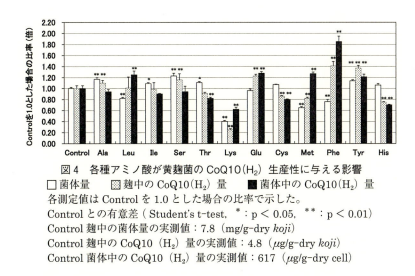

図4　各種アミノ酸が黄麹菌のCoQ10(H_2)生産性に与える影響
□菌体量　▨麹中のCoQ10(H_2)量　■菌体中のCoQ10(H_2)量
各測定値はControlを1.0とした場合の比率で示した。
Controlとの有意差（Student's t-test，＊：$p<0.05$，＊＊：$p<0.01$）
Control麹中の菌体量の実測値：7.8（mg/g-dry *koji*）
Control麹中のCoQ10(H_2)量の実測値：4.8（μg/g-dry *koji*）
Control菌体中のCoQ10(H_2)量の実測値：617（μg/g-dry cell）

のことから，黄麹菌のCoQ10(H_2)生産性に対して芳香族アミノ酸，特にPheが影響を与えることが推察された。次にPheの添加量について検討した。Pheは，対照区と比較して添加量が多くなるのに従って麹当たりの菌体量は減少し，黄麹菌の育成を阻害すると考えられた。しかし麹や菌体当たりのCoQ10(H_2)量は，Pheの添加量に伴って直線的に増加する傾向が認められ，特に菌体当たりのCoQ10(H_2)量は50mmol区で対照区の5.9倍となったことから，Pheを培地に添加して菌体を増殖させ，菌体を直接利用することへの応用の可能性も考えられた。

5　有機酸とアミノ酸の併用が麹のコエンザイムQ生産量に及ぼす効果

Pheとリンゴ酸ナトリウムの併用効果について検討した。結果を図5に示したが，麹当たりのCoQ10(H_2)量は，対照区よりもPhe10mmolとリンゴ酸Na 10mmolを併せて添加した試験区が1.6倍高くなり，Pheとリンゴ酸Naの併用は，黄麹菌のCoQ10(H_2)生産性を向上させるものと推察された。またこの麹の酵素力価を測定し，結果を表1に示した。α-アミラーゼとグルコアミラーゼは対照区よりも高くなり，麹を食品へ使用する場合，酵素力価の品質面からもPheとリンゴ酸Naの併用は有効であるものと考えられた[27]。

6　アミノ酸が麹の抗酸化性に与える影響について

芳香族アミノ酸のPheを添加して製麹すると，麹はメイラード反応のために褐変化した。清酒製造において，メイラード反応についての研究は，清酒品質の色や香味に悪影響を与えるので防止対策が主であり，原料の麹も品質面で純白が良質であるので同様に防止対策が中心である[28]。しかし発酵食品の製造過程で起こるメイラード反応における生成物が，抗酸化性を示すこ

表1 フェニルアラニンとリンゴ酸Naを併用して製造した麹の酵素力価

	水分 (g/100g koji)	α-アミラーゼ (U/g dry koji)	グルコアミラーゼ (U/g dry koji)	酸性カルボキシペプチダーゼ (U/g dry koji)
Control	27.6 ± 1.7	822 ± 92	111 ± 20	2644 ± 424
P10	25.8 ± 0.5	713 ± 84	87 ± 19	3628 ± 470*
M10	27.1 ± 1.1	1403 ± 65**	155 ± 29*	2325 ± 359
P5＋M10	26.0 ± 1.1	1380 ± 62**	140 ± 23	2361 ± 524
P10＋M10	25.4 ± 1.0	1377 ± 81**	141 ± 13*	3048 ± 246
P20＋M10	26.0 ± 0.9	1331 ± 78**	137 ± 25	2699 ± 449
P50＋M10	24.2 ± 1.0*	1052 ± 137*	109 ± 11	2675 ± 373

サンプルは図5と同じ
Controlとの有意差．(Student's t-test，*：p＜0.05，**：p＜0.01)

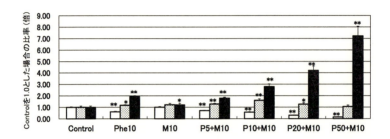

図5 フェニルアラニンとリンゴ酸Naの併用が黄麹菌のCoQ10(H$_2$)生産性に与える影響
　　□ 菌体量　▧ 麹中のCoQ10(H$_2$)量　■ 菌体中のCoQ10(H$_2$)量
各測定値はControlを1.0とした場合の比率で示した．
Controlとの有意差（Student's t-test，*：p＜0.05，**：p＜0.01)
Control麹中の菌体量の実測値：7.7 (mg/g-dry *koji*)，Control麹中のCoQ10(H$_2$)量の実測値：4.9 (μg/g-dry koji)，Control菌体中のCoQ10(H$_2$)量の実測値：630 (μg/g-dry cell)，P10：10mmolフェニルアラニン，M10：10mmolリンゴ酸Na，P5＋M10：5mmolフェニルアラニンと10mmolリンゴ酸Na，P10＋M10：10mmolフェニルアラニンと10mmolリンゴ酸Na，P20＋M10：20mmolフェニルアラニンと10mmolリンゴ酸Na，P50＋M10：50mmolフェニルアラニンと10mmolリンゴ酸Na

とが報告され[29,30]，また近年低アルコール酒の香味を整えるために褐色麹を用いることや，また古酒や貴醸酒などの褐色の清酒が市販される機会が多くなっている．従ってメイラード反応を積極的に利用して，抗酸化性を強化した清酒や麹製造について検討することは意義があるものと思われる．

　Pheの添加濃度を蒸米1kg当たり0〜50mmolの範囲とした麹の色調について，測定結果を図6に示した．白色度指数，色み指数[31]は，共に指数関数的な変化を示し，5mmol程度の少量添加で変化が起き，20mmol以上になると一定値に収束した．褐変化した麹は，ラジカル消去能が高くなったので，Pheの添加量とラジカル消去能，ポリフェノール量の関係について検討した．この結果を図7に示したが，Pheの添加量が多くなると，ラジカル消去能とポリフェノール量は増加した．このように麹色調は，ラジカル消去能，ポリフェノール量と負の相関関係を示した．製麹開始時の麹ではポリフェノールとラジカル消去能が測定されなかったが，これは原料

第26章 黄麹菌によるコエンザイムQの生産

に精米歩合60％のα化米を使用しているので，ポリフェノールを含む糊粉層が除去されたことが原因と考えられた。従って麹菌が育成する過程においてラジカル消去能とポリフェノール量が増加し，これらと麹色調は相関性があることからメイラード反応も同時に進行していると思われた。またPheは植物などでフェルラ酸やフラボノイドの生合成に関与していることが知られており[32]，Pheの添加量が多くなるとポリフェノール量やラジカル消去能が高くなることの原因の一つであると推察された。またPheとリンゴ酸Naを併用して製造した麹は，アミノ酸無添加またPheを単独で添加して製造した麹よりも，図8に示したようにラジカル消去能が高くなった。これよりPheとリンゴ酸Naを併用して製麹することは，麹品質に有効であると推察された。

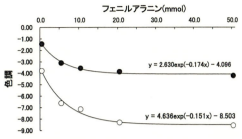

図6 麹の色調に対するフェニルアラニンの影響
○, W_{10}：白色度指数　●, $Tw_{,10}$：色み指数

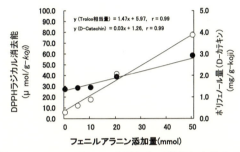

図7 フェニルアラニンを添加して製造した麹のラジカル消去能とポリフェノール量
○ DPPHラジカル消去能（μmol/g-koji）
● ポリフェノール量（mg/g-koji）

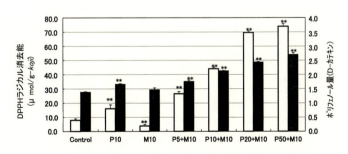

図8 フェニルアラニンとリンゴ酸Naを併用して製造した麹のラジカル消去能とポリフェノール量
□ DPPHラジカル消去能　■ ポリフェノール量（D-カテキン）
P10：10mmol フェニルアラニン，M10：10mmol リンゴ酸Na, P5+M10：5mmol フェニルアラニンと 10mmol リンゴ酸Na, P10+M10：5mmol フェニルアラニンと 10mmol リンゴ酸Na, P20+M10：20mmol フェニルアラニンと 10mmol リンゴ酸Na, P50+M10：50mmol フェニルアラニンと 10mmol リンゴ酸Na
Controlとの有意差（Student's t-test, ＊＊：$p < 0.01$）

7 おわりに

　日本酒などの発酵食品の付加価値を高めるために，機能性を向上させ，かつ従来からの日本酒製造技術を生かした新商品開発を目的とし，麹に含まれるコエンザイムQに着目し，この生産性向上の研究を行った。黄麹菌を対象に，$CoQ10(H_2)$生産性の向上を目的にして，製麹工程で食品添加物として認められている有機酸やアミノ酸を添加しその効果について検討した結果，例えば従来の製麹方法で製造した酒造用麹を使用した甘酒よりも，3倍量の$CoQ10(H_2)$を含む付加価値の高い製品を製造できる可能性が示された。そしてこの技術について特許を取得し[33]，甘酒や麹を使用したアイスクリームなどを試作して県内食品製造業社に普及を図ったところ，漬け物やイカの麹漬けの商品化に結びついた。

謝辞

　本研究を遂行するにあたり，ご指導していただいた島根大学松田名誉教授をはじめ関係各位に深謝いたします。

文　　献

1) 二木鋭雄ほか編，抗酸化物質，p99，学会出版センター（1994）
2) 平石明，生物と化学，**38**, 152-153（2000）
3) 山本順寛，生体キノン研究会第1回講演会要旨集，9-16,（2002）
4) 上梶友記子ほか，食品と開発，**49**（8），69-72（2014）
5) 川尻剛照，生体キノン研究会第7回講演会要旨集，21-23,（2008）
6) 恒枝宏史，生体キノン研究会第6回講演会要旨集，12-15,（2007）
7) 芦田豊，生体キノン研究会第6回講演会要旨集，16-18,（2007）
8) 藤井建志，日本家政学会誌，**63**, 205-207（2012）
9) 岡本正志ほか，ビタミン，**75**, 283-290（2001）
10) 府川秀明ほか，日本農芸化学会誌，**76**, 58-59（2002）
11) 峯村剛ほか，ニューフードインダストリー，**47**（7），1-12（2005）
12) Urakami T. *et al., J.Ferment.Biotechnol.*, **76**, 191-194（1993）
13) Yoshida H. *et al., J.Gen.Appl.Microbiol.*, **44**, 19-26（1998）
14) 食品と開発編集部，食品と開発，**48**（3），28-29, 69-72（2014）
15) 杉山純多，日本醸造協会誌，**97**, 824-842（2002）
16) Meganathan R., *FEMS Microbiology Letters*, **203**, 131-139（2001）
17) 和久豊，日本醸造協会誌, **90**, 111-120（1995）
18) Fukushima K. *et al. Trans.Mycol.Soc.Japan*, **34**, 473-480（1993）
19) 丸尾文治編，バイオテクノロジー生化学から物質生産へ，p78，学会出版センター（1985）

20) 岡崎直人ほか，日本醸造協会誌，**78**, 402-404（1976）
21) 土佐典照ほか，日本醸造協会誌，**98**, 875-880（2003）
22) 佐々木正治ほか，日本農芸化学会誌，**60**, 1-7（1986）
23) Disch A. *et al.*, *FEMS.MicrobiologyLetter*, **168**, 201-208（1998）
24) 日本生化学会編，細胞機能と代謝マップⅠ，p118-185，東京化学同人（1997）
25) R.Meganathan, *FEMS Microbiology Letters*, **203**, 131-139（2001）
26) 古屋晃，荒木和美，好田肇，杉本正裕，特公昭59-37949（1984）
27) 土佐典照ほか，日本醸造協会誌，**101**, 283-287（2006）
28) 村上英也編，麹学，p241，日本醸造協会（1986）
29) 江崎秀男，生物工学会誌，**81**, 531-535（2003）
30) 岡本章子ほか，日本醸造協会誌，**96**, 199-206（2001）
31) 日本工業標準調査会，JIS Z8715，日本規格協会（1991）
32) 津志田藤二郎ほか，日本食品工業学会誌，**41**, 611-618（1994）
33) 土佐典照，杉中克昭，松田英幸，特開2004-290066

第27章 ビールに含まれるホップの薬理作用について

戸部廣康*

1 はじめに

ビール醸造の重要な原料の一つであるホップに含まれる有機化合物は，興味深い様々な薬理作用を有するという報告が，最近次々発表されている。これらのホップ固有の有機化合物は特徴的な共通の構造を有し，それはプレニル基及び不飽和5員環あるいは6員環の環状構造である。アルツハイマー型認知症の予防・治療にも有効の可能性がある，イソフムロン（IHM），キサントフモール（XN），ガルシニエリプトンHCもこの構造を有している。しかもこれらの有機化合物の構造は，ヒトの局所ホルモンとして知られる「プロスタグランジン群」の基本構造と類似している。20年以上前にこの構造の類似性に着眼し，ホップ成分の研究に着手することになった。

ホップは麻（アサ）科の植物であり，ヨーロッパにおいて，以前より鎮静作用等を有する薬草として用いられていたが，11世紀頃からビールへの雑菌の混入を防ぐ物質として，又苦味成分として用いられるようになった。従って，ホップ自体は人類と長い付き合いがあるのだが，その薬理学的解析についてはほとんど進んでいなかった。しかし，この20年間の生物学や機器分析技術の発展に伴い，急速に進んできた。

ホップの毬花ルプリンに含まれるフムロン（HM；図1A）は，ビール醸造中，あるいは加熱処理等により，異性化（isomerization）して6員環から5員環に変化し，苦味成分のIHM（図1B）という物質になる。尚，IHM以外のホップ成分は，ビール中には少量しか含まれていない。

2 フムロン（HM），キサントフモール（XN）の薬理作用

2.1 HMとXNの骨吸収阻害作用

我々の骨の再構築は日々行われており，骨を造り過ぎないように，又削り過ぎないように，「骨形成」と「骨吸収」のバランスの上に成り立っている。これを「骨再建」あるいは「骨のリ

【略記】 HM:Humulone, IHM:Isohumulone, XN:Xanthohumol, IXN:Isoxanthohumol, PG:Prostaglandin, COX:Cyclooxygenase, NF-κB:Nuclear factor kappa-light-chain-enhancer of activated B cells, Nrf2:Nuclear factor erythroid 2-related factor 2, PPARα/γ:Peroxisome Proliferator-Activated Receptorα/γ, ROS:Reactive Oxygen Species, HO-1:Heme Oxygenase-1, ARE:Antioxidant Response Element, Bcl-2:B-cell CLL/lymphoma 2, VDAC:Voltage-Dependent Anion Channel

---

＊ Hiroyasu Tobe ㊵国立高専機構・高知工業高等専門学校 物質工学科 名誉教授

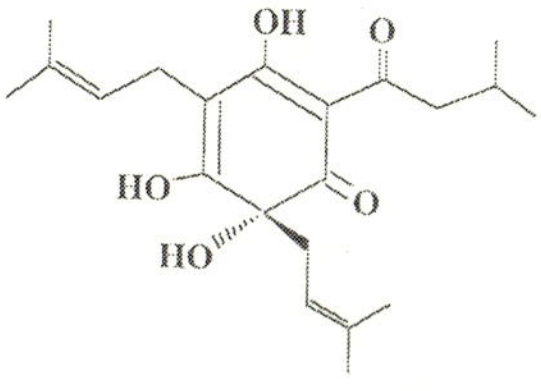

第 27 章　ビールに含まれるホップの薬理作用について

図 1A　フムロンの構造

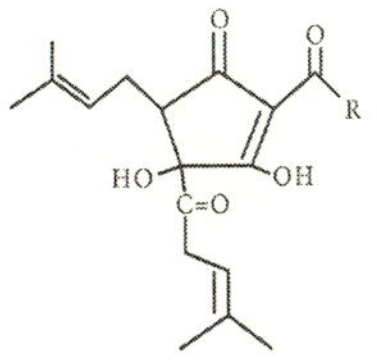

図 1B　イソフムロンの構造
R: $-CH_2-CH(CH_3)_2$　イソフムロン
　$-CH(CH_3)C_2H_5$　イソアドフムロン
　$-CH(CH_3)_2$　イソコフムロン

モデリング」と言う。従って，骨芽細胞が行う骨形成を促進するか，破骨細胞が行う骨吸収を阻害することができれば，骨の量を維持・増強することができる。又，骨代謝と女性ホルモンとの密接な関係は以前から明らかであり，女性ホルモン活性があると言われているホップ成分に着目した。骨吸収阻害の活性を検定する方法として，Pit formation assay（骨吸収窩形成阻害分析法）を採用し，骨吸収窩の数を顕微鏡下に計測した。活性物質を精製した後，それらの構造を各種スペクトルの解析により，HM（図 1A）及び XN（図 2）と決定した。XN の IC_{50} 値（50％骨吸収窩形成阻害濃度）は 1.3×10^{-6} M，HM の IC_{50} 値は，5.9×10^{-9} M であった[1]。特に HM の IC_{50} 値は非常に小さく，現在知られている骨吸収阻害剤として最強の化合物の一つである。

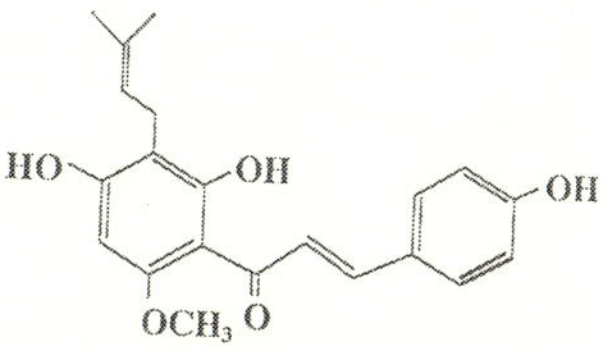

図 2　キサントフモールの構造

2.2　HM と COX-2 遺伝子

　HM の構造は PG のそれとよく類似し，中央の環状構造を 3 本の側鎖が囲む構造である。又，HM 分子はアラキドン酸が引き起こす炎症を阻害するという報告があり，HM はアラキドン酸 − PG カスケードに干渉すると予想した。更に，PGE2 は骨の代謝に関与することが多くの研究者によって明らかにされており，この点からも HM 分子は PGE2 や骨の代謝に関与する可能性が推定された。そこで徳島大学医学部生化学教室に依頼し，PG 生合成酵素の COX-1（構成型酵素）及び COX-2（誘導型酵素）に対する HM の作用について検討して戴いた。その結果，HM は 30nM という低濃度で，マウス骨芽細胞 MC3T3-E1 細胞の COX-2 遺伝子の「転写」を強力に阻害することが判明した。HM の骨吸収阻害作用は，この COX-2 遺伝子の転写阻害によるものと考えられる。即ち，HM は骨芽細胞の PGE2 の生合成を直接阻害することにより，PGE2 の濃度を下げ，破骨細胞の分化・機能を障害すると考えられる。骨芽細胞が破骨細胞の分化や機能をコントロールしている訳である。又，興味ある事に，HM の作用機序は COX-2 遺伝子への「転写阻害」のみならず，COX-2「酵素活性阻害」をも有している[2]。これは HM が，「遺伝子の発現レベル」及び「酵素活性レベル」の，2 箇所で強力に COX-2 の機能を阻害して

いる事になる。

2.3 HMと血管新生阻害活性

最近のデータから，COX-2と血管新生との密接な関係が示唆されていたので，HMの血管新生への阻害活性について，都立臨床医学総合研究所（旧称）で検討して戴いた。まず，鶏卵漿尿膜（CAM）と血管内皮細胞を用いて血管新生への阻害活性をアッセイした。HMはCAM法で濃度依存的に血管新生を阻害し，COX-2酵素の特異的阻害物質NS-398より強い阻害であった。一方HMは，Matrigel上のラット肺静脈内皮細胞の管腔形成を低濃度で阻害した。又，マウス内皮細胞に対し，顕著な増殖阻害活性を示した。更にマウス内皮細胞や腫瘍細胞Co26（COX-2酵素を継続的に産生するガン細胞）が生産する血管新生因子（VEGF）の産生を阻害した。HMは，*in vivo*及び*in vitro*で強い血管新生阻害作用を示した。従ってHMは，COX-2遺伝子及び酵素活性の抑制を介して血管新生を阻害し，腫瘍の増殖や転移を阻止する可能性がある[3]。

2.4 HMと単芽球性白血病細胞U937

埼玉ガンセンター化学療法部との共同研究から，HMに，ビタミンDのU937に対する分化誘導作用への増強効果を認めた。従って，HMとビタミンDとの併用療法により，ビタミンDの用量を減らすことができ，更にビタミンDによる副作用を軽減できるという実験結果を得た[4]。

2.5 HM及びXNのアポトーシス誘導作用

HM及びXNの他の生理活性を検討するために，白血病培養細胞HL-60へのアポトーシス誘導作用及び細胞毒性を調べる実験を行なった。HMは1～100μg/mlにおいて，アポトーシス（HL-60染色体DNAの断片化及び細胞死）を誘導した。一方，XNは二相性の細胞毒性を示し，低濃度（1及び10μg/ml）においてはアポトーシス誘導したが，高濃度（100μg/ml）では染色体DNAの断片化を阻害した[5,6]。XNは「低濃度ではアポトーシス」により，「高濃度では細胞周期への干渉（G2/M期拘束）」[7]により細胞死を誘導すると考えている。

XNはHL60以外のガン細胞系においてもアポトーシスを誘発し，又，現用のいくつかの化学療法剤に耐性の細胞においても，アポトーシスを誘発できることが報告されている[8]。

3 キサントフモール（XN）の他の薬理作用

3.1 XNの動脈硬化予防作用

2012年11月に，サッポロビール（株）と北大の研究グループが「マウスを用いた実験で，XNはCETP（Cholesteryl Ester Transfer Protein）を阻害して，総コレステロールの血管への

第27章　ビールに含まれるホップの薬理作用について

蓄積量を減少させ，HDL（善玉）コレステロール増加作用及び動脈硬化予防効果を示した」と発表した。この実験結果は，CETP遺伝子を導入したマウスにXNを0.05％，及びコレステロールを1％混和した餌を18週間摂取させた後，血清中のCETP活性及びHDLコレステロール量を測定し，更にマウス胸部大動脈弓への総コレステロールの蓄積量を測定して得られた[9]。

3．2　XNの抗変異原活性

肝臓に含まれるシトクロムP450酵素は，ベンゾピレンおよび他の多環式芳香族炭化水素のような化合物を，より極性のエポキシ－ジオールに酸化し，突然変異を引き起こしてガン発生を誘発する。従って，このP450酵素を阻害すれば，癌発生が誘発されるのを防ぐことができる。XNは特にP450酵素の一種のCYP1Aという酵素を強力に阻害し，これをXNの抗変異原活性と言う[10]。XNは発ガンの過程および腫瘍増殖を阻害し，化学的予防剤として有用である。

3．3　XNの認知症治療への期待

タカラバイオ（株）は，マウスを用いた研究で明日葉，ホップ，ガジュツ（紫ウコン）などの食用植物の成分が，認知症の予防・治療に有効と期待されるNGF（Nerve growth factor）の生体内での産生を，顕著に増強することを発見した。明日葉では，15～20倍にNGF産生を増強，ホップ，ガジュツも5～10倍にNGF産生を増強した。ホップのどの成分が有効かを調べると，成分の一つであるXNに，このNGF誘導作用があり，しかも経口投与で有効である事が解かり，期待が持てるのである。構造異性体のIXNには，この作用はほとんどないと報告されている[11]。

又，XNはネズミ脳のミクログリア細胞の核転写因子Nrf2に作用して，抗酸化作用を持つHO-1酵素を誘導して活性酸素を消去したとの報告がある。同時にミクログリア細胞への炎症を抑制するので，認知症への有効性が期待されている[12]。

4　イソフムロン（IHM）の多様な薬理作用

4．1　IHMのブタ及びウシ脳細胞への保護作用

HL60細胞を用いた細胞死の研究から，IHMは，HMやXNと異なり，アポトーシス誘導作用による細胞死を認めなかった。更にIHMはブタ脳細胞のDNA分解を阻害し，保護作用を示した。即ち，IHMの作用は，細胞死には関与しないというではなく，「細胞死から細胞を保護する」という積極的な作用の結果であることが明らかになったのである[13]。

又，共同研究者にIHMのウシ脳細胞への作用を検討して戴いたところ，ブタ脳細胞の場合と同様，IHMは保護作用を示し，更に，ウシ神経細胞の樹状突起の誘導作用を示した[14]。

4.2 IHMのメタボ病への薬理作用

公表されているキリンホールディングス（HD）の研究結果によると，IHMは抗糖化作用，抗肥満作用（コレステロール・中性脂肪の蓄積量の減少），抗炎症作用や動脈硬化の軽減効果を有する。又，ヒト・ボランティアによるIHMカプセルの摂取試験の結果，及びラットの胸部大動脈を用いた実験結果から，IHMの血管弛緩作用による血圧降下を認めた[15]。

4.3 IHMとXNの白髪防止作用

資生堂とキリンHDは，ホップに含まれる「XN類」と「IHM類」が，毛髪を黒くするメラニン色素を増やし，白髪を防ぐという共同研究結果を発表した。その後，ホップエキスが入った育毛剤をネット発売している。これらのエキス成分は色素細胞（メラノサイト）に影響を与えるMITF（Microphthalmia-associated transcription factor；小眼球症関連転写因子）に作用し，色素細胞が活性化されてメラニン色素が増えると考えられている[16]。

5 他のホップ成分の薬理作用

5.1 ガルシニエリプトンHCのγセクレターゼ阻害作用

京大とサッポロビール（株）の共同研究チームは，2014年に「ホップ成分にアルツハイマー型認知症の発症を抑える物質を見出した」と報告した。この物質はガルシニエリプトンHC（Garcinielliptone HC）という物質で，認知症の原因物質とされるアミロイドβ（Aβ）の生成に関与するγセクレターゼ（Aβの切出しの最終段階を担う酵素）への，阻害作用を有していた。アルツハイマー病のモデルマウスにこの物質を含む飲料水（2g/L）を与え，Morrisの水迷路（空間学習の効果を測定する装置）の行動実験を用いて，モデルマウスの認知症の発症が遅れることを確認した。更に，Aβの脳内での沈着量も有意に減少した。従って，この物質はAβの生成を抑制し，認知症を予防・治療できる可能性がある[17]。

5.2 8-プレニルナリンゲニンの筋肉萎縮への抑制作用

2012年に徳島大学・寺尾純二教授のグループが「モデルマウスを用いた実験で，筋タンパク分解酵素の作用を阻害する物質を発見した。その物質はプレニルフラボノイドの8-プレニルナリンゲニンである」と発表した。この物質は，ホップに少量含まれるが，大部分はXNがビール醸造中に環化して，まずIXNになり，更にマウスやヒト肝臓のP450酵素や腸内細菌叢の作用で8-プレニルナリンゲニンへ変換される[18]。なお，8-プレニルナリンゲニンは，エストロゲン様活性を有する物質でもある[19]。

5.3 IXNの骨量維持活性

キリンHDは，卵巣を摘出して閉経状態にしたラットを低カルシウム食で飼育し，ビールを4

第 27 章 ビールに含まれるホップの薬理作用について

週間自由摂取させて骨密度を測定する実験で，有意に骨密度の減少が抑制されることを確認した。更にビール中の有効なホップ成分は，IXN と同定した[19]。

5.4 ホップに含まれるフラボノールの花粉症症状を軽減する作用

2006 年 6 月にサッポロビール㈱は，ホップ抽出物に含まれるポリフェノールの一種であるホップフラボノールに，花粉症を軽減する効果があることを突き止めた[20]。

5.5 ホップに含まれるアルコールの薬理作用

ホップには，2-メチル-3-ブテン-2-オールや，ホップ成分ミルセンが酸化されて出来るミルセノールというアルコールが含まれている。最近の文献によれば，これらのアルコールはGABA（gamma aminobutyric acid；γアミノ酪酸）受容体に結合し，鎮静作用や睡眠導入作用を及ぼすと考えられている[21]。又，GABA 受容体と記憶力との関連が注目されており，認知症に対する新たな治療法として GABA 作動薬が期待されている[22]。GABA は主に抑制性の神経伝達物質として機能しており，作動薬によって，過剰な抑制を調整しようとするものである。ホップ由来のアルコールも GABA 受容体に結合するので，その構造を改変すれば，作動薬として記憶力に良い影響を及ぼす可能性がある。GABA は，脊椎動物の中枢神経系では主に海馬（記憶の中枢部分）・小脳・脊髄等に存在し，又，節足動物・甲殻類では神経伝達物質として知られる。

6 ホップ成分の作用機序

一般に多くの医薬品は，有機低分子化合物とタンパク質（酵素，ホルモン受容体，核転写因子等）の相互作用により，病気を予防・治療するものである。創薬の研究開発においては，まず微生物や動植物が作る天然有機化合物の中から有効成分を探索し，それをモデルとして，より優良な物を人工的に化学合成する場合が多い。例えば現在アルツハイマー型認知症の治療に用いているアセチルコリンエステラーゼ阻害剤リバスチグミン及びレミニール（ラザダイン）は，それぞれマメ科カラバルマメ（*Physostigma venenosum*）及びガランサス属スノードロップ（*Galanthus*

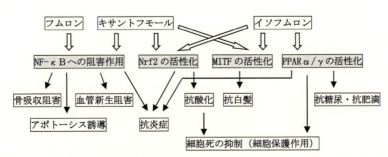

図 3 ホップ成分の多様な薬理作用のまとめ ―ホップ成分と核転写因子との関係―

caucasicus)から見出された,フィゾスチグミン及びガランタミンとをモデル化合物として開発された医薬品である。以下に,ホップ成分と核転写因子の相互作用について述べる(図3)。

6.1 HM, XN と核転写因子 NF-κB

前述の様に,HM と XN は,COX-2 遺伝子の NF-κB を阻害して PGE2 の生産を阻害するので[2],骨吸収及び血管新生を阻害し,又抗炎症作用を有し,更にアポトーシスを誘導する[6]と考えられる。

6.2 XN と核転写因子 Nrf2

XN は核転写因子 NF-κB 以外に,Nrf2 を阻害する事により,抗酸化作用,抗炎症作用も有するという報告がある[12]。

6.3 IHM と核転写因子 Nrf2 及び PPAR

IHM が作用する核転写因子には,Nrf2,そして PPARα 及び γ の3つがある。

6.3.1 IHM の脳細胞保護作用の機序—核転写因子 Nrf2 への作用—

脳の細胞にはニューロン(神経細胞)以外に,ミクログリア細胞,アストロサイト(星状細胞),オリゴデンドロサイトが存在しており,これらの細胞が協力して脳の機能を果たしている。従って,認知症におけるこれらの細胞の機能や関与も,考慮する必要がある。

細胞死をもたらすアポトーシス経路には2つあり,デス・リガンド(death ligand)等の外来性要因による経路(extrinsic pathway)と,ミトコンドリアの機能障害等の内在性要因による経路(intrinsic pathway)である。後者の経路では,ミトコンドリア内の Ca^{2+} イオンの低下と膜電位の低下が共役して起こるとアポトーシスとなり,Ca^{2+} イオンの上昇と膜電位の低下が脱共役するとネクローシスが起こると考えられている。従って,ミトコンドリアの膜構造・膜機能の変化が,アポトーシスとネクローシスを連鎖して引き起こすのである。プログラムされたネクローシスとして,「ネクロプトーシス」という造語も最近使われている[23]。

キリン HD の特許[24]及び佐藤等の論文[25,26]によれば,IHM 及び NEPP11(PGJ2 をモデルに化学合成したもの)は,共通する cyclopentenone 構造を有し,共に核転写因子 Nrf2 を活性化して ARE へ結合させ,Phase II(第二相)酵素群(HO-1 酵素等)を誘導して ROS を消去し,細胞を保護すると述べている(IHM ⇒ Nrf2 ⇒ ARE ⇒第二相酵素群誘導⇒ ROS を消去⇒細胞及びミトコンドリア機能の安定化⇒アポトーシスを回避)。又,Nature 等の報告によれば,Nrf2 の活性化はミトコンドリアの Bcl-2 を活性化して VDAC を安定化し,アポトーシスを回避すると述べている(IHM ⇒ Nrf2 ⇒ Bcl-2⇒ミトコンドリアの VDAC を安定化⇒アポトーシスを回避)[27]。

従って,IHM は上記の両方の経路により,脳細胞のアポトーシス(ネクローシス)を回避すると考えられる。ミトコンドリアの機能を維持出来れば,認知症の予防・治療が可能である。

6.3.2 IHMの核転写因子PPARへの作用

キリンHDの矢島等は,「IHMはPPARα及びγへのアゴニストとして作用し,糖代謝・脂肪代謝を改善して抗糖尿病作用を有し,IHMとイソコフムロンはPPARα及びγへのアゴニストとして作用し,イソアドフムロンはPPARγのみを活性化する」[28,29]と報告している。又「IHMのPPARγへの結合力は強力なアゴニストである糖尿病治療薬ピオグリタゾン(pioglitazone)の1/3～1/4である」[30]とも示している。一方,他の研究グループによれば,PPARγのアゴニストは,Aβをクリアランス(排出除去)してミトコンドリアの品質を維持・改善し[31],又その抗炎症作用により神経細胞[32]やグリア細胞[33,34]を保護し,認知症への治療効果を期待できるとしている。従って,IHMはPPARα/γ受容体に作用し,糖尿病・高血圧・動脈硬化・肥満等のメタボ病に限らず,認知症にも有効である可能性が蓄積されつつある[35～39]。

7 おわりに

ホップはプレニル基を有する多くの有機化合物を含み,これらの物質が複数の核転写因子や酵素等と相互作用することにより,多様な薬理作用を生み出している。この相互作用を詳細に解析・研究すれば,ガン,メタボ病,認知症の創薬に重要な情報を得ることができる。

又,PPARγは脂肪細胞分化の主たる調節因子であり,エピゲノム(DNAメチル化・ヒストン修飾等)にも変化を与えることが発見され[40],今後の研究成果が期待されている。

文 献

1) H. Tobe *et al.*, *Biosci. Biotech. Biochem.*, **61** (1), p158 (1997)
2) K. Yamamoto *et al.*, *FEBS letters*, **465**, p103 (2000)
3) M. Shimamura *et al.*, *Biochem. Biophys. Res. Commun.*, **289** (1), p220 (2001)
4) H. Tobe *et al.*, *Leukemia Research*, **22**, p605 (1998)
5) H.Tobe *et al.*, *Biosci. Biotech. Biochem.*, **61** (6), p1027 (1997)
6) H. Tobe *et al.*, Bullutin of Kochi National College of Technology, No.45, p39 (2000)
7) J. G. Drenzek *et al.*, *Glynecol Oncol.*, **122** (2), p396 (2011)
8) J. Strathmann *et al.*, *Natural Compounds as Inducers of Cell Death*, Volume 1, Chapter 4, p69 (2012)
9) 北海道大学,特許 WO2011016366 A1 (2011)
10) J.F. Stevens *et al.*, *Phytochemistry*, **65** (10), p1317 (2004)
11) タカラバイオ㈱;http://agribio.takara-bio.co.jp/paper_archive/index_ashitaba.html
12) Ik-Soo Lee *et al.*, *Neurochemistry International*, **58**, p153 (2011)

13) H. Tobe et al., Bulletin of Kochi National College of Technology, No.56, p59 (2011)
14) 戸部廣康,「ビールは，本当は体にいいんです！」p92-95,㈱角川マガジンズ SSC 新書 (2013)
15) キリン HD㈱, http://www.kirinholdings.co.jp/rd/result/report/report_009.html
16) ㈱資生堂及びキリンビール㈱, 特願 2004-213569 (P2004-213569) (2004)
17) N. Sasaoka et al., DOI:10.1371/journal. pone 0087185, (2014)
18) R. Mukai et al., DOI:10.1371/journal. pone 0045048, (2012)
19) キリン HD㈱, http://kirin-foodreserch.jp/R&D/syousai_a_4_02.html
20) サッポロビール㈱, http://www.sapporobeer.jp/kenkyu/frontia/kafun.html
21) 好田裕史, バイオサイエンスとインダストリー, 67 (8), p405 (2009)
22) Y. Yoshiike et al., DOI:10.1371/journal. pone 0003029 (2012)
23) Zhu L. P. et al., Cell Calcium, 28 (2), p107 (2000)
24) キリン HD㈱, 特許 WO2006/043671 (USPTO application # 20070248705)
25) T. Satoh et al., Journal of Neurochemistry, 77, p50 (2001)
26) T. Satoh et al., Proc. Natl. Acad. Sci. U.S.A., 103, p768 (2006)
27) S. K. Niture et al., J Biol Chem. DOI:10.1074/jbc.M111.312694 (2012)
28) H. Yajima et al., 279 (32), p33456 (2004)
29) 矢島宏昭（キリン HD㈱）：日本栄養・食糧学会大会　講演要旨集；64, p47 (2010)
30) メタプロテオミクス LLC, 特許 WO2007/14948 (2007)
31) Shweta M-C et al., J Neuroscience, 32 (30), p10117 (2012)
32) 田熊一敞ほか，日薬理誌（Folia Pharmacol. Jpn.）, 134, p180 (2009)
33) 田熊一敞，YAKUGAKU ZASSHI, 121 (9), p663 (2001)
34) A. Bernardo et al., PPAR Research, Article ID 864140, 2008, p1 (2008)
35) A. P-A. Kumar, Neurotox Res., DOI:10.1007/s12640-013-9437-9 (2013)
36) M.T. Heneka et al., Curr Neuropharmacol., 9 (4), p643 (2011)
37) N. Nicolakakis et al., Frontiers in Aging Neuroscience, 2 (21), p1 (2010)
38) L. Pagani et al., Internationa Journal of Alzheimer's Disease, 2011, p1 (2010)
39) S. Ramachandran et al., Pharmacie Globale, 04 (05), p1 (2013)
40) K. Wakabayashi et al., Mol Cell Biol, 29 (13), p1 (2009)

第28章 ウイルス感染防御機能を担うプラズマサイトイド樹状細胞を活性化する乳酸菌

藤原大介[*]

1 はじめに

　乳酸菌は食素材として古来より様々な乳製品の醸酵に用いられてきた歴史を持ち，食経験・安全性の点で優れる。また，乳酸菌の健康機能性については，膨大なエビデンスが取得され，食素材としては世界で最も研究された素材のひとつである。これまでに報告されている機能性としては，整腸作用・腸内細菌叢改善作用をはじめとして，アレルギー改善・ガン予防・コレステロール低減など多岐に渡る。中でも上述のアレルギー改善・ガン予防含めて免疫機能に関する研究は突出して多いが，これは乳酸菌が細胞壁成分の中にリポテイコ酸，ペプチドグリカンなどのTLR（Toll-like receptor）リガンド，ムラミルジペプタイドなどのNLR（Nod-like receptor）リガンドなどを含み，それ自体が免疫刺激物質の固まりであるともいえることから極めて合理的である。

　近年，温暖化に代表されるような地球規模での環境の変化によるウイルス生息領域の拡大や新型ウイルスの発生など様々な要因により，ウイルス感染リスクは飛躍的に増大しつつある。ノロウイルスや季節性インフルエンザウイルスなどの従来から広く国内で流行が認められてきたウイルスに加え，熱帯・亜熱帯で流行が認められてきたデング熱ウイルスまで国内で検出されるようになった。このような中，製薬企業は抗ウイルス薬・ワクチン開発に精力的に取り組んでいるが，上市のハードルは極めて高いうえ，ワクチンについてはパンデミックに対する供給力の問題も指摘されている。そこで食からのアプローチとして，ウイルスに対して免疫力を高めることによって感染時の発症率を低下させる，あるいは発症しても早く治癒する・症状が軽くなるといった効果が得られれば非常に有用である。

　乳酸菌の免疫刺激機能は，主にマクロファージやミエロイド樹状細胞（myeloid dendritic cell = mDC）によって菌が貪食されることによって発揮され，IL-12に代表される一連の炎症性サイトカインを誘導する結果，各種免疫機能が活性化される。このような免疫賦活効果によって得られる機能のうち，最も代表的なものが感染防御機能である。

---

[*] Daisuke Fujiwara　キリン㈱　R&D本部　基盤技術研究所　主査

2 ウイルス感染防御の司令塔としてのpDC

感染防御機構の最前線を担う自然免疫系のうち最も重要な細胞として抗原提示細胞群が挙げられるが、これを大別すると上述のmDCとプラズマサイトイド樹状細胞（plasmacytoid dendritc cell = pDC）の二つに分類することができる。pDCはヒト末梢血単核球の1%にも満たない極めてマイナーなサブセットである[1]が、ウイルス感染防御の司令塔とも言える極めて重要な細胞であることが分かってから大きな注目を集めている。pDCはウイルス核酸を認識するTLR7やTLR9を細胞内に発現しており、ウイルス感染を認識して大量のIFN-α及びIFN-βといったtype Iインターフェロンを放出する。Type IインターフェロンはMxAなどのウイルス複製阻害因子およびウイルスRNA分解酵素の発現を誘導する[2]。さらにCD8$^+$T細胞、CD4$^+$T細胞、B細胞などのウイルス排除に関わる獲得免疫系を活性化する他、自然免疫の一部であるNK細胞の活性化必須因子として、複数の経路を介して抗ウイルス機能を発揮する。このようなことから、pDCを欠損させたマウスにおいて、ウイルス抗原に対するCD8$^+$T細胞の応答反応・IFN産生が起こらなくなるなど重篤な抗ウイルス機能における欠陥が起こることが最近確認され、改めてpDCの抗ウイルス機能における重要性が浮き彫りになっている[3]。

3 pDC活性化乳酸菌の探索

これまで述べてきたような背景、すなわち食との結びつきが強く、比較的安全性の点で心配が少なく、尚且つ免疫を刺激し得る乳酸菌という素材にウイルス感染防御の司令塔たるpDCの活性化能があれば極めて有用な素材になることが想像された。

そこで、マウス骨髄細胞から誘導可能なpDC/mDC混合培養細胞を用いて、pDC活性化乳酸菌のスクリーニングを行うこととした。pDCの活性化指標としては、IFN-αを用いた。31菌種からなる計125株の乳酸菌株をpDC/mDC培養細胞に死菌体として添加しIFN-αの産生量をELISA測定した。その結果、殆どの乳酸菌株でIFN-αの産生は検出されず、一般的に乳酸菌株にはpDC刺激能が無いことが確認された。しかし、3株において100 pg/ml以上、13株において50 pg/ml以上のIFN-α産生が認められた（図1）。非常に興味深いことに100 pg/ml以上の産生を誘導した3株は全て *Lactococcus lactis* subsp. *lactis* に分類され、50 pg/ml以上の産生誘導を示した株も全て乳酸球菌に分類されるものであった。ただし、乳酸球菌でも多くの場合で活性は検出されなかった。このことは、球菌であることがpDC活性化の必要条件であるが、十分条件にはなっていないことを示唆している。

その後の解析により、100 pg/ml以上の産生を誘導した3株のうち最も安定にpDCを活性化し得る菌として *Lactococcus lactis* subsp. *lactis* JCM5805株を"プラズマ乳酸菌"と命名し、さらなる解析を行った。

第28章　ウイルス感染防御機能を担うプラズマサイトイド樹状細胞を活性化する乳酸菌

菌株名	種	IFN-α (pg/ml)
JCM 20101	*Lactococcus lactis* subsp. *lactis*	212.53
JCM 5805	*Lactococcus lactis* subsp. *lactis*	187.62
NRIC 1150	*Lactococcus lactis* subsp. *lactis*	113.00
JCM 1180	*Lactococcus lactis* subsp. *hordniae*	95.03
NBRC 100934	*Lactococcus garvieae*	94.09
NBRC 12007	*Lactococcus lactis* subsp. *lactis*	86.87
NBRC 12455	*Leuconostoc lactis*	86.67
NRIC 1540	*Leuconostoc lactis*	75.32
TA-45	*Streptococcus thermophilus*	74.55
JCM 11040	*Lactococcus lactis* subsp. *hordniae*	64.42
NBRC 100676	*Lactococcus lactis* subsp. *cremoris*	62.41
JCM 5886	*Pediococcus damnosus*	58.31
JCM 16167	*Lactococcus lactis* subsp. *cremoris*	50.35

図1　マウス骨髄由来 pDC 培養細胞における IFN-α 産生誘導乳酸菌

4　プラズマ乳酸菌の *in vitro* における pDC 活性化効果

プラズマ乳酸菌のマウス骨髄由来 pDC に与える効果を図2に示す。ポジティブコントロールとして pDC を TLR9 を介して活性化することが分かっている CpG DNA を用いた。プラズマ乳酸菌添加によって CpG DNA 同様に MHC classII をはじめとする pDC 活性化マーカーの発現亢進が認められた。また，同時に制御性 T 細胞の誘導に関わることが報告されている ICOS-L や PD-L1 の上昇も認められた。このことは，プラズマ乳酸菌は pDC を活性化させるものの，一方で免疫の暴走を止めるためのスイッチも押すことを意味しており，過剰な免疫賦活化を防ぐ仕組みと考えられる。

さらに，産生する IFNs の濃度について測定を行ったところ，図3に示すように，プラズマ乳酸菌添加により IFN-α 以外に IFN-β，IFN-λ の誘導が認められた。これらの反応は対照乳酸菌株（*Lactobacillus rhamnosus*）の添加によっては起こらず，改めてプラズマ乳酸菌が特異なサイトカイン誘導能を持っていることを示唆している。一方で，type II IFN である IFN-γ についてはプラズマ乳酸菌と対照乳酸菌で同等の誘導効果を示しており，この点に関しては一般的な乳酸菌と同様な機構で誘導されているものと思われる。

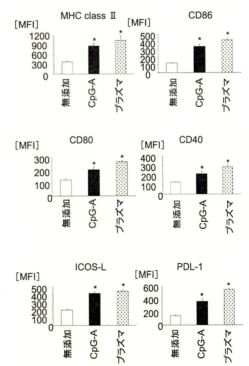

図2　プラズマ乳酸菌（JCM5805）添加による pDC 上表面分子の発現の変化
＊無添加サンプルに対して p < 0.05 で有意差有り
MFI = Median Fluorescence Intensity，平均蛍光強度

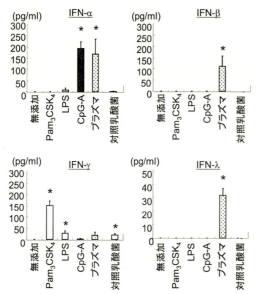

図3 乳酸菌株のpDCへの添加によるIFNs誘導産生量比較
*無添加サンプルに対してp＜0.05で有意差有り
Pam₃CSK₄, = TLR2L, LPS = TLR4L, CpG-A = TLR9L の各ポジティブコントロール
対照乳酸菌 = *Lactobacilus rhamnosus* ATCC53103株

近年，抗ウイルス効果においてIFN-α，IFN-βといったtype I IFNに加えて，type III IFNであるIFN-λが脚光を浴びており，特にロタウイルスのような腸管感染性ウイルスの排除に重要であることも示されている[5]。このことは，特に乳酸菌のような食素材は腸管にデリバリーされるものであるが故に，特に有用な形質であると考えられる。また，一般的に乳酸菌は程度の差こそあれ，mDC・マクロファージ活性化効果は普遍的に観察され，ほとんどの乳酸菌株で抗アレルギー効果が認められてきたこととは対照的に，pDC活性化効果を示す乳酸菌が限定的にしか存在しないことは菌株特異的な作用機構・pDCによる認識機構が働いていることを示唆している。

5 プラズマ乳酸菌のIFN-α産生誘導メカニズムの解析

プラズマ乳酸菌のpDCからのIFN産生誘導において必須なTLRシグナルを探索するため，各種TLRノックアウト（KO）マウスを用いた解析を行った。その結果，TLR9 KOマウス及びMyD88 KOマウス由来のpDCでは完全に消失した（図4）ことから，TLR9/MyD88シグナルによってプラズマ乳酸菌応答性IFN-α産生が起こっていることが示された。TLR9の代表的アゴニストとして前述のCpG DNAが知られており，プラズマ乳酸菌においてもその活性本体であることが考えられた。そこで，乳酸菌由来DNAのIFN-α誘導活性を検討したところ，プラズマ乳酸菌由来DNAは特に強い活性を示した（data not shown）。これらのことからプラズマ乳酸菌固有のDNA配列がTLR9リガンドとなってpDC活性化を誘導することが示唆された。また，TLR4 KOマウス由来のpDCでは部分的な抑制が観察され，おそらく細胞壁成分がTLR4を介して協調的に働いていることも示唆された。このことから，純粋なCpG DNAのような合成リガンドと比べて乳酸菌のような複数の活性物質を含む組成物における優位な効果が期待される。

TLR9はエンドソームに発現する内在性レセプターであり，pDCがプラズマ乳酸菌を貪食し，菌体中のDNAが溶出しなければリガンドとして作用することが出来ない。すなわち機能を発揮する上で，最も重要なのはpDCに貪食されるかどうかである。そこで，蛍光ラベルしたプラズ

第28章 ウイルス感染防御機能を担うプラズマサイトイド樹状細胞を活性化する乳酸菌

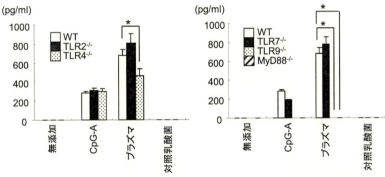

図4 IFN-α 産生における TLR 関連 KO マウスでのプラズマ乳酸菌添加の効果
*野生型（WT）マウス由来 DC における反応に対して $p < 0.05$ で有意差有り

マ乳酸菌を pDC に添加し，蛍光顕微鏡観察を行った。その結果，図5に示すように対照乳酸菌は pDC 外部を取り囲むように分布し，細胞内部に取り込まれないのに対して，プラズマ乳酸菌は pDC の内部に取り込まれることが分かった。

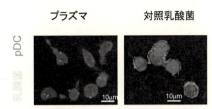

図5 乳酸菌の pDC による取り込みの違い

6 プラズマ乳酸菌の経口投与による in vivo pDC 活性化効果

食品での有効性を考えたときに，経口投与で in vivo において pDC の活性化が実際に起こるかどうかは，大変重要なポイントである。そこで，プラズマ乳酸菌加熱死菌体をマウスに経口投与し，腸管所属リンパ節の pDC が活性化し得るかどうかを検討した。その結果，腸間膜リンパ節 pDC の MHC class II 及び CD86 の発現量がプラズマ乳酸菌摂取群で有意に上昇することが示された（図6）。このことからプラズマ乳酸菌の摂取により，in vivo で実際に pDC が活性化されることが示唆された。

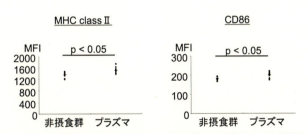

図6 プラズマ乳酸菌摂取1週間後の腸間膜リンパ節 pDC の活性化度

発酵・醸造食品の最前線

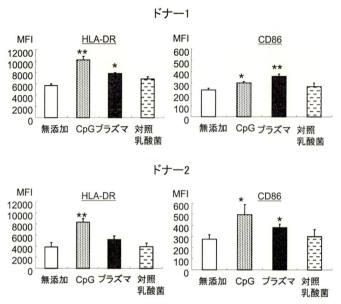

図7 ヒトpDCに対する乳酸菌添加効果
上段・下段にそれぞれのドナー由来pDCの反応を示した。
*, **無添加に比べてそれぞれ $p < 0.01$, 0.05 で有意差有り

7 プラズマ乳酸菌のヒトに対する効果

これまでの結果からプラズマ乳酸菌はマウスpDCに対して活性化効果を有することが示唆されたため、次にヒト細胞に対する効果を検討した。まず、ヒト末梢血単核球に対して in vitro でプラズマ乳酸菌を添加しpDCの活性化の有無を調べた。その結果、図7に示すように2例のドナーどちらにおいてもプラズマ乳酸菌添加によってpDC上の活性化マーカーの有意な上昇が認められた。

さらにヒトにおけるプラズマ乳酸菌の摂取の効果を検討するために、健常人ボランティアを対象とした二重盲検試験を行った。20代から50代の被験者38名を無作為に19名ずつ2グループに分け、それぞれプラズマ乳酸菌を含む飲料、またはプラセボ飲料を4週間（2011年8月）飲用させた。試験開始時、終了時にそれぞれ採血を行い、末梢血単核球を調製しpDC

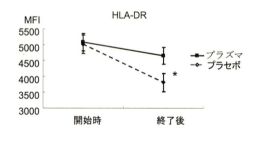

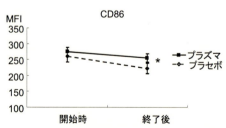

図8 プラズマ乳酸菌含有ヨーグルト飲料摂取の
ヒトpDCに対する効果
*両グループ間に $p < 0.05$ で有意差有り

第 28 章　ウイルス感染防御機能を担うプラズマサイトイド樹状細胞を活性化する乳酸菌

活性化度を HLA-DR 及び CD86 の発現量で評価した（図 8）。その結果，本試験期間中両グループで pDC 活性は低下したが，プラズマ乳酸菌を含む飲料摂取グループでは pDC の低下が小さく留まり，試験終了時に pDC 上の活性化マーカーである HLA-DR・CD86 共にプラセボグループに比べて有意に高い値を示した。このことから，ヒトにおいてプラズマ乳酸菌を経口摂取することにより pDC 活性が低下するような環境・コンディションにおいても平常値に維持されることが示された。

8　動物を用いたパラインフルエンザウイルス感染実験

プラズマ乳酸菌の経口摂取により，ヒトにおいて pDC 活性化効果が認められたが，実際にウイルス感染防御効果をどの程度発揮するのかをヒトにおいて詳細に検討するのは倫理面の問題も含めて極めて難しい。そこで，マウス及びパラインフルエンザウイルスを用いて致死率をはじめとするウイルス感染防御効果を検討することとした。

マウスを無作為に 2 群に分け，プラズマ乳酸菌摂取・非摂取群とした。摂取量は 1mg/日に設定し，混餌投与した。投与開始から 2 週間後，両群のマウスに対して致死量のパラインフルエンザウイルスを経鼻感染させた。その結果，図 9 に示すように感染 10 日以内にプラズマ乳酸菌非摂取群のマウス 12 匹は全滅したが，プラズマ乳酸菌摂取群では 13 匹中 9 匹が試験終了まで生存した。ウイルス感染 3 日後の肺組織病理切片像を図 10 に示す。非摂取群のマウスの肺では顕著な好中球の浸潤が認められ気道の閉塞が起こっているが，プラズマ乳酸菌摂取群では細胞の浸潤の明らかな低下が観察された。以上の結果，pDC を活性化させるプラズマ乳酸菌の摂取により顕著なウイルス感染防御能を獲得できることが示唆された。

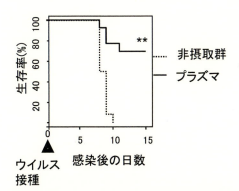

図 9　マウスパラインフルエンザウイルス感染モデルにおけるプラズマ乳酸菌予防投与の効果
　　　**p < 0.01 で有意差有り

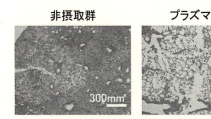

図 10　感染初期の肺胞域病理切片
感染 3 日後の両群より無作為に選択したマウスの肺組織をヘマトキシリン・エオジン染色した。

9 プラズマ乳酸菌の商品への応用

プラズマ乳酸菌は *Lactococcus lactis* subsp. *lactis* に分類される菌であり，広くチーズ製造のスターターとして用いられる種である。従ってチーズ様の匂い（ダイアセチル）が強く，ヨーグルトとしての商品化には困難が伴ったが，様々な検討を経て2012年末にヨーグルト商品を上市している。

また，本稿で述べたようなpDC活性化効果は死菌・生菌どちらでも同等レベル認められるため，ヨーグルトのような生菌商品だけでなく，死菌でも商品設計が可能であり，これまでに飲料やサプリメント形状での商品も上市している。

10 おわりに

調べつくされたとも言えるほど膨大な研究実績のある乳酸菌であるが，アプローチ法を変えることによってまだまだ未解明な機能や有用な活用法が眠っていることが，今回の検討からも明らかである。古来より醗酵食品の代表例として我々の生活の中に息づいている乳酸菌は，それと知らずに体調がよくなることを感じ取って，我々の祖先が取り入れたものなのかもしれない。

また，ウイルスとの戦いは人間にとっては生命をかけた戦いでもある。感染時には医薬品での治療が必須であることは言うまでもないが，日頃から体調を整え感染あるいは発症リスクを減らすというアプローチも現在のようなウイルス流行予測が困難な状況ではとりわけ重要であると考えられる。プラズマ乳酸菌がその一助となれば幸いである。

文　献

1) Hoene V, Peiser M, Wanner R, Human monocyte-derived dendritic cells express TLR9 and react directly to the CpG-A oligonucleotide D19. *J Leukoc Biol* **80**: 1328-1336（2006）
2) Sadler AJ, Williams BRG, Interferon-inducible antiviral effectors. *Nat Rev Immunol* **8**: 559-568（2008）
3) Takagi H, Fukaya T, Eizumi K, Sato Y, Sato K, Shibazaki A, Otsuka H, Hijikata A, Watanabe T, Ohara O, Kaisho T, Malissen B, Sato K, Plasmacytoid dendritic cells are crucial for the initiation of inflammation and T cell immunity in vivo. *Immunity*. **23**: 958-71（2011）
4) Piccioli D, Sammicheli C, Tavarini S, Nuti S, Frigimelica E, *et al.*, Human plasmacytoid dendritic cells are unresponsive to bacterial stimulation and require a novel type of cooperation with myeloid dendritic cells for maturation. *Blood* **113**: 4232-4239（2009）
5) Pott J, Mahlakoiv T, Mordstein M, Duerr CU, Michiels T, *et al.*, IFN-λ determines the intestinal epithelial antiviral host defense. *Proc Natl Acad Sci USA* **108**: 7944-7949（2011）

第29章　液体麹による焼酎製造

舛田　晋[*1], 小路博志[*2]

1　はじめに

　麹菌は日本の伝統的な醸造産業において古くから用いられており，安全な微生物として広く認められている。麹菌の培養方法には，蒸煮処理後の原料表面に麹菌の分生子を接種して培養する方法（固体培養法）と，水に原料およびその他栄養分を添加して液体培地を調製し，殺菌のための加熱・冷却後，麹菌の分生子等を接種し培養する方法（液体培養法）がある。それぞれの培養物を固体麹又は液体麹と呼ぶ。固体麹は一般的に，装置は専用のものが必要，麹菌は分生子が着生しやすい株，という制限があるが，醸造に必要な多種類の酵素等を大量に生産できる大変優れた方法である。一方，液体麹は無菌培養ができることに加え，装置は汎用ジャーファーメンターを使うことができ，菌糸植菌もできるので麹菌については低分生子形成株でも可能であり，培養パラメーターの管理もしやすい等，優れた点が多い。しかし従来の液体培養では，アミラーゼ，セルラーゼ等の生産性が低下することが知られていた[1]。そのため，醸造産業分野では固体麹を用いる方が一般的であり，液体麹を利用することはきわめて稀であった。しかし，固体培養法と同等の酵素生産が可能な液体培養法が確立されれば，産業上の有効性やフレキシビリティの高さから様々な産業分野に応用可能であると考え，新規な液体培養法の開発を試みた。本稿では，焼酎に応用できる液体麹の開発例について紹介したい。

2　玄麦を用いた新規液体麹

　焼酎の醸造工程では並行複発酵によりアルコールが生成されるため，酵母へのグルコース供給に関わる糖質分解酵素が非常に重要となる。そこで，焼酎醸造工程の低pH環境下でも活性を有するグルコアミラーゼ（GA）活性と耐酸性α-アミラーゼ（ASAA）活性を指標に培養法を検討した。

　麹菌を液体培地中で培養する際，原料由来の糖質が可溶化しやすいため，酵素が少量生産された時点でグルコース濃度が上がり始める。環境中にグルコースが一定濃度以上存在すると，糖質分解酵素の生産が抑制されてしまう[2]。反面，グルコースが必要量存在しないと，麹菌の生育が遅れ，培養時間が長くなってしまう。実際に，一般的な焼酎原料を用い麹菌の液体培養を試みた

[*1]　Susumu Masuda　アサヒビール㈱　酒類技術研究所　香味成分解析部　部長
[*2]　Hiroshi Shoji　アサヒビール㈱　酒類技術研究所　酒類技術第二部　部長

が，予想通り高い酵素活性を得ることができなかった。幸いなことに，難分解性糖質を液体麹の炭素源として利用すると，グルコース濃度が低く維持され，酵素生産性が高まることを見出していたため[3]，麹原料からのデンプン溶出速度を抑制できないかと考えた。焼酎原料となる大麦等は通常，利用しやすいように穀皮を搗精工程で除去してあるが，穀皮にある程度覆われた原料は，穀皮のない原料より分解されにくくデンプン溶出速度が抑制されるのでないかと予想した。精麦度の異なる大麦を調製し，無菌液中で糖質分解酵素と反応させた場合のグルコース生成量を比較したところ，精麦度が小さくなるに従い，グルコース生成量が高くなり，分解されやすくなることが判明した（図1）。一方，これらの大麦を粉砕してしまうと，グルコース生成量に差が認められないことから，穀皮の存在が糖質溶出を物理的に抑制するものと考えられた。

次に，培地原料に穀皮を有する大麦を使用することが有効であるかどうかを確認するため，精麦度の異なる大麦を原料として焼酎用白麹菌（*Aspergillus kawachii* NBRC4308）を振とう培養して液体麹を得た。上述のグルコース生成量が低かった精麦（100％精麦，95％精麦）を用いて得た液体麹に含まれるGA活性やASAA活性は，当時目標としていたスペックを優に越えていた。特に液体培養でのASAAの生産については，長時間培養で生産された報告しかなく[4]，このような簡便な方法を用いることにより，短時間で同時高生産を達成できたのは初めてである。さらに各種原料を用いて培養した際のグルコース濃度の経時的変化と酵素活性を調べた[5]（図2）。丸麦，粉砕玄麦，デンプンを用いた場合は培養初期に急激にグルコース濃度が上昇した一方，穀皮を有する玄麦を用いた場合は培養中常に0.1％以下になっていた。また，これらの液体麹のGA活性を比較すると，玄麦を用いた場合のみ高活性を示したことより，玄麦を用いた場合はグルコース抑制を回避していた可能性が推察された。

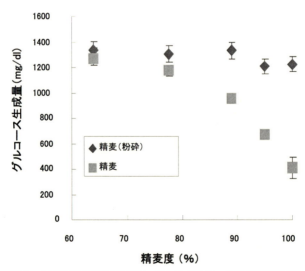

図1　大麦原料の精麦度の違いによるグルコース生成量の比較

第29章 液体麹による焼酎製造

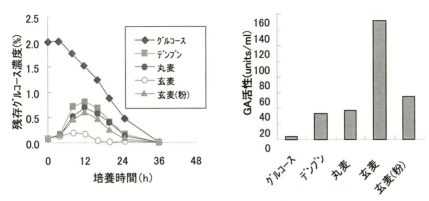

図2 炭素源を変更した場合の液体培養
a：培養中のグルコース濃度，b：液体麹に含まれるGA活性比較

当培養法によるGAおよびASAAの高生産機構を解析するため，粉砕した玄麦と粉砕しない玄麦を用いた培養を比較しながら，酵素活性，糖濃度，遺伝子発現および菌の形態に関する詳細な解析を行った[6]。粉砕しない玄麦を用いた場合はGAおよびASAAが高生産され，グルコースは低濃度で維持されながら，酵素生産に関わる誘導糖は供給され続けていた。また，アミラーゼ系酵素遺伝子をはじめとするグルコース抑制に関わる遺伝子の発現レベルが高まっていた。菌体の形態は，培養初期において変化し，固体培養にて通常見られる膨潤，球状，多隔壁菌糸および分生子柄が部分的に観察され，翻訳後修飾等に関連する遺伝子の発現レベルが変化していた。これらの知見から，酵素高生産化はCreAによるグルコース抑制の解除および培養期間を通じたAmyRの誘導によるアミラーゼ遺伝子の発現上昇，また，翻訳後修飾に関する遺伝子発現の変化等が複合的に関係していることが推察された。

3 液体麹を用いた焼酎製造

開発した麦液体麹と，対照として，一般的な麦固体麹を用いた焼酎小仕込み試験を実施したところ，両試験区とも良好に発酵した。また，当配合では，両方のもろみに含まれる主要酵素力価バランスが似ていたこともあり，発酵もろみの重量減少積算量は近似したものとなった（図3）。また，発酵終了もろみのアルコール度数，主要な高級アルコールおよびエステル類の含有量に大差はなかった。

官能評価で差異がないか，もう少し大きなスケール（発酵もろみ40 l）にて各焼酎を製造し，当社酒類専門パネルを用いて，定量的記述分析法による調査を行った。サンプルは減圧蒸留を行い，冷却ろ過した原酒とした。硫黄臭，油臭，酸臭，こげ臭，エステル，原料香，スッキリ感について有意差はなく，似たタイプであることが判明した。また，液体麹麦焼酎と固体麹麦焼酎に含まれる全揮発成分をGC/MSにより比較した結果，主要香気成分に有意差は認められなかった

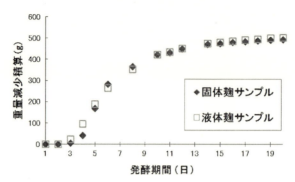

図3 固体麹および液体麹を用いた焼酎もろみの重量減少量比較

が，閾値に達しない5成分に違いが見出された。市販品を中心に66試料について当5成分の定量値を用いた判別分析により，液体麹・固体麹麦焼酎を判別できることが判明した[7]。

現場で2日に1回の出麹を達成するためには，洗浄殺菌・培地調製時間を考慮すると培養時間は42時間程度に制限される。GA や ASAA は，培養12時間くらいから活性が検出される一方，セルラーゼ系の酵素の中には，培養終期（36時間程度）から酵素活性が検出されるものがある。玄麦の使用量を減らすことにより，デンプンが早く消費され，培養後期に生産される酵素群の生産時間を拡大させることで，安定生産に寄与しないか検討した。玄麦量を2.0～1.4％で調製し，42時間培養した結果，玄麦使用量を制限してもGA活性はあまり低下が認められず，また，ASAA活性は大麦使用量の多い方が高かったが，極端に低下しなかった。セルロース分解活性は，中間となる1.7％玄麦使用量の場合が一番高かった。これら玄麦使用量2.0％，1.7％，1.4％の液体麹を用いて，ラボスケールで発酵試験を試みた。1.7％の液体麹を用いた場合，発酵速度が一番速かった（図4）。また，もろみアルコール度数は一番高く，もろみ粘度は一番低いということも判明した（表1）。もろみアルコール度数はコスト削減に，粘度低下は減圧蒸留時の突沸抑制に寄与することが期待される。培地および培養条件を調整することにより，醸造に適した酵素バランスが得られたと考えられる。

筆者らは，新規な液体麹焼酎の製造法と伝統的な固体麹焼酎の製造法およ

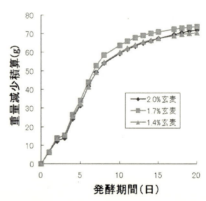

図4 玄麦使用量を変更した液体麹を用いた焼酎もろみの重量減少量比較

表1 玄麦使用量を変更した液体麹を用いた焼酎もろみ比較

	アルコール度数（％）	粘度（CP）
玄麦2.0％液体麹	18.0	194
玄麦1.7％液体麹	19.2	65
玄麦1.4％液体麹	18.6	69

びブレンド技術を組み合わせることにより，新しいタイプの焼酎「本格麦焼酎　かのか」を上市した。ほどよくふくらみのある飲み口と雑味のないすっきりとした後味が特長となっている。

4　液体麹を用いた無蒸煮同時糖化エタノール発酵（無蒸煮発酵）

原料を蒸煮せずに糖化させると，糖化工程中の粘度上昇を回避できるため，高濃度仕込みが可能となる。焼酎用麹菌を用いて製造した固体麹のGAとASAAには生デンプン吸着部位が存在するため，生デンプンを糊化せずに直接分解できることが知られている。今回製造した液体麹を用いても，生デンプンを直接分解できることが判明した[8]。この特性をさらに強化した液体麹を開発し，効率的な無蒸煮発酵を検討した。キャッサバはデンプン粒子が大きく，ヘミセルロースなどとマトリクスをつくる複雑な構造を持つため分解されにくく，無蒸煮発酵の原料として大きなスケールで成功した例はこれまでなかった。1.6 kl発酵スケールの無蒸煮発酵を試みた結果[8]，雑菌数は10の5乗オーダー以下を維持し，アルコール度数は10.3％，発酵歩合は92.7％と良好な結果を得ることができた（図5）。さらに大型の30 kl発酵スケールにて米粉，20 kl発酵スケールにて大麦糠の無蒸煮発酵を試みた。米粉の場合，アルコール度数は13.3％，発酵歩合は93.5％と良好であった。大麦糠の場合はデンプン含量が少ないため，アルコール濃度を高めるために，固形分40％以上の高濃度仕込みとした。この高濃度仕込みでももろみ粘度が大きく上がらず，アルコール度数は12.1％，発酵歩合は95.1％とかなり高いものであった。いずれの場合も，段仕込みにより酵母が優勢なもろみ環境を維持できたことが良好な結果につながったと考えている。

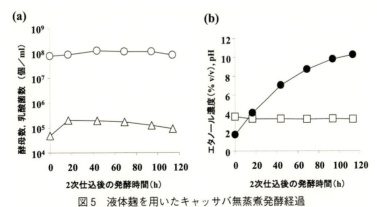

図5　液体麹を用いたキャッサバ無蒸煮発酵経過
a：酵母数（○）および雑菌数（△），b：もろみアルコール度数（●）およびpH（□）

5　サツマイモを用いた液体麹

通常，芋焼酎の製造には米麹が使われるが，芋の水分含量が高いため芋麹の製造が困難なこと

が理由である。米麹の代わりに固体培養による芋麹を使ったサツマイモ100％の芋焼酎が市場に一部存在しているが，通常の芋焼酎に比べ，芋特有の香味が強く，差別化された酒質として評価されている。サツマイモのような固い穀皮を持たない穀物を原料としても液体培養により酵素を高生産させることができれば，液体麹による香味に特徴のあるサツマイモ100％の芋焼酎づくりに繋がることが期待されるため，培養法の開発に取組んだ[9]。前述のように玄麦を用いた液体培養法が確立されたが，玄麦を用いた培養法ではグルコース抑制を受けないようグルコース濃度を低く維持しながら誘導糖を供給し続けることが鍵となる。大麦のような固い穀皮を有する原料では可能であるが，固い穀皮をもたない原料では難しいと予想された。実際に試みたが当初は高い活性が得られなかった。しかし，検討を重ねた結果，意外なことにサツマイモ濃度を高めることによって酵素活性が上がり，産業利用が可能な活性値が得られることがわかった。芋焼酎でよく使われるコガネセンガンを用いた場合，サツマイモ濃度が20〜30％の場合に最も高いGAおよびASAA活性が得られ，コガネセンガン以外にもベニアズマ，アケムラサキ，ジョイホワイト等，品種によらず高生産できることが判明した。さらに，ジャーファーメンターによる通気攪拌培養においても高い活性が得られたことからスケールアップが可能であることも示唆された。原料として用いるサツマイモの品種により特徴の異なる芋焼酎が得られることが報告されている[10]ことから，様々な品種のサツマイモを液体麹づくりに用いることにより，多様性に富んだサツマイモ100％芋焼酎づくりに繋がることが期待される。

　培養中のグルコース濃度を確認するため，ほぼ同等の酵素活性が得られたサツマイモおよび玄麦を用いた培養にて経時的変化に注目した。玄麦の場合は見かけ上はほぼ0で維持されていたのに対し，サツマイモの場合は高い濃度で推移していた（図6）ことから，玄麦の場合とは異なる機構，すなわち，良好な増殖による酵素生産抑制系の解除[11]，適度な菌体増殖や誘導糖の持続的な供給等が複合的に関与している機構が推察された。

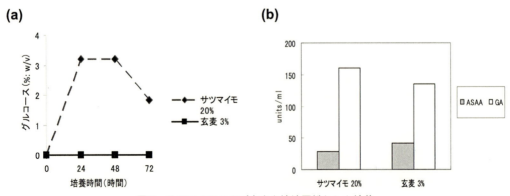

図6　サツマイモおよび玄麦を培地原料とした培養
a：グルコース濃度の経時的変化，b：72時間後のASAAおよびGA活性

第 29 章　液体麹による焼酎製造

6　おわりに

　穀皮で覆われた玄麦を用いるというコンセプトにより，これまで困難といわれていた白麹菌を用いた液体培養による酵素高生産を実現した。当液体麹を用いて固体麹と同等の麦焼酎製造が可能であることを示し，さらに，無蒸煮同時糖化エタノール発酵試験より，バイオエタノール製造へも十分応用可能な複合酵素生産技術であることを示した。また，サツマイモのような固い穀皮を持たない原料を用いても GA や ASAA の高生産が可能な培養法を開発し，多様性に富んだサツマイモ 100％芋焼酎づくりに繋がることが期待される。以上のように麹菌の液体培養法は非常にフレキシビリティがあり，また産業的活用に多くの可能性が期待できることが明らかとなった。今後も引き続き，麹菌による酵素をはじめとする物質生産のより高度な技術開発や利用技術開発など産業上の有用性について検討していきたい。

文　　献

1) K. Iwashita *et al*., *Biosci. Biotechnol. Biochem*., **62**, 1938 (1998)
2) G. J. Ruiter *et al*., *FEMS Microbiol. Lett*., **151**, 103 (1997)
3) T. Sugimoto *et al*., *J. Ind. Microbiol. Biotechnol*., **38**, 1985 (2011)
4) 赤尾　健ほか，日本醸造協会誌，**89**, 913 (1994)
5) H. Shoji *et al*, *J. Biosci. Bioeng*., **103**, 203 (2007)
6) T. Sunagawa *et al*., *J. Agr. Sci. Technol. A*, **4**, 13 (2014)
7) S. Masuda *et al*., *J. Inst. Brew*., **116**, 170 (2010)
8) T. Sugimoto *et al*., *J. Ind. Microbiol. Biotechnol*., **39**, 605 (2012)
9) S. Masuda *et al*., *J. Inst. Brew*., **118**, 346 (2012)
10) 神渡巧ほか，日本醸造協会誌，**101**, 437 (2006)
11) Sudo, S., *et al*., *J. Ferment. Bioeng*., **77**, 483 (1994)

第30章 乳酸菌代謝の機能性食品素材開発への応用

小川　順[*1]，岸野重信[*2]

1 はじめに

　食品成分の代謝変換には，私たち自身の代謝活性のみならず，腸内細菌による代謝が少なからず関わっていると考えられる。腸内細菌による食品成分の代謝を把握し，代謝産物が与える影響を評価することは，健康生活の維持にとって大切なことであろう。

　我々は，このような発想から，腸内細菌の一種であり食品産業にて広く利用されている乳酸菌を対象に，食品成分代謝の解明，ならびに代謝産物の生理機能解析に取り組んでいる。本稿では，食品成分として栄養価や食味に関与する油脂と核酸の乳酸菌代謝を取り上げる。油脂代謝に関しては，乳酸菌の不飽和脂肪酸飽和化代謝の解析とその代謝中間体の生理機能解析を，核酸代謝については，痛風などの要因となる高尿酸血症の予防を目的とした研究を紹介し，乳酸菌機能の新たな機能性食品素材開発への応用を議論してみたい。

2 乳酸菌脂肪酸代謝の解明と代謝産物の生理機能解析

2.1 乳酸菌における不飽和脂肪酸の飽和化代謝

　乳酸菌を対象に，食事脂質に由来する脂肪酸の代謝解析，脂肪酸代謝産物の生理機能解析ならびに生産プロセス開発に取り組んでいる。筆者らは，機能性脂質として期待される共役脂肪酸の微生物生産を研究する過程で，乳酸菌における高度不飽和脂肪酸（PUFA）飽和化代謝の詳細を解明するに至った[1,2]。漬け物の発酵などに用いられる乳酸菌 L. plantarum AKU1009a は，不飽和結合への水和反応とそれに引き続く脱水を伴う二重結合の転位反応により，リノール酸（cis-9,cis-12-octadecadienoic acid）を共役リノール酸（CLA）へと変換する。この共役異性化酵素系の解明を試みた結果，3つの蛋白質（CLA-HY，CLA-DH，CLA-DC）の関与が明らかとなった[3,4]。一方，L. plantarum WCFS1株のゲノム情報を精査したところ，CLA-DH，CLA-DC が隣接して存在していること，さらに，CLA-DH，CLA-DC に隣接し nitroreductase とアノテーションされる遺伝子が存在することが判明した。そこで，L. plantarum AKU1009a の相同遺伝子をクローニングし大腸菌にて発現させるとともに，本蛋白質（CLA-ER）の機能解析を試みた。その結果，CLA-HY，CLA-DH，CLA-DC，CLA-ER の 4 つの蛋白質の共存下

[*1] Jun Ogawa　京都大学大学院　農学研究科　応用生命科学専攻　教授
[*2] Shigenobu Kishino　京都大学大学院　農学研究科　応用生命科学専攻　助教

第30章 乳酸菌代謝の機能性食品素材開発への応用

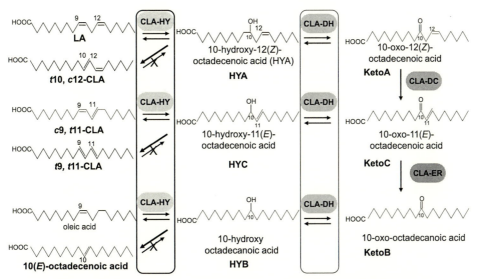

図1 *Lactobacillus plantarum* AKU 1009a における不飽和脂肪酸飽和化代謝

において，リノール酸がオレイン酸ならびに *trans*-10-octadecenoic acid へ飽和化されることが判明した。この4種の酵素により触媒される PUFA 飽和化経路を以下のように予想している。

すなわち，リノール酸の水酸化脂肪酸への水和（CLA-HY が触媒），水酸化脂肪酸の酸化（CLA-DH が触媒）と引き続く二重結合の転移によるエノンの生成（CLA-DC が触媒），さらには，エノンの還元（CLA-ER が触媒）を経て，それまでの反応を折り返すように進行するカルボニル還元（CLA-DH が触媒），脱水反応（CLA-HY が触媒）により飽和化を完結する一連のルートを主経路とし，様々な水酸化脂肪酸，オキソ脂肪酸，共役リノール酸を生じる分岐路を伴った複雑な代謝の存在が推定された（図1)[5]。

また，上記の4つの酵素の相同遺伝子の腸内細菌における分布を解析した結果，様々な腸内細菌に相同遺伝子が存在することが判明した。さらには，本代謝系の中間体脂肪酸が腸内細菌の存在に依存して腸管内に存在し宿主の臓器に移行していることを示すデータも得られており[5]，腸内細菌に特異な不飽和脂肪酸飽和化代謝が，宿主組織の脂肪酸組成に影響を与えている可能性が示された。

2.2 乳酸菌脂肪酸代謝産物の生理機能
2.2.1 水酸化脂肪酸の腸管バリア機能増強効果

リノール酸の初期代謝産物である水酸化脂肪酸 10-hydorxy-*cis*-12-octadecenoic acid（HYA）に腸管上皮バリアの損傷を回復する機能を見出している[7]。ヒト腸管上皮細胞培養株 Caco-2 細胞を IFN-γ と TNF-α にて処理すると，タイトジャンクションバリアが損傷を受け経上皮電気抵抗（TER）が低下する。この実験系に対して，リノール酸の飽和化代謝産物の効果を検討した結果，HYA の添加において TER の有意な回復が観察された。HYA はタイトジャンクション

関連因子 claudin-1, occludin, MLCK 遺伝子の転写量，および occludin と ZO-1 のタンパク質発現量を制御することにより，タイトジャンクションバリアの損傷を改善していた。この結果に基づき，デキストラン硫酸ナトリウム（DSS）誘導性腸炎モデルマウスに対する HYA の効果を検証し，腸炎抑制・腸管バリア保護効果を確認した[8]。HYA の効果が in vitro および in vivo で確認されたことから，炎症性腸疾患など腸管バリア損傷と関連する疾病の予防・軽減に寄与することが期待される。

2.2.2 水酸化脂肪酸の抗炎症作用

自然免疫を担うマクロファージや樹状細胞は，腸内細菌などの感染によって TNF-α やインターロイキン 12（IL-12）などの炎症性サイトカインと呼ばれるたんぱく質を放出することで，炎症を誘導・促進する。一方，HYA がマウス腸細胞ならびに骨髄系樹状細胞を用いた in vitro 評価系において，炎症性サイトカインの産生を抑制することが見いだされた。また，HYA はリポ多糖が誘発する骨髄系樹状細胞の成熟化を抑制し，その際，抗酸化や解毒代謝を担う遺伝子群の転写を活性化することで細胞保護作用を示すことが見いだされた。これらの結果から，HYA が腸管において抗炎症作用を示すことが期待された[9]。

2.2.3 水酸化脂肪酸，オキソ脂肪酸の脂肪酸合成抑制効果

水酸化脂肪酸，オキソ脂肪酸に，核内受容体 LXR の制御を介した脂肪酸合成抑制の可能性を見いだしている[10]。ヒト肝ガン由来 HepG2 細胞を用いて，LXR アゴニストによって誘導される脂肪酸合成促進に対する抑制効果を検討したところ，リノール酸，α-リノレン酸，γ-リノレン酸から生成する水酸化脂肪酸，オキソ脂肪酸に，HepG2 細胞におけるトリアシルグリセロールの蓄積を減少させる効果が見いだされた。この際，LXR の下流で脂肪酸合成系酵素の転写を促進する転写因子 SREBP-1c の発現がこれらの飽和化代謝産物により強く抑制され，結果として，脂質合成関連遺伝子（SCD-1, FAS, ACC1,2）の発現が下方制御されることが示された。

2.2.4 オキソ脂肪酸による肥満に伴う代謝異常症の改善

脂質代謝制御など様々な生理現象に関与する核内受容体 PPARs の活性化作用について，培養細胞を用いたレポーターアッセイによる評価を行ったところ，食事脂肪酸の乳酸菌代謝物の多くが強い活性化能を示した[11]。PPARα，PPARγ 共に強く活性化するリノール酸由来の代謝物 10-keto-*cis*-12-octadecenoic acid（KetoA）に着目し，前駆脂肪細胞 3T3-L1 の分化過程での KetoA 添加効果を評価したところ，中性脂肪蓄積量，分化関連遺伝子の発現量が増加し，これらの作用は PPARγ アンタゴニストの共添加により消失した。また，KetoA 処理により，アディポネクチン分泌能，糖取込み能の増強が認められた。続いて，肥満・糖尿病モデル動物である KK-Ay マウスに対する 4 週間の KetoA 混餌投与を行った[11]。その結果，0.1% KetoA 摂取群において，体重増加ならびに体脂肪蓄積への抑制作用が認められ，摂取開始 2 週目以降に血糖値の上昇抑制が認められた。また，血中中性脂肪量の低下も認められた。以上の結果から，KetoA は PPARγ，PPARγ に対する強い活性化作用を有しており，KetoA 摂取は肥満に伴う代謝異常症の予防・改善作用を示すことが示唆された。

第 30 章　乳酸菌代謝の機能性食品素材開発への応用

2.3 不飽和脂肪酸飽和化代謝産物の生産

　我々は，不飽和脂肪酸飽和化代謝産物の生産プロセスの構築にも取り組んでいる。*L. plantarum* AKU 1009a の不飽和脂肪酸飽和化代謝の初発反応を触媒する CLA-HY を発現する形質転換大腸菌を作成し，その洗浄菌体を用いることにより，280 mg/ml のリノール酸から約 6 時間の反応にて 250 mg/ml の 10-hydorxy-*cis*-12-octadecenoic acid（HYA）を立体選択的に（*S* 体に対し 100% *e.e.*）生産することができた（収率 90%）。また，反応温度を下げることにより，約 48 時間の反応にて収率 98% を達成した。さらに，基質をオレイン酸や α-リノレン酸とした場合にも，同様の収率で対応する 10-水酸化脂肪酸を得ることができた[12]。

　こうして CLA-HY により得られる水酸化脂肪酸は，CLA-DH によりオキソ脂肪酸へと酸化（図 1B）された後，CLA-DC による異性化（図 1C）にてエノン型オキソ脂肪酸へと，さらには，CLA-ER による飽和化（図 1F）にて部分飽和オキソ脂肪酸へと変換される。これらのオキソ脂肪酸は，最終的に CLA-DH による還元を受け（図 1D, G）様々な水酸化脂肪酸へと変換される。これらの酵素反応の活用により，多様な水酸化脂肪酸，オキソ脂肪酸の生産が可能となっている。この方法論は，リノール酸のみならず，炭素数 18 で，Δ9，Δ12 位にシス型二重結合を有する脂肪酸，例えば，α-リノレン酸，γ-リノレン酸などにも適応可能であり，様々な食事脂肪酸に由来する不飽和脂肪酸飽和化代謝産物の生産が可能となっている。筆者らは，これら以外にも，炭素数 18 の食事脂肪酸（リノール酸，α-リノレン酸，γ-リノレン酸）や炭素数 20 の食事脂肪酸（アラキドン酸や EPA）に由来する共役脂肪酸，部分飽和脂肪酸の微生物生産法を開発している。これらについては，既報の総説等を参照されたい[13〜16]。

3 乳酸菌核酸代謝の高尿酸血症予防への応用

3.1 プリン体分解乳酸菌の探索

　日本人成人男性の約 20% が高尿酸血症であると言われている。我々は，消化管内で乳酸菌がプリン体を分解することができれば，体内へのプリン体の吸収を抑制でき，血中尿酸値を低減できるのではないかと考えた（図 2）。

　ヒト腸管におけるプリン体代謝の律速段階は，プリンヌクレオシド分解過程であると想定されている。実際，腸管内では，プリン体は主にイノシン，グアノシンの形で存在すると報告されている。また，プリンヌクレオシドは，その代謝産物であるプリン塩基に比べて血中尿酸値の上昇を招きやすいと報告されている。そこで，乳酸菌による分解の対象となるプリン体として，イノシン，グアノシンを設定した。スクリーニングには，あらかじめ栄養培地にて培養した種々の乳酸菌の洗浄菌体を用い，腸内環境を考慮した，37℃，pH 7.0，嫌気下の反応条件にてイノシン，グアノシンの代謝能を評価した。

　食経験がある乳酸菌を中心に，*Bifidobacterium*，*Lactobacillus*，*Enterococcus*，*Leuconostoc* および *Pediococcus* 属を含む約 270 株を対象に検討を行った。基質として加えたプリンヌクレ

発酵・醸造食品の最前線

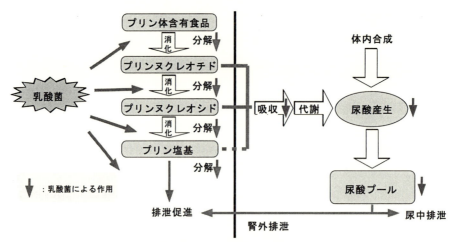

図2 腸内細菌代謝を活用する高尿酸血症予防

オシド（イノシン，グアノシン）を活発に分解する菌株として Lactobacillus mali, L. vaccinostercus, L. brevis, L. fermentum, L. homohiochii, L. pentosus を含む13株を選抜した。

3.2 プリン体分解乳酸菌による血中尿酸制御

　選抜された乳酸菌のうち，プロバイオティクス用途に適するものは，主に植物性発酵食品，ならびに魚類，食肉の発酵食品から分離された11株であった。これらを対象に食餌性高尿酸血症モデルラットを用いた血中尿酸値上昇抑制効果を解析した。

　8週齢 Wister 系雄性ラットにウリカーゼ阻害剤（2.5％オキソネート）を加えた食餌を与えることにより，尿酸分解能が低下した状態を誘導した。これに，プリン体として1％ RNA を飼料に加えることにより，高い血中尿酸値を示すラットを作出した。この食餌性高尿酸血症モデルラットに，先に選抜した食品由来の乳酸菌11株（L. brevis, L. fermentum, L. pentosus）の一夜培養菌体（1.0×10^9 CFU）を経口投与し，摂取前，摂取2, 5, 8日目に尾静脈採血し，血中尿酸値をリンタングステン法で測定した。対照群（2.5％オキソネートと1％ RNA を与えたもの）および無処置群（2.5％オキソネートを与えたもの）には生理食塩水を投与した。試験期間中，各群の体重増加量および摂餌量に群間差を認めなかった。

　無処理群では，血中尿酸値の大きな変化は見られなかったが，対照群の血中尿酸値は経時的に上昇し，5日目に最高値を示した。これに対し乳酸菌投与は血中尿酸値の上昇抑制傾向を示し，5日目において L. fermentum 185 株投与群は対照群に対して有意に低値を示し，L. fermentum 195 株投与群および L. pentosus 223 株投与群は低値傾向を示した。

3.3 プリン体分解乳酸菌における代謝解析

効果のあった上記の3株におけるプリン体代謝をより詳細に解析した。*L. fermentum* 185株，*L. fermentum* 195株，*L. pentosus* 223の3株について，様々なプリンヌクレオチド，プリンヌクレオシド，プリン塩基，尿酸に対する分解活性を評価した。いずれの菌株においても，アデノシンをアデニンに，イノシンをヒポキサンチンに，グアノシンをグアニン，キサンチンに代謝する活性が見いだされた。つまり，これらの乳酸菌においては，ヌクレオシダーゼ様活性が顕著であり，プリンヌクレオシドをプリン塩基へと迅速に変換する一方で，プリン塩基をさらに代謝する活性は微弱であるという結果が得られた。

プリン塩基はプリンヌクレオシドよりも腸管から吸収されにくいと報告されている。経口投与された乳酸菌は，腸管からの吸収を受けやすいプリンヌクレオシドを，吸収されにくいプリン塩基へ変換することにより，腸管から血中へのプリン体吸収を抑制するとともに，腸管を通じて溶解度の低いプリン塩基の排泄を促進し，最終的に体内の尿酸プールを減少する効果を発揮していると考えられた。以上の結果により，乳酸菌を，高尿酸血症予防効果が期待できるプロバイオティクスとして利用できる可能性が示された。

4 おわりに

乳酸菌に代表される腸内細菌の代謝研究から，様々な食品成分の変換化合物とその生理機能に関する知見が蓄積されつつある。これらの化合物の動態を腸内細菌の菌相推移，代謝，酵素活性，遺伝子発現を介して制御することが，健康増進をサポートする新たな方法論となることを期待したい。

謝辞

脂肪酸代謝解析では，東京大学薬学系研究科・有田誠准教授（現・理研統合医科学研究センター・メタボローム研究チーム，チームリーダー）に，脂肪酸生理機能解析では，広島大学生物圏科学研究科・田辺創一教授，京都大学農学研究科・菅原達也教授ならびに河田照雄教授にご尽力いただきましたこと御礼申し上げます。本研究の一部は，生研センターイノベーション創出基礎的研究推進事業の支援を受けて行われました。

文　　献

1) Ogawa, J. *et al.*, *Appl. Environ. Microbiol.*, **67**, 1246 (2001)
2) Kishino, S. *et al.*, *Biosci. Biotechnol. Biochem.*, **67**, 179 (2003)
3) Kishino, S. *et al.*, *Biosci. Biotechnol. Biochem.*, **75**, 318 (2011)
4) Kishino, S. *et al.*, *Biochem. Biophys. Res. Commun.*, **416**, 188 (2011)

5) Kishino, S. *et al.*, *Proc. Natl. Acad. Sci. USA*, **110**, 17808 (2013)
6) Takeuchi, M. *et al.*, *Eur. J. Lipid Sci. Technol.*, **115**, 386 (2013)
7) 宮本潤基，田辺創一・他：2013年度日本農芸化学会大会，2A22a15
8) 田辺創一，宮本潤基・他：2014年度日本農芸化学会大会，2B06p07, 2B06p08
9) Bergamo, P. *et al.*, *J. Funct. Foods*, **11**, 192 (2014)
10) Nanthirudjanarl, T., 菅原達也・他：2013年度日本農芸化学会大会，2A20p10
11) 古薗智也，後藤剛，河田照雄・他：2014年度日本農芸化学会大会，2B05a13
12) 竹内道樹，岸野重信，小川順・他：2013年度日本農芸化学会大会 2B24p06
13) Ogawa, J. *et al.*, *J. Biosci. Bioeng.*, **100**, 355 (2005)
14) Kishino, S. *et al.*, *Lipid Technology*, **21**, 177 (2009)
15) Ogawa, J. *et al.*, *Eur. J. Lipid Sci. Technol.*, **114**, 1107 (2012)
16) 岸野重信，小川 順.，化学と生物，**51**, 738 (2013)

第31章 有用アミノ酸を高生産する泡盛酵母の育種と泡盛の高付加価値化への応用

高木博史[*1], 渡辺大輔[*2], 塚原正俊[*3]

1 はじめに

「泡盛」は600年以上の歴史を有する沖縄県の伝統的蒸留酒である[1]。また,古来より泡盛は熟成によって香味が豊かになることが知られ,特に,3年以上の熟成を経た泡盛は「古酒(クース)」と呼ばれる。泡盛の製造は県内食品産業の大きな柱であり,その継続的発展は県全体の産業振興に不可欠である。しかし,近年は需要の微減傾向が続き,酒税軽減措置の終了,競合商品である焼酎ブームなどの厳しい環境下にある。一方,消費者の嗜好は横並びの品質から個性的な本物志向に変遷しており,泡盛の認知度と競争力の向上には,各酒造所での個性的な商品開発や製造工程の改良が求められている。

泡盛製造には黒麹菌(*Aspergillus luchuensis*)と酵母(*Saccharomyces cerevisiae*)が用いられ,泡盛の風味や酒質に大きな影響を与えている。特に,主要な芳香成分である高級アルコール,エステル類は発酵過程で主にアミノ酸から酵母により生成される。泡盛の定義上,酵母の種類は規定されておらず,主としてエタノール生産性および芳香性の高い「泡なし酵母(泡盛101号酵母)」が使用されているが,最近ではマンゴー酵母,黒糖酵母,吟醸酵母などが分離され,それらを用いた味や香りに特徴のある新しい泡盛も開発されている。したがって,泡盛の品質向上や酒質の差別化には,新たな酵母,例えばアミノ酸の組成や生成量に特徴を有し,泡盛に高香味性を付与できる酵母,の育種が重要である(図1)。

泡盛製造では米麹と酵母,水のみの「全麹仕込み」で,約2週間発酵させて約18〜19%の高いエタノール濃度のもろみ(醪)を得る。その後,蒸留工程と割水を経て最終的にエタノール濃度が45%以下の泡盛原酒を得る。エタノール生産性の向上が発酵装置の小型化や蒸留コスト低減に直結するが,エタノールは酵母の生育と発酵を阻害し,濃厚な仕込みは酵母に高浸透圧ストレスを負荷する。また,発酵装置の冷却コストや蒸留の加熱コストの点から,高温での発酵が望ましいが,高温は酵母の生育と発酵を阻害する。したがって,泡盛製造工程の効率化(エタノー

[*1] Hiroshi Takagi　奈良先端科学技術大学院大学　バイオサイエンス研究科　統合システム生物学領域　ストレス微生物科学研究室　教授
[*2] Daisuke Watanabe　奈良先端科学技術大学院大学　バイオサイエンス研究科　統合システム生物学領域　ストレス微生物科学研究室　助教
[*3] Masatoshi Tsukahara　㈱バイオジェット　代表取締役

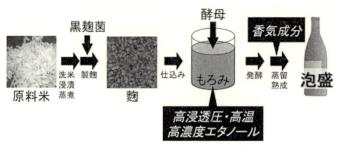

図1　泡盛の醸造工程

泡盛の主要な芳香成分である高級アルコール，エステル類は発酵過程で主にアミノ酸から酵母により生成される。また，泡盛もろみは酵母にとって過酷なストレス環境（高浸透圧，高温，高濃度エタノールなど）である。

ル生産性の向上，発酵時間の短縮など）には，エタノール・高浸透圧・高温などのストレスに耐性を有する酵母の育種が重要である（図1）。

筆者らは，ゲノム情報などの基盤的知見が蓄積された実験室酵母を用いて，アミノ酸代謝に着目したストレス耐性機構を解析し，得られた知見を産業酵母（清酒酵母，パン酵母，バイオエタノール酵母など）の育種に応用することを目指している[2]。これまでに，プロリンやアルギニンの細胞内含量が増加することで酵母のストレス耐性が向上することを明らかにしてきた。本稿では，アミノ酸の機能性に基づき，香味性（芳香成分量）やストレス耐性（エタノール生産性）を向上させる泡盛酵母の育種について紹介する。

2　香味性に関与するアミノ酸

味および香りは泡盛の品質において重要な要因であり，主に蒸留または熟成の段階で生成し，アルコール，エステル，ジアセチル，有機酸，カルボニル化合物など様々な化合物が寄与している。特に，芳醇な香りと円やかな口あたりを有している古酒（クース）にはバニラ香のバニリンをはじめ，数十種類以上の香気成分が含まれており，これらの濃度やバランスが古酒を特徴づけている。また，清酒やパンでは，酢酸イソアミル（バナナ香・吟醸香），$β$-フェネチルアルコール（バラ香），カプロン酸エチル（果実香）などが主要な香気成分として知られ，酵母の代謝産物由来の香りが大部分を占めている（図2）[3]。したがって，これらの含量を増加させると泡盛の酒質にも影響を及ぼすことが予想される。

酢酸イソアミル（i-AmOAc）とその前駆体であるイソアミルアルコール（i-AmOH）は，主にロイシンの生合成に依存して生成される（図3）。S. cerevisiae において，i-AmOH はロイシン生合成経路の中間体である $α$-ケトイソカプロン酸から2段階の酵素反応（$α$-ケト酸脱炭酸酵素，アルコール脱水素酵素）によって合成される。一方，LEU4 遺伝子がコードする $α$-イソプロピルリンゴ酸合成酵素（IMPS/Leu4）はロイシンと i-AmOH の細胞内レベルを調節する鍵酵素であり，その活性がロイシンによってフィードバック阻害を受けることで，ロイシンの生合成

第31章　有用アミノ酸を高生産する泡盛酵母の育種と泡盛の高付加価値化への応用

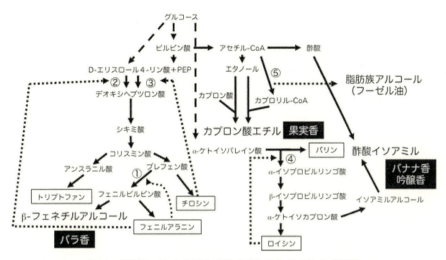

図2　清酒やパンの主要な香気成分とそれらの生合成経路
①プレフェン酸脱水素酵素，②フェニルアラニン感受性デオキシヘプツロン酸合成酵素，③チロシン感受性デオキシヘプツロン酸合成酵素，④α-イソプロピルリンゴ酸合成酵素，⑤脂肪酸合成酵素
（琉球大学農学部・伊藤進教授より借用した図を改変）

が厳密に制御されている[4]。これまでに，LEU4遺伝子の変異によって，Leu4活性がフィードバック阻害に非感受性になると，酵母はロイシンのアナログ（構造類似体）である5,5,5-トリフルオロ-DL-ロイシン（TFL）に耐性を獲得すると報告されている[5]。また，古典的な突然変異法によって，パン酵母や清酒酵母からロイシンの毒性アナログ（TFL，4-アザ-DL-ロイシンなど）に耐性を示す変異株が分離されたが，その中にはLeu4活性がフィードバック阻害に非感受性を示し，ロイシンやi-AmOHを高生産する変異株も含まれていた[6〜9]。

以上の知見を踏まえ，筆者らはTFLに耐性を示す泡盛酵母の変異株を取得し，その特性を解析した[10]。まず，二倍体の泡盛101号酵母（101-18株）にエチルメタンスルホン酸による突然変異処理を施し，TFL（150 μg/ml）を含むSD最少培地で生育した変異株の中から，細胞内のロイシン含量が親株（101-18株）の約2〜7倍に増加した変異株を分離した。次に，ロイシンの蓄積が泡盛醸造に及ぼす影響

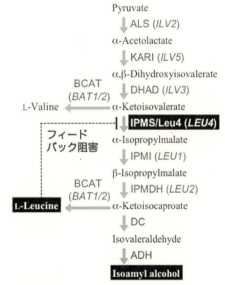

図3　酵母におけるロイシン・イソアミルアルコールの生合成経路
LEU4遺伝子がコードするα-イソプロピルリンゴ酸合成酵素（IMPS/Leu4）の活性がロイシンによってフィードバック阻害を受ける。

を調べるために，変異株を用いて泡盛の小仕込み試験を行った．その結果，ある変異株（18-T55株）では，泡盛中のi-AmOH量が親株よりも30〜50％ほど増加しており，細胞内のロイシン含量が高いことが原因であると推察された（図4A）．また，18-T55株のエタノール生産量はYPD完全培地での培養では親株と差はなかったが，小仕込み試験では親株に比べやや低下していた．

次に，各菌株から細胞抽出液を調製し，Leu4活性を測定したところ（図4B），親株では10 mMのロイシン存在下で活性が著しく低下し，フィードバック阻害に感受性を示した．この結果から，泡盛酵母においてもLeu4がロイシン生合成の鍵酵素であることが判明した．一方，18-T55株のLeu4活性はロイシン存在下でも高く維持されており（非存在下の約80％），フィードバック阻害感受性が低下していた．LEU4遺伝子の塩基配列を解析したところ（図5A），親株の配列はゲノム解析に用いられた実験室酵母S288C株と同じであった．一方，18-T55株のLEU4には2カ所のヘテロ対立変異が見出され，一次構造上の542番目残基（Ser）がPheに，551番目残基（Ala）がValにそれぞれ置換していた．これまで，TFL耐性に関与するLEU4の変異として，実験室酵母[4]では6種類（Gly514Asp, Gly516Asp, Ser519Thr, Glu540Lys, His541Pro, Ala552Thr）の，清酒酵母[8]ではAsp578Tyrの置換がそれぞれLeu4内に同定され，いずれの変異体もロイシンによるフィードバック阻害が解除されていた．今回，同定したLEU4の変異は新規であり，既知Leu4の一次構造に保存されている機能未知の領域（R領域）[4]内のアミノ酸置換であった（Ser542Ala, Ala551Val）．

さらに，18-T55株に見出したLEU4の変異を詳細に解析する目的で，各変異型遺伝子（$LEU4^{S542F}$, $LEU4^{A551V}$, $LEU4^{S542F/A551V}$）を発現するプラスミドを構築し，親株に導入した．その結果，各形質転換体はTFLに強い耐性を示し，TFL耐性を付与する$LEU4^{S542F}$, $LEU4^{A551V}$は優性変異であることが分かった．これら形質転換体のロイシン含量は野生型Leu4発現株の約2倍に増加していた（図4A）．また，ロイシン非存在下における各Leu4変異体の活性は野生型酵素とほぼ同程度であったが，野生型酵素に比べてフィードバック阻害感受性が低下していた（図4B）．以上の結果から，泡盛酵母においてもLeu4のフィードバック阻害感受性の低下がロイシン含量の増加を引き起こすことが示された．しかし，各Leu4変異体発現株のロイシン生産量やLeu4活性のフィードバック阻害感受性低下のレベルは元の変異株（18-T55株）に比べると少なく，18-T55株にはLEU4以外の遺伝子にも変異が入り，表現型に影響を及ぼしている可能性がある．今後，次世代シーケンサーを用いた18-T55株の全ゲノム解析などによって原因が明らかになると思われる．

次に，同定したアミノ酸置換がLeu4の機能に及ぼす影響を考察した．泡盛酵母のLeu4について，一次構造の相同性が高い結核菌由来の同酵素の構造（PDB ID Code: 3FIG）[11]をもとにホモロジーモデリングを行い，ロイシン結合部位近傍の構造を予測した（図5B）．その結果，野生型Leu4の空洞部（cavity）にロイシンが結合しており，Ser542とAla551はロイシン結合部位の近傍に存在することが確認できた．また，542番目残基がPheに置換されると，ベンゼン

第 31 章　有用アミノ酸を高生産する泡盛酵母の育種と泡盛の高付加価値化への応用

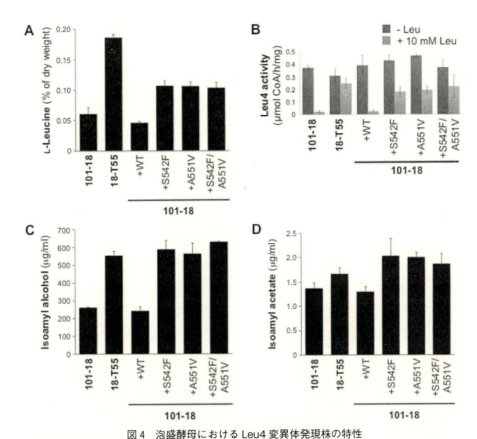

図 4　泡盛酵母における Leu4 変異体発現株の特性
泡盛酵母の親株 (101-18)，変異株 (18-T55)，各 Leu4 発現株（野生型 WT，変異型 S542F，変異型 A551V，変異型 S542F/A551V）の (A) ロイシン生産量, (B) Leu4 活性, (C) イソアミルアルコール生産量，(D) 酢酸イソアミル生産量．

環の側鎖が空洞部に配向するため，ロイシンが結合しにくくなると考えられた．一方，551 番目残基を Ala から側鎖の長い Val に置換すると，立体障害が生じ，空洞部にロイシンが近づけなくなると推察された．二重変異体 (Ser542Phe/Ala551Val) においても，各単独変異体と同様の構造変化が予測できた．モデリングの結果から，Leu4 内へのロイシンの結合は前述のアミノ酸置換によって著しく損なわれ，酵素活性がフィードバック阻害に非感受性になったものと結論づけた．また，実験室酵母 (Gly514, Gly516, Ser519, Glu540, His541, Ser547, Ala552) や清酒酵母 (Asp578) で同定された残基に加えて，泡盛酵母では Ser542 と Ala551 がフィードバック阻害に重要であることが判明した．Leu4 の R 領域はフィードバック阻害と CoA による Zn^{2+} を介した不活性化に関与していると報告されている[4]．清酒酵母の Asp578Tyr 変異体は，高濃度の CoA により活性が著しく阻害されたことから，Asp578 は CoA による不活性化に関わっていないと考えられる．今後，泡盛酵母の変異体も CoA 存在下での Leu4 活性を測定する必要がある．

さらに，各 Leu4 変異体を発現する泡盛酵母の発酵試験を行い，GC-MS で香気成分の含量を測定した。各菌株を麦芽エキス含有培地（YM 培地）で培養したところ，各 Leu4 変異体を発現する株では野生型酵素の発現株に比べて，細胞外の i-AmOH 量が大幅に増加していた（図 4C）。この結果から，ロイシンによるフィードバック阻害感受性が低下した Leu4 変異体によって，泡盛中に i-AmOH が過剰生産されることが明らかになった。

i-AmOH から生成する i-AmOAc はバナナ香として知られ，吟醸酒の酒質に重要な役割を果たしている。これまでに i-AmOAc の生成は i-AmOH の濃度とアルコールアセチル化酵素の活性に依存すると報告されている[7]。実際に，元の変異株（18-T55）と各 Leu4 変異体の発現株を YM 培地で培養後，培地中の i-AmOAc 含量を測定したところ，親株に比べてそれぞれ顕著に増加していた（20 %，50 %）（図 4D）。しかしながら，泡盛の小仕込み試験においては，i-AmOAc 含量に有意な差は見られなかったことから，泡盛醸造中ではアルコールアセチル化酵素の活性が抑えられているのかもしれない。

筆者らは TFL 耐性変異株の中から，親株（泡盛 101 号）と比べて細胞内のロイシン濃度が高く，泡盛中のイソアミルアルコール量が増加した変異株を単離した。この変異株は，Leu4 内に

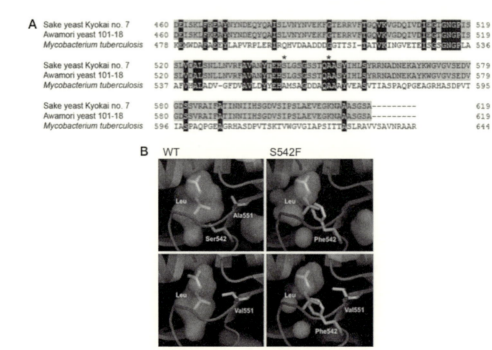

図 5　泡盛酵母における Leu4 変異体の特性
(A) 各 Leu4 （清酒酵母協会 7 号，泡盛 101 号酵母，結核菌 *Mycobacterium tuberculosis*）の一次構造比較。★印は 18-T55 株のアミノ酸置換部位（Ser542, Ala551），(B) 各 Leu4 におけるロイシン結合部位近傍の予測構造。

第31章　有用アミノ酸を高生産する泡盛酵母の育種と泡盛の高付加価値化への応用

2箇所のアミノ酸置換（Ser542Phe, Ala551Val）を有しており，いずれの置換も TFL 耐性，ロイシン蓄積，Leu4 活性のフィードバック阻害解除を引き起こした。両残基はロイシン結合部位の近傍に存在していると予想され，アミノ酸置換に伴う立体障害がフィードバック阻害解除の原因であると結論づけた。本研究は突然変異による泡盛酵母の育種としては初めての報告[10]であり，アミノ酸アナログ耐性変異株の取得が泡盛酵母の育種に有効であることが示された。

3　ストレス耐性に関与するアミノ酸

　微生物は環境ストレスに適応する能力を備えている。酵母も各ストレスに応答するシグナル伝達経路に関与する遺伝子群の発現を制御することで，シャペロンなどのストレスタンパク質の誘導，ストレス保護物質や適合溶質の蓄積，細胞膜組成の変化，翻訳の抑制など様々なストレス適応機構を獲得している。泡盛酵母などの産業酵母は種々の発酵生産過程において，高温，冷凍，乾燥，高浸透圧，エタノール，低 pH，酸化，偏栄養，発酵阻害物質など多様な環境ストレスに曝されながら有用機能（エタノール，炭酸ガス，味・風味成分などの生成）を発現している。しかしながら，長時間または複合的なストレス下では，生体高分子（タンパク質，核酸，脂質など）の変性・損傷や活性酸素種（ROS）の蓄積などにより生存率や発酵力が低下すると考えられる。したがって，酵母の発酵力向上には，ストレス耐性の強化が重要な育種戦略となっている[2]。

　筆者らは，植物や細菌の浸透圧調節物質（適合溶質）として知られるプロリンが冷凍ストレス後の酵母の生存率低下を抑えることを見出した[12]。プロリンには，浸透圧の調節，タンパク質や細胞膜の安定化，ヒドロキシラジカルの消去，核酸の T_m 値低下などの機能が報告されているが[13]，酵母における代謝制御機構や生理機能については不明な点が多い（図6）。プロリンは水に対する溶解度が極めて高く，細胞内の自由水との親和性が強いため，おそらく冷凍ストレス下での氷結晶生成や脱水を防ぎ，細胞を保護していると考えられる。

　そこで，酵母におけるプロリンの代謝制御機構や生理機能を明らかにする目的で，細胞内にプロリンを蓄積する変異株をプロリンの毒性アナログである L-アゼチジン-2-カルボン酸（AZC）に耐性を示す変異株から分離し，詳細な解析を行った。その結果，γ-グルタミルキナーゼ（Pro1）をコードする PRO1 遺伝子に Asp154Asn, Ile150Thr などのアミノ酸置換を伴う変異が入ると，プロリンによるフィードバック阻害感受性が著しく低下し，プロリンが過剰合成されることが判明した[14,15]。また，プロリンの分解に関与するプロリンオキシダーゼ（Put1）をコードする PUT1 遺伝子を破壊した株で前述の Pro1 変異体を発現させると，プロリン含量の増加と冷凍ストレス耐性の向上が見られた[15]。プロリン蓄積株は冷凍以外に乾燥[16]，エタノール[17]など細胞内の ROS レベルが上昇するストレス下でも親株に比べて細胞生存率が高く，プロリンのストレス保護効果が確認できた。

　次に，産業酵母の一つであるパン酵母を用いてプロリン蓄積株を作製し，その特性を解析し

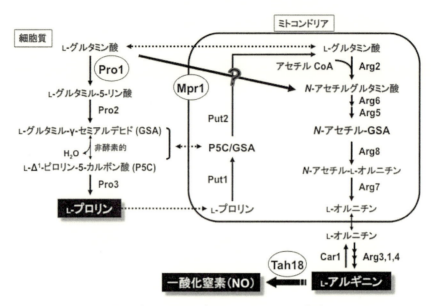

図6 酵母におけるプロリン・アルギニン代謝

PRO1 遺伝子がコードする γ-グルタミルキナーゼ（Pro1）の活性がプロリンによってフィードバック阻害を受ける。プロリンには種々のストレスから酵母を保護する機能があり，プロリン蓄積株では様々なストレス耐性が向上した。また，高温ストレス下では，Mpr1 を介した新規のアルギニン合成が亢進され，増加したアルギニンから Tah18 タンパク質依存的に一酸化窒素（NO）が生成し，細胞のストレス耐性に寄与している。

た[18,19]。セルフクローニング法（すべて酵母の遺伝子から構成され，異種生物や化学合成など外来の DNA を一切含まない方法）を用いて，パン酵母一倍体の野生型 *PRO1* を変異型遺伝子（*PRO1*^{I150T}，*PRO1*^{D154N}）に置換し，さらに *PUT1* を破壊した（Δ*put1*）。各一倍体を接合し，作製した二倍体を培養すると，予想通り細胞内にプロリンが蓄積していた。次に，各菌株を用いてパン生地を調製し，9日間冷凍した後の炭酸ガス発生量（発酵力）を測定した（図7A）。その結果，親株では発酵力が冷凍前の約 40％にまで低下したが，プロリン蓄積株の発酵力は野生型株の約 1.5 倍を維持しており，冷凍生地製パン法への有用性が実証できた[18]。さらに，菓子パン製造時の高濃度ショ糖（高浸透圧）に対する影響について解析した。プロリン蓄積株は 30％ショ糖存在下での ROS レベルが減少し，細胞生存率も親株より約 20％上昇した。プロリンによって酸化ストレス耐性が向上し，高濃度ショ糖耐性を獲得したと考えられる。また，プロリン蓄積株は親株と比較して，高糖生地での発酵力が 30〜50％増加していた（図7B）[19]。

筆者らが実験室酵母 Σ1278b 株のゲノムに見出した *MPR1/2* 遺伝子（sigma 1278b gene for proline-analogue resistance）[20]は AZC をアセチル化により解毒する N-アセチルトランスフェラーゼ Mpr1 をコードしている[21,22]。興味深いことに，Mpr1 は熱ショック[23]，冷凍[24]，エタノール[25]，乾燥[26]などのストレスに伴う ROS レベルの上昇を抑え，酵母を酸化ストレスから防御している。これまでに，*MPR1* へのランダム変異導入により，野生型酵素よりも高い AZC 耐

第31章 有用アミノ酸を高生産する泡盛酵母の育種と泡盛の高付加価値化への応用

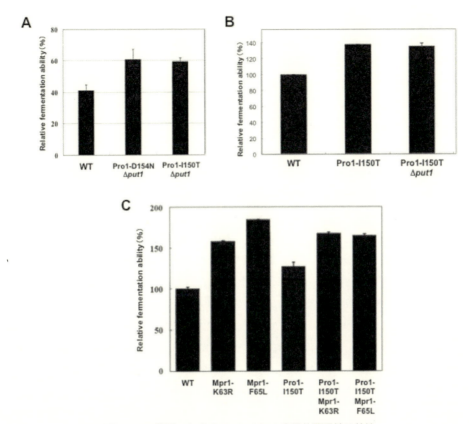

図7 パン酵母におけるPro1・Mpr1変異体発現株の特性
(A) 冷凍処理後（−20℃, 9日間）の酵母の相対発酵力（冷凍前の発酵力を100%），(B) 高糖生地（小麦粉重量あたり30%のショ糖を含有）の酵母の相対発酵力（親株WTの発酵力を100%），(C) 高温乾燥処理後（37℃, 4時間）の酵母の相対発酵力（親株WTの発酵力を100%）。

性を細胞に付与し，かつ過酸化水素やエタノールストレス後のROSレベルを低下させ，生存率を向上させるMpr1変異体（Lys63Arg, Phe65Leu）を取得した。特に，Phe65Leu変異体では温度安定性が著しく向上していた[27]。

そこで，セルフクローニング法を用い，Mpr1変異体を発現するパン酵母の二倍体を作製し，その特性を解析した[26]。その結果，野生型MPR2を相同組換えにより変異型遺伝子（$MPR1^{K63R}$, $MPR1^{F65L}$）に置換したMpr1変異体の発現株は親株に比べて乾燥後の生存率が約40〜80%増加した。次に，乾燥処理後の菌株を用いてパン生地を調製し，発酵力を測定した（図7C）。乾燥処理前では，菌株間で発酵力に差はなかったが，Mpr1変異体の発現株は乾燥処理後の発酵力が親株の1.5〜1.8倍に増加しており，特に，安定性の向上したPhe65Leu変異体の発現株が高い発酵力を示した。これらの結果から，Mpr1変異体によって耐久性の優れたドライイーストを用いたパン生地の効率的生産が期待できる。

さらに最近，高温ストレス下において Mpr1 を介したアルギニン合成が亢進されること，および増加したアルギニンが酵母の高温ストレス耐性に寄与することを見出した（図6）[28]。これまでにアルギニンを分解するアルギナーゼ（Car1）の遺伝子を破壊すると，パン酵母の細胞内にアルギニンが蓄積し，冷凍ストレス耐性が向上することが報告されている[29]。アルギニンにはタンパク質の変性（凝集）を防ぐ作用が知られているが，筆者らはアルギニンが哺乳類においてシグナル分子として機能する一酸化窒素（NO）の前駆体であることに着目した。その結果，酵母においてもアルギニンから Tah18 タンパク質依存的に NO が生成し，細胞の酸化ストレス耐性に寄与することが判明した[30]。また，NO が細胞の銅代謝（還元，輸送）に関与する転写因子 Mac1 を活性化し，スーパーオキシドジスムターゼ活性の上昇を介して，酸化ストレス耐性を付与していることも分かった[31]。

そこで，Pro1 変異体（Ile150Thr）と Mpr1 変異体（Phe65Leu）を共発現させることで，ストレスに応答してプロリンからアルギニンを経て NO を効率よく生成するパン酵母の二倍体を作製した[32]。その結果，Pro1・Mpr1 変異体の共発現株は酸化ストレス耐性が向上した。また，乾燥，冷凍などの製パンストレス条件下においてもその効果が確認できた。特に，乾燥処理においては，Pro1・Mpr1 変異体の共発現株では親株に比べ，細胞内の NO レベルが増加し，ROS レベルが減少した（図8A）。NO が細胞に酸化ストレス耐性を付与し，乾燥・冷凍耐性を獲得したと考えられる。さらに，Pro1・Mpr1 変異体の共発現株は親株に比べ，乾燥処理後，冷凍3週間後の発酵力がそれぞれ約20％向上した（図8B）。以上の結果から，プロリンやアルギニンの合成系強化が酸化ストレスおよび製パンストレスに対する耐性を向上させ，パン酵母の育種法として有効であることが示された。

泡盛醸造の過程において，泡盛酵母は高浸透圧，高温，クエン酸，エタノールなどのストレスに曝されている。したがって，泡盛酵母のプロリンやアルギニンの合成系を強化することで，これらのストレス耐性が向上し，効率的なエタノール生産（蒸留コストの低減，醸造期間の短縮など）が可能になると考えられる。筆者らは既にプロリンやアルギニンを高生産する産業酵母（清酒酵母，パン酵母，バイオエタノール酵母）を用いて泡盛の小仕込み試験を実施した。その結果，Pro1 や Mpr1 の発現が泡盛香気成分（4-ビニルグアヤコール，酢酸イソアミル，2-ノナノンなど）の生成に影響を与えること，その影響は親株により異なることを見出した。また，味認識装置を用いた分析では試製した泡盛は味（酸味，渋味刺激など）に有意な差異が認められた。さらに，酢酸イソアミル，2-ノナノン，1-ヘキサデカナールなどの成分が酵母間で顕著に異なり，風味が増強されていることが示唆された。泡盛風味への影響は，酵母のストレス耐性が高まり，醸造過程における酵母の香味生産能が持続された結果かも知れない。以上の知見をもとに，現在，泡盛酵母の実用株（泡盛101号，ハイビスカス酵母）からプロリンやアルギニンを高生産する変異株を多数分離し，詳細な解析を進めている。

また，パンの製造では，保存性に優れた「乾燥酵母」を使用することで製造工程の安定化・省力化が可能である。泡盛製造においても，耐久性の向上した乾燥泡盛酵母を用いた仕込みによ

第31章　有用アミノ酸を高生産する泡盛酵母の育種と泡盛の高付加価値化への応用

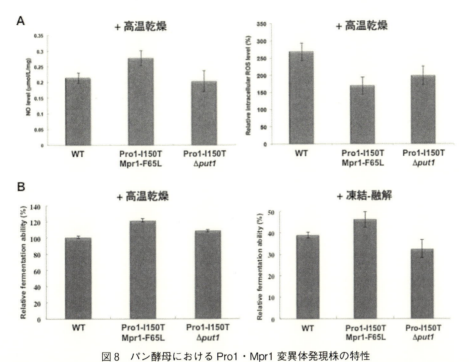

図8　パン酵母における Pro1・Mpr1 変異体発現株の特性
(A) 高温乾燥処理後 (37℃, 90分) の酵母の細胞内 NO (左) および ROS (右) レベル, (B) 高温乾燥処理後 (37℃, 90分) (左) および冷凍処理後 (−20℃, 3週間) (右) の酵母の相対発酵力 (親株 WT の発酵力を 100% (左), 冷凍前の発酵力を 100% (右))。

り，同様の効果が期待できる。一方，もろみの蒸留後の粕（泡盛粕）は，ほとんどが養豚用飼料や肥料として処理されている。泡盛粕には酵母由来のタンパク質，黒麹菌由来のクエン酸などが含まれているが，プロリン（エネルギー源，抗酸化作用），アルギニン（血管機能維持，免疫力向上）などの機能性に優れたアミノ酸を豊富に含む酵母の育種により，酒粕のように化粧品・食品の素材として泡盛粕の高付加価値化も期待できる。

4　おわりに

泡盛の酒造所にとって，新たな酵母の開発は製造機への投資が不要で，製造コストの削減や泡盛粕の高付加価値化等も可能であるため，導入のハードルは低い。これまでに自然界から味や香りに特徴があり，かつ泡盛製造に適した新しい菌株のスクリーニングが行われている[33]。また，それらを用いることで泡盛の商品化に結びついた例もある。しかしながら，自然界からの分離は運に依存するところが大きく，供試菌数を増やすため多くの労力と期間が必要である。また，人体への安全性が担保されない菌株を分離する危険性も含んでいる。

一方，本研究はアミノ酸の代謝や生理機能に着目し，泡盛酵母の高香味性や耐久性を向上させ

発酵・醸造食品の最前線

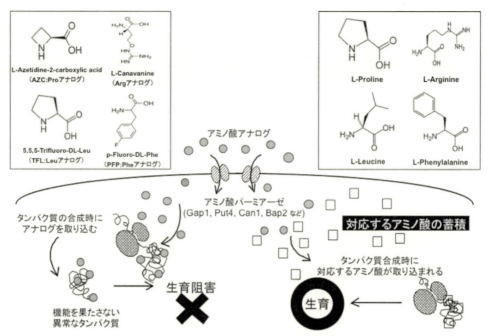

図9．アミノ酸アナログによる感受性（左）および対応するアミノ酸の蓄積による耐性（右）のメカニズム
各アミノ酸（プロリン，アルギニン，ロイシン，フェニルアラニン）と対応するアミノ酸アナログ（それぞれ L-アゼチジン-2-カルボン酸，L-カナバニン，5,5,5-トリフルオロ-DL-ロイシン，p-フルオロ-DL-フェニルアラニン）の構造を示す．

る育種法であり，泡盛の味・風味や醸造工程の改変が可能である．したがって，アミノ酸アナログの毒性を利用し，対応するアミノ酸の高生産変異株を取得する方法は，効率的に目的の菌株を取得できる点で優位性があると考えられる（図9）．

謝辞

　本稿で紹介した研究は，主に沖縄県「琉球泡盛調査研究支援事業」および独立行政法人科学技術振興機構「研究成果展開事業 A-STEP フィージビリティースタディステージ探索タイプ」と「同シーズ顕在化タイプ」の助成を受けて行った．また，共同研究者である株式会社バイオジェットの皆様，奈良先端科学技術大学院大学の橋田恵介氏（現・木下酒造有限会社），那須野亮博士，奈良県産業振興総合センターの大橋正孝氏，パン酵母の作製と発酵試験を行っていただいた奈良先端科学技術大学院大学の笹野佑博士（現・大阪大学大学院工学研究科助教），京都大学微生物科学寄附研究部門の島純特定教授（現・龍谷大学農学部教授），灰谷豊博士（現・タナカ商事株式会社）に心より感謝いたします．

第 31 章 有用アミノ酸を高生産する泡盛酵母の育種と泡盛の高付加価値化への応用

文　献

1) 玉城 武, 発酵ハンドブック, p.576, 共立出版 (2001)
2) 高木博史, 発酵・醸造食品の最新技術と機能性 II, p.50, シーエムシー出版 (2011)
3) 堤 浩子, 生物工学, **89**, 717 (2011)
4) D. Cavalieri et al., *Mol. Gen. Genet.*, **261**, 152 (1999)
5) V. R. Baichwal et al., *Curr. Genet.*, **7**, 369 (1983)
6) M. Watanabe et al., *Appl. Microbiol. Biotechnol.*, **34**, 154 (1990)
7) S. Ashida et al., *Agric. Biol. Chem.*, **51**, 2061 (1987)
8) T. Oba et al., *Biosci. Biotechnol. Biochem.*, **69**, 1270 (2005)
9) T. Oba et al., *Biosci. Biotechnol. Biochem.*, **70**, 1776 (2006)
10) H. Takagi et al., *J. Biosci. Bioeng.*, doi:10.1016/j.jbiosc.2014.06.020 (in press)
11) N. Koon et al., *Proc. Natl. Acad. Sci. USA*, **101**, 8295 (2004)
12) H. Takagi et al., *Appl. Microbiol. Biotechnol.*, **47**, 405 (1997)
13) H. Takagi, *Appl. Microbiol. Biotechnol.*, **81**, 211 (2008)
14) Y. Morita et al., *Appl. Environ. Microbiol.*, **69**, 212 (2003)
15) T. Sekine et al., *Appl. Environ. Microbiol.*, **73**, 4011 (2007)
16) H. Takagi et al., *FEMS Microbiol. Lett.*, **184**, 103 (2000)
17) H. Takagi et al., *Appl. Environ. Microbiol.*, **71**, 8656 (2005)
18) T. Kaino et al., *Appl. Environ. Microbiol.*, **74**, 5845 (2008)
19) Y. Sasano et al., *Int. J. Food Microbiol.*, **152**, 40 (2012)
20) H. Takagi et al., *J. Bacteriol.*, **182**, 4249 (2000)
21) M. Shichiri et al., *J. Biol. Chem.*, **276**, 41998 (2001)
22) R. Nasuno et al., *Proc. Natl. Acad. Sci. USA*, **110**, 11821 (2013)
23) M. Nomura and H. Takagi, *Proc. Natl. Acad. Sci. USA*, **101**, 12616 (2004)
24) X. Du and H. Takagi, *J. Biochem.*, **138**, 391 (2005)
25) X. Du and H. Takagi, *Appl. Microbiol. Biotech.*, **75**, 1343 (2007)
26) Y. Sasano et al., *Int. J. Food Microbiol.*, **138**, 181 (2010)
27) K. Iinoya et al., *Biotechnol. Bioeng.*, **103**, 341 (2009)
28) A. Nishimura et al., *FEMS Yeast Res.*, **10**, 687 (2010)
29) J. Shima et al., *Appl. Environ. Microbiol.*, **69**, 715 (2003)
30) A. Nishimura et al., *Biochem. Biophys. Res. Commun.*, **430**, 137 (2013)
31) R. Nasuno et al., *PLoS One*, **9** (11), e113788 (2014)
32) Y. Sasano et al., *Microb. Cell Fact.*, 11:40 doi:10.1186/1475-2859-11-40 (2012)
33) 玉村隆子ら, 沖縄県工業技術センター研究報告書, **14**, 1 (2011)

第32章 ブドウの持つ香りのポテンシャルを引き出すワイン醸造
―柑橘様香気成分を例として―

小林弘憲*

1 はじめに

ワインの香りは,色調(外観),味,余韻などと共にワインを評価する重要なファクターの1つであり,そのワインの第一印象に強く貢献する。また,ワインの香りは,植物,野菜,果物,動物,鉱物など様々な言葉を用いて形容されるとともに,ブドウ品種,生産国およびビンテージの違いによりその表現も多種多様である。これは,ワイン醸造用ブドウ品種の多くが,ブドウ果汁の段階ではほとんど香りを有さず,ワイン醸造過程を経ることで個々のブドウ品種に対応した特徴的なアロマを獲得(図1)[1]するためである。また,様々な研究機関がその科学的な解明に取り組んでいる'テロワール'(=ブドウ栽培地が形成するブドウおよびワインの特徴)などもアロマ形成に大きく影響すると考えられている。

近年,分析機器の進歩と共に,個々のブドウ品種が持つそれら香りの特徴を物質レベルで解析する「フレーバー・バイオケミストリー」研究が盛んに行われ,例えば *Vitis vinifrra* L. cv. Sauvignon blanc(ソーヴィニヨン・ブラン)というブドウ品種から得られるワインからは,柑

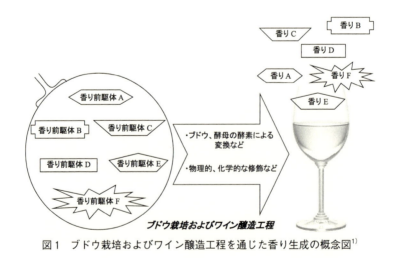

図1 ブドウ栽培およびワイン醸造工程を通じた香り生成の概念図[1]

* Hironori Kobayashi　メルシャン㈱　シャトー・メルシャン　製造部

第32章　ブドウの持つ香りのポテンシャルを引き出すワイン醸造

橘様香気として品種特徴香を担うであろう特徴的なチオール化合物が数種類同定されている[2]。本章では，これら知見を基に「ワイン醸造における香りのコントロール」という視点から，柑橘系香気成分を例として，ブドウの持つ香りのポテンシャルを引き出すワイン醸造に関して紹介する。

2　ワインの香りに関する研究

フレーバー・バイオケミストリーの進展により，いくつかのブドウ品種からは，個々のブドウ品種が有する特徴的なキーコンパウンドと考えられる物質が数種類同定されている[2〜5]。ソーヴィニヨン・ブランワインを例に挙げると，その濃度にもよるが，ツゲ，エニシダなど植物のニュアンスを与える4-メルカプトメチルペンタン（4MMP），グレープフルーツ様の香気を持つとされる3-メルカプトヘキサノール（3MH）およびパッションフルーツに似た印象を受ける3-メルカプトヘキシルアセテート（3MHA）などのチオール化合物がキーコンパウンドとして同定されている[6]。事実，これら物質は，他のブドウ品種から得られるワインと比較してソーヴィニヨン・ブランワインに多く含まれる[6,7]。ここでソーヴィニヨン・ブランワインの特徴香の1つを担うとされる3MHの発現メカニズムをみると，3MHの前駆体と考えられるシステイン抱合体（S-3-(hexan-1-ol)-l-cysteine, 3MH-S-cys）[8]，グルタチオン抱合体（S-3-(hexan-1-ol)-glutathione, 3MH-S-glut）[9]およびシステイニルグリシン抱合体（S-3-(hexan-1-ol)-l-cysteinylglycine, 3MH-S-cysgly）[10]の存在がそれぞれブドウ果汁中から同定され，アルコール発酵を通して酵母のβ-リアーゼ様酵素の活性により3MHへ変換されることが明らかとなった[8〜12]（図2）。これは，ブドウ果粒中に存在する香らない形の前駆体（いわゆる'香りの素'）が，ワイン醸造などの工程を経ることでブドウ由来の香りを獲得するアロマ生成メカニズムを示

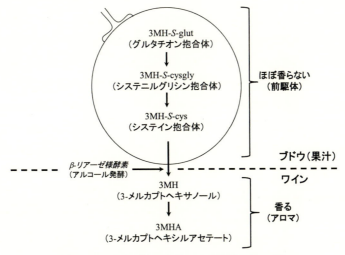

図2　3-メルカプトヘキサノール生成メカニズム

表1 チオール化合物の閾値および香りの印象（一例）

物質	閾値（ng/L）	香りの印象
4-メルカプトメチルペンタン	0.4	ツゲ，エニシダ
3-メルカプトヘキサノール	60	グレープフルーツ
3-メルカプトヘキシルアセテート	4.2	パッションフルーツ

した一例であり，ブドウ品種ごとに有する多種多様な前駆物質の量および比率の違いが，ワインの特徴香形成に大きく関与することを示している。

3　柑橘系アロマを例としたターゲットコンパウンドの特性把握

柑橘系（パッションフルーツ，グレープフルーツなど）のニュアンスを持つ3MH，3MHAを始めとするチオール化合物は，その化学構造内にチオール基を有することから，閾値が極めて低く，わずかに存在するだけでもその特徴的な香りを捉えることができる（表1）。反面，チオール基の特性から，これらの化合物は，酸素，過酸化水素などの酸化剤により容易に酸化され，ジスルフィド基を形成するとともに，水銀，銅などの重金属類との結合性も高く，直ちにその特徴的な香気を消失する。また，前述したように，3MHおよび3MHAは，ブドウ果粒に含まれる3MH-S-glut，3MH-S-cysglyおよび3MH-S-cysを前駆体とし，アルコール発酵を通して酵母のβ-リアーゼ様酵素の働きによりワイン中にリリースされる。このようにターゲットとするコンパウンドの特性を把握し，ブドウ栽培およびワイン醸造に展開することが香りのコントロールにとっては重要となる。

4　柑橘系アロマに注目した甲州ブドウ栽培およびワイン醸造

3MHおよび3MHAを高含有したワイン醸造に向け，日本固有の白ワイン醸造用品種である'甲州'を用いた実醸造を検討した。ブドウ栽培面においては，健全なブドウを収穫するための栽培管理は勿論のこと，銅を主成分とするブドウの防除剤であるボルドー液（硫酸銅と石灰の混合液）の使用濃度，散布回数およびタイミングの重要性（例：ボルドー液に含まれる銅が，収穫期のブドウ果皮に出来る限り残存しないキャノピーマネージメント）が示唆された（図3）[13]。特に，高温多雨である日本のブドウ栽培環境においては，梅雨などの降雨後，べと病などのブドウの病気が蔓延しやすいため，香りを考慮しつつ，ボルドー液の効率的な使用が健全なブドウを得るためには重要である。また，ある年の山梨県内における主要甲州ブドウ栽培地（甲府地区；畑の標高273m，勝沼地区；畑の標高396m，韮崎地区；畑の標高540m）のブドウ果粒に含まれる3MH前駆体（グルタチオン抱合体およびシステイン抱合体）量をブドウ生育期間を通じて調査した結果，栽培地ごとに3MH前駆体の濃度が最大となる時期がそれぞれ異なっていた（図4）[14]。このことは，ブドウの成熟（一般的には，糖度，酸度，pHなど）に加え，3MH前駆体

第32章　ブドウの持つ香りのポテンシャルを引き出すワイン醸造

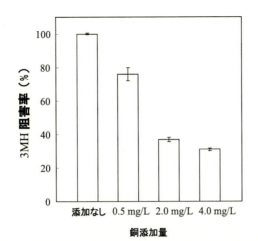

図3　モデル果汁への銅添加が3MH生成量に及ぼす影響[13]

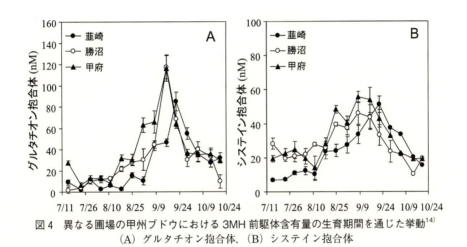

図4　異なる圃場の甲州ブドウにおける3MH前駆体含有量の生育期間を通じた挙動[14]
（A）グルタチオン抱合体，（B）システイン抱合体

含有量がそれぞれ最大となるポイントでの収穫を目指すことが，3MHおよび3MHAを高含有したワイン醸造に繋がる可能性を示している。ピークとなるポイントは，毎年異なることが予想されるため，毎年3MH前駆体を継時的に測定することが理想である。これら実験結果は，柑橘系アロマに限ったことではないが，目指すワインのスタイルに向け，収穫日の決定がいかに重要であるかを示した一例であると言える。

ワイン醸造面においては，酸素の介在が3MHの生成阻害に繋がることを考慮し，タンク内の溶存酸素除去並びに果汁搾汁時の不活性ガスの利用などによる果汁の酸化防止が重要である。また，酵母[15]および発酵温度[16]により3MHの生成量が異なることから，リベレーション能力の高い酵母の積極的な利用およびアルコール発酵期間の温度コントロールも合わせて必要となる。このようなブドウ栽培およびワイン醸造に関する細やかな取り組みを行うことにより，今まで以上にフレッシュで柑橘の香り高いワインの醸造が期待される。

5 ブドウが香り前駆体を合成する植物生理学的意味

貴腐ワイン（貴腐菌；*Botrytis cinerea* に感染されたブドウ果粒から得られるワイン）に含まれるチオール含有量は，通常のワインと比較して著しく高く[17]，ブドウ果粒内におけるそれら香りの前駆体量も感染の程度により増加する[18,19]。また，低温，高温，紫外線など様々な処理を環境ストレスのモデルとしてブドウに付加した結果，3MH 前駆体量が増加するとともに，ブドウ内におけるそれら生合成に関与するとされる酵素類（グルタチオン S-トランスフェラーゼ等）の活性も増加する[20]。これらの研究は，環境因子がブドウ果実成分の変動に影響を及ぼすことを示した一例であり，特に 3MH 前駆体の合成においては，ブドウにおけるストレス応答への関与が示唆されている（図5）。つまり，ブドウ栽培・ワイン醸造の観点からは，香りの前駆体と考えられている物質が，植物生理の観点からは，自身を外的要因から保護するため，その解毒作用として生合成された2次代謝産物であると考えられる。

ブドウ栽培様式，クローンはもとより，気象条件[21]，地形[22]，土壌[23]，水分ストレス[24]，収量[25]，施肥[26]，など様々なブドウ生育環境の因子は，ブドウ果実成分に影響を及ぼす。今後，栽培地ごとに示すブドウ果実成分（香りおよび味）の特徴とブドウ生育環境との関連性が更に見出されることで，ワインの世界で広く用いられている'テロワール'の概念が，科学的に解明されることと思われる。

6 おわりに

ワイン醸造において，香りをコントロールできる機会は様々な場面で存在する。今回，柑橘様香気成分を例としてそれら物質の特徴を理解し，ブドウ栽培およびワイン醸造に展開することで，ある程度の範囲内ではあるものの，香りをコントロールできる例を示した。一方，ワイン造りでは，造り手の思想および哲学などもワインを語る上で重要なファクターである。今後，造り手の考えと科学的な知見のさらなる融合により種々のブドウ品種においてその品種特性を表現した様々なスタイルのワイン醸造が高次元で達成されることに期待する。

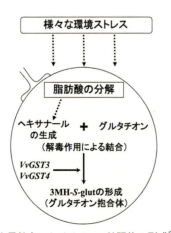

図5 ブドウ果粒内における 3MH 前駆体の形成[20]（概念図）

第32章　ブドウの持つ香りのポテンシャルを引き出すワイン醸造

文　　献

1) H. Kobayashi, BIO INDUSTRY, 29, 37 (2010)
2) T. Tominaga *et al.*, *Flavour Fragrance J.*, **13**, 159 (1998)
3) P. G. de Pinho and A. Bertrand, *Am. J. Enol. Vitic.*, **46**, 181 (1995)
4) V. Ferreira *et al.*, *J. Agric. Food Chem.*, **50**, 4048 (2002)
5) C. Wood *et al.*, *J. Agric. Food Chem.*, **56**, 3738 (2008)
6) T. Tominaga *et al.*, *J. Agric. Food Chem.*, **46**, 5215 (1998)
7) T. Tominaga *et al.*, *Am. J. Enol. Vitic.*, **51**, 178 (2000)
8) T. Tominaga *et al.*, *J. Agric. Food Chem.*, **46**, 5215 (1998)
9) C. Peyrot des Gachons *et al.*, *J. Agric. Food Chem.*, **50**, 4076 (2002)
10) D. L. Capone *et al.*, *J. Agric. Food Chem.*, **59**, 11204 (2011)
11) M. L. Murat *et al.*, *Am. J. Enol. Vitic.*, **52**, 136 (2001)
12) D. Dubourdieu *et al.*, *Am. J. Enol. Vitic.*, **57**, 81 (2006)
13) H. Kobayashi *et al.*, *J. ASEV Jpn.*, **15**, 109 (2004)
14) H. Kobayashi *et al.*, *Am. J. Enol. Vitic.*, **61**, 176 (2010)
15) M. Murat *et al.*, *Am. J. Enol. Vitic.*, **52**, 136 (2001)
16) I. Masneuf-Pomarède *et al.*, *Int. J. Food Microbiol.*, **108**, 385 (2006)
17) E. Sarrazin, *et al.*, *J. Agric. Food Chem.*, **55**, 1437 (2007)
18) C. Thibon *et al.*, *Food Chem.*, **114**, 1359 (2009)
19) C. Thibon *et al.*, *J. Agric. Food Chem.*, **59**, 1344 (2011)
20) H. Kobayashi *et al.*, *J. Exp. Bot.*, **62**, 1325 (2011)
21) H. Kobayashi *et al.*, *J. Japan Soc. Hort. Sci.*, **80**, 255 (2011)
22) A. G. Reynolds *et al.*, *Am. J. Enol. Vitic.*, **58**, 145 (2007)
23) C. van Leeuwen *et al.*, *Am. J. Enol. Vitic.*, **55**, 208 (2004)
24) C. Peyrot des Gachons *et al.*, *J Sci Food Agric.*, **85**, 73 (2005).
25) D. M. Chapman, *et al.*, *Am. J. Enol. Vitic.*, **55**, 325 (2004)
26) B. P. Holzapfel and M. T. Treeby, *Aust. J.Grape Wine. Res.*, **13**, 14 (2007)

第33章 低臭納豆およびビタミンK_2（MK-7）高含有納豆の開発

竹村　浩[*]

1　はじめに

　納豆は，蒸煮した大豆を納豆菌で醗酵することにより作られる。納豆の醗酵は，あらかじめ納豆菌（10^2-10^4/g煮豆）を噴霧した煮豆を容器（PSPトレー，紙カップ，等）に充填した後，40℃前後で一夜程度保温する，というきわめてシンプルなものである。この間，納豆菌は，10^9/g程度まで増加し，ネバネバの成分であるγポリグルタミン酸（γPGA）や，各種香気成分，ナットウキナーゼとして知られるアルカリプロテアーゼ等を生産し，煮豆を納豆へと変化させる。

　納豆の醗酵に用いられる納豆菌は，分類学上は，枯草菌（*Bacillus subtilis*）に属する。以前は，γPGAを大量に作ることと，ビオチンを生育に要求する点で，納豆菌は，枯草菌とは異なるとされていたが，Bergey's manual（8版）によると，*B. subtilis*と違いがないとされている[1]。従って，納豆菌は，大豆煮豆上でγPGAを大量に生産し，煮豆を納豆に変える枯草菌といえる。

　昔の納豆は，大豆煮豆を稲わらに包んで醗酵することにより生産されていた。稲わらには，納豆菌がおり，その納豆菌が種菌として働き，煮豆を納豆へと醗酵していた。しかし，大正，昭和時代に入ると，衛生および安定生産の観点から，純粋培養した納豆菌胞子が種菌として使用されるようになっていった。その結果，特定の納豆菌が広く全国で使われるようになり，納豆の品質が安定化すると共に，均一化した。

　納豆醗酵は，納豆菌のみで大豆煮豆を醗酵するというシンプルなものであるため，納豆菌の形質が納豆の品質に与える影響が大きい。しかし，前述のとおり，同じ市販の種菌が広く使われていたため，特徴ある納豆菌を使った特徴ある納豆の商品化はあまり行われてこなかった。筆者が所属するミツカングループは，食酢製造販売を中心とした調味料メーカーとして約200年の歴史を有するが，納豆事業への参入は1997年と非常に遅かった。そのため，後発という立場にあったので，従来とは差別化された納豆を作る必要があった。また，食酢醸造を行う中で，微生物を扱う経験も長かったため，納豆菌の改良を通じた納豆の商品開発を行った。

---

　[*]　Hiroshi Takemura　㈱Mizkan　MD本部　主席研究員

第 33 章　低臭納豆およびビタミン K_2（MK-7）高含有納豆の開発

2　商品開発事例

　納豆は食品であるため，当然，食品としての品質が重要である。一方，納豆は，健康に良いというイメージを持つ食品であり，納豆を食べる人は，単に美味しさだけでなく，健康に良い影響を及ぼすことを期待して納豆を購入する。本稿では，我々が，納豆の持つこの2つの観点を切り口に，納豆菌の改良を通じて行った商品開発の事例を2つ紹介する。

2.1　低臭納豆の開発[2]
　納豆は，独特のネバネバと香りをもつため，好みが分かれる食品である。特に独特の香りは，関西地方で敬遠され，納豆が関西地方であまり食されない原因のひとつとなっている。まず，我々は，関西を中心とした西日本における納豆市場の拡大をめざし，臭いを抑えた低臭納豆の開発を行った。

2.1.1　低臭納豆開発の方向性
　納豆の臭いを抑えた食べ易い納豆を作るべきという問題意識は，我々が納豆事業に参入するよりかなり以前からあり，いくつかの低臭納豆開発の試みが行われていた。しかし，それらの多くは，アンモニア臭の抑制を手段とするものであった。アンモニア臭は，醗酵，熟成，等の工程での温度管理等の失敗により，醗酵が過剰に進むことにより，アミノ酸が分解され発生するものである。そのため，納豆臭というよりも，むしろ消費者からの品質クレームの原因となる異臭といえる。納豆に含まれる特徴的な香りを有する化合物として，アセトイン，ジアセチル，短鎖分岐脂肪酸，ピラジン類，等が報告されていたが[3〜8]，我々は，それらのうち，本来の納豆臭に近い成分として，短鎖分岐脂肪酸（イソ吉草酸，イソ酪酸，2-メチル酪酸，以後 bcfa と略す）に注目し，その非生産納豆菌の分離を行い，それを用いた納豆を低臭納豆として商品化することとした。

2.1.2　bcfa 非生産納豆菌の開発
　我々が bcfa 非生産納豆菌の開発を始めた時点では，納豆菌における bcfa 合成経路は明確になっていなかったので，枯草菌での研究を参考に[9,10]，分岐アミノ酸（ロイシン，イソロイシン，バリン）より，分岐鎖脂肪酸合成系を介して，合成されると推定した（図1）。枯草菌は，本経路の最初の反応を行う酵素を2種類（ロイシン脱水素酵素（LDH）および分岐アミノ酸アミノトランスフェラーゼ）有する。このどちらが bcfa の合成に関与しているか調べるため，当社所有の納豆菌 r22 株について，相同組換えを利用してテトラサイクリン遺伝子をそれぞれの酵素遺伝子に挿入し，その破壊株を分離した。得られた破壊株について栄養培地を用いた液体培養における bcfa 生産を調べたところ，LDH 破壊株のみ bcfa 生産の低下が見られた。この結果より，納豆菌においては，LDH が bcfa 生産の最初の反応を触媒することが明らかになった。次に，相同組換えおよび納豆菌ファージ ϕBN100 を用いた形質導入[11,12]により，当社所有の納豆菌 O-2 株の LDH 遺伝子欠失変異株 B2 を取得した。B2 株は，遺伝子組換えを利用して分離した

ものの，外来遺伝子を含まないので遺伝子組換え体ではないため納豆の試作，試食が可能である。B2株を用いて製造した納豆は，親株であるO-2株を用いて製造した納豆と同じ外観，色，糸引き，味，食感を有していたが，bcfa含量が，O-2株の70.7mg/100g納豆に対し，0.7mg/100g納豆と大きく低下していた。その結果，B2株を用いて製造した納豆は，O-2株で作った納豆より納豆独特の香りが明らかに弱く，所期の目的どおり低臭納豆としての品質を有していた。また，bcfa非生産株を用いて製造した納豆の納豆臭が弱くなったことから，bcfaが納豆臭を構成する重要な成分であることが明らかになった。

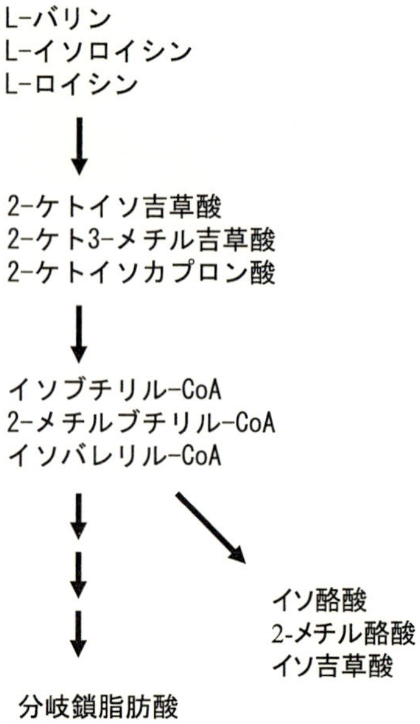

2.1.3 低臭納豆の商品化

bcfa非生産株であるB2株を分離したことにより，低臭納豆の商品化が可能になったが，実際にはB2株は，商品の生産には使用しなかった。新たに，B2と同じLDH欠損株を変異法で分離し，それを用いて商品化を行った。B2株は，遺伝子組換え菌ではないが，遺伝子組換え技術を利用して分離した菌株なので，そのような納豆菌を使用して製造した納豆を商品として販売することに対し消費者が抱くと予想される拒否感や不安感を解消することは困難と考えられたからである。一方，変異法は，従来から食品分野で使用されている育種法であり，納豆消費者の理解が得やすいと思われた。

LDH欠損株の分離は，LDH欠損株が示すbcfa要求性を指標に選抜することにより行った。納豆菌O-2株を変異剤 N-メチル-N'-ニトロ-N-ニトロソグアニジン（NTG）処理して得られた約20000コロニーについて，bcfa要求性，納豆生産適性，LDH活性の有無を指標に選抜を行い，3株のLDH欠損株（N46，N64，N103）を得た（表1）。これらの株を用いて製造した納豆は，B2株を用いて製造した納豆同様，いずれもbcfa含量が低く，納豆臭が抑えられていた。これら3変異株で製造した納豆を官能評価により比較評価し，納豆臭の少なさだけでなく総合的な納豆品質が最も優れていたN64株を選択し，製品化に供した。

L-バリン
L-イソロイシン
L-ロイシン
↓
2-ケトイソ吉草酸
2-ケト3-メチル吉草酸
2-ケトイソカプロン酸
↓
イソブチリル-CoA
2-メチルブチリル-CoA
イソバレリル-CoA
↓   ↘
            イソ酪酸
            2-メチル酪酸
            イソ吉草酸
分岐鎖脂肪酸

図1 短鎖分岐脂肪酸の合成経路

表1 納豆中の短鎖分岐脂肪酸含量

菌株	短鎖分岐脂肪酸（mg/100g）		
	イソ酪酸	イソ吉草酸	合計
O-2	40.0	30.7	70.7
B2	0.3	0.4	0.7
N46	検出されず	検出されず	検出されず
N64	2.0	2.0	4.0
N103	0.6	0.4	1.0

2-メチル酪酸は，イソ吉草酸とHPLC上のピークが重なるため，イソ吉草酸として定量した

第33章　低臭納豆およびビタミン K_2（MK-7）高含有納豆の開発

00年3月，N64を用いた低臭納豆を「金のつぶ　におわなっとう」として発売した。本納豆は，納豆の臭いが苦手な人でもおいしく食べられる「初心者向き納豆」による納豆市場拡大を目指し開発したものであったが，食後の口臭を気にせず食べられる「便利な納豆」としても評価され，広く市場に受け入れられている（図2左）。

図2　納豆製品外観

2.2　ビタミン K_2 高含有納豆菌の開発
2.2.1　納豆とビタミン K_2

ビタミン K_2（メナキノン）は，2-メチル-1,4ナフトキノン環を基本骨格に持ち，それにイソプレノイド側鎖が結合した構造をしている。メナキノンはイソプレノイド側鎖の長さの違いによって区別され，メナキノン4～14が知られている。納豆菌は，このうちメナキノン-7（MK-7）を生産する。そのため，納豆は，あらゆる食品の中で最も大量のMK-7を含んでいる食品となっている。

ビタミンKは血液凝固に必須であることはよく知られているが，骨の合成にも重要な働きを持つ。骨の原料であるカルシウムが骨組織に吸着されるには，骨芽細胞で合成されるオステオカルシンという蛋白質の働きが必要となる。オステオカルシンは，カルシウムと結合し，それを骨組織に運搬，吸着させる働きを持つ。しかし，オステオカルシンがカルシウムと結合するには，オステオカルシンの持つグルタミン酸残基が γ-カルボキシル化（Gla化）される必要がある。ビタミンK類は，このGla化反応において補酵素として働き，骨形成を促進する。そのため，ビタミン K_2 の一つであるメナキノン-4（MK-4）は，骨粗鬆症の治療薬として承認・発売されている[13]。

折茂らは，納豆の購入金額が低い西日本で，大腿骨頸部骨折の頻度が高いことを報告している[14]。また，Kanekiらは，納豆摂取量と骨折頻度の間に統計的に有意な負の相関があることを疫学調査により明らかにしている[15]。これらの結果より，納豆に含まれるMK-7が，納豆を摂取することにより体内に吸収され，MK-4と同様な作用を発揮し，骨折のリスクを低減する可能性が考えられた。

そこで，いわゆる健康機能を切り口にした商品を開発することを目的に，MK-7の生産能力が高い納豆菌を開発し，それを用いたMK-7含量の高い骨強化機能に優れた納豆の商品化を試みた。

2.2.2 MK-7高生産納豆菌の開発

目標とすべきMK-7の生産量を設定するため,ラットを用いた試験を実施した。まず,MK-7,MK-4を摂取させる試験を行い,MK-7がMK-4と同等の骨形成促進作用を有することを明らかにした[13]。次に,通常の納豆および,納豆にMK-7を1.5倍量,2倍量となるよう添加したものをラットに摂取させる試験を行い,1.5～2倍量のMK-7を摂取することにより,骨を強くできる可能性があることを明らかにした[13,16]。

これらの結果を基に,MK-7高生産納豆菌で生産した納豆のMK-7含量を,通常納豆の2倍に設定し,その開発に取り掛かった。MK-7高生産納豆菌の開発は,以下の2段階の変異を付与することにより行った。まず,谷らの報告[17]を参考に,納豆菌O-2株から,ビタミンK_2合成中間体1,4-ジヒドロキシナフトエ酸のアナログ化合物である,1-ヒドロキシ-2-ナフトエ酸の耐性株をUV変異処理により分離した。分離した変異株を用い納豆を試作評価し,MK-7生産能が親株の1.4倍(1443μg/100g納豆)に増加した株OUV23-4を得た[18]。次に,芳香族アミノ酸がMK-7の生産を抑制することを見出したので,その抑制が解除された変異株を取得するため,芳香族アミノ酸アナログ(p-フルオロ-D,L-フェニルアラニン,m-フルオロ-D,L-フェニルアラニン,β-2-チエニルアラニン)耐性株をUV23-4からUV変異処理により分離し,MK-7生産性,納豆品質を評価した。その結果,所期の目標にほぼ近いMK-7生産性(1719μg/100g納豆)を有し,かつ,納豆品質が親株と同等であるOUV23481株を得た[18](表2)。

2.2.3 MK-7高含有納豆を用いたヒト投与試験[19]

OUV23481株を用いて製造したMK-7高含有納豆の摂取により骨形成が促進されるか検証するため,ヒトで摂取試験をおこなった。48人の健常な被験者を3群に分け,それぞれに,市販の納豆菌を用い作製したMK-7含量が1倍量(865μg/100g)の納豆,OUV23481株を用い作製した1.5倍量(1295μg/100g),2倍量(1730μg/100g)の納豆を1日50gずつ14日間摂取させ,血中のGla化オステオカルシン量を測定した。試験の結果,MK-7が1倍量の納豆を摂取した群に対し,1.5倍量,2倍量の納豆を摂取した群では,血中のGla化オステオカルシン濃度が有意に上昇した(図3)。この結果により,OUV23481を用いて製造した,MK-7を通常納豆

表2 O-2株の芳香族アミノ酸アナログ耐性変異株のMK-7生産性[18]

株	外観	粘り	香り	MK-7生産性(相対値)(%)	総合評価
O-2(親株)	3	4	3	100 ± 8 (120 ± 9*)	3
OUV21456	1	1	1	157 ± 5 (190 ± 6*)	1
OUV23416	3	1	4	149 ± 2 (791 ± 3*)	2
OUV23469	1	1	1	145 ± 1 (174 ± 2*)	1
OUV23473	1	1	3	161 ± 3 (193 ± 3*)	1
OUV23481	3	3	4	166 ± 6 (199 ± 7*)	3
OUV23490	3	1	3	138 ± 1 (166 ± 1*)	2
OUV23493	1	1	3	175 ± 2 (210 ± 3*)	1

官能検査評点:1,非常に悪い;2,少し悪い;3,普通;4,少し良い;5,非常に良い
*:市販納豆菌に対する相対値(MK-7:864μg/100g納豆)

第33章　低臭納豆およびビタミン K_2（MK-7）高含有納豆の開発

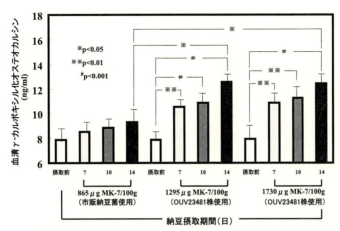

図3　MK-7高含有納豆投与が血清γカルボキシル化オステオカルシン濃度に及ぼす影響[19]

の1.5倍以上含む納豆を1日1パック（50g）食べれば骨形成マーカーである Gla 化オステオカルシンが増加することが分かった。

2.2.4　ビタミン K_2 高含有納豆の商品化

OUV23481 を用いて製造した納豆について，上述の動物実験，およびヒト試験の結果を基に特定保健用食品の許可申請を行い，2000年に納豆として初めて許可を受けた。許可を受けた表示は，「本納豆は，納豆菌（*Bacillus subtilis* OUV23481株）の働きにより，ビタミン K_2 を豊富に含み，カルシウムが骨になるのを助け，骨たんぱく質（オステオカルシン）の働きを高めるように工夫されています」である。本納豆は，品質の差別化が難しい納豆市場において，健康機能で差別化された納豆として現在も多くの消費者の支持を集めている（図2右）。

文　　　献

1) R. E. Buchanan *et al.*, "Bergey's manual of determinative bacteriology" p.533, The Williams & Wilkins Company (1974)
2) 竹村浩ほか，日食工誌，**47**, 773 (2000)
3) 小幡弥太郎ほか，農化，**33**, 567 (1959)
4) 小幡弥太郎ほか，農化，**33**, 569 (1959)
5) 菅野彰重ほか，日食工誌，**31**, 587 (1984)
6) 伊藤哲雄ほか，農化，**61**, 963 (1987)
7) E. Sunagawa *et al.*, *Agric. Biol. Chem.* **49**. 311 (1985)
8) T. Tanaka *et al.*, *Biochem Biotech Biochem.* **62**. 1440-1444 (1998)
9) 屋宏典，栄食誌，**49**, 259 (1996)

10) H. Oku *et al.*, *Biochem Biotech Biochem.* **62**, 622 (1998)
11) M.L. Stahl *et al.*, *J. Bacteriol.* **158**, 411 (1984)
12) T. Nagai *et al.*, *Environ. Microbiol.* **63**, 4087 (1997)
13) M. Yamaguchi *et al.*, *J. Bone miner. Metab*, **17**, 23 (1999)
14) 折茂肇ほか，日本医事新報，**3707**, 27 (1995)
15) M. Kaneki *et al.*, *Nutrition*, **17**, 315 (2001)
16) M. Yamaguchi *et al.*, *J. Bone miner. Metab*, **18**, 71 (2000)
17) Y. Tani *et al.*, *J. Nutr. Sci. Vitaminol.* **32**, 137 (1986)
18) Y. Tsukamoto *et al.*, *Biochem Biotech Biochem.* **65**, 2007 (2001)
19) Y. Tsukamoto *et al.*, *J. Health Sci.* **46**, 317 (2000)

発酵・醸造食品の最前線

2015年2月13日　第1刷発行

監　　修	北本勝ひこ	(T0961)
発行者	辻　賢司	
発行所	株式会社シーエムシー出版	
	東京都千代田区神田錦町1-17-1	
	電話 03(3293)7066	
	大阪市中央区内平野町1-3-12	
	電話 06(4794)8234	
	http://www.cmcbooks.co.jp/	
編集担当	深澤郁恵／廣澤　文	

〔印刷　日本ハイコム株式会社〕　　　© K. Kitamoto, 2015

落丁・乱丁本はお取替えいたします。

本書の内容の一部あるいは全部を無断で複写(コピー)することは，法律で認められた場合を除き，著作者および出版社の権利の侵害になります。

ISBN978-4-7813-1055-8　C3058　¥66000E